全国高职高专计算机类专业规划教材

SQL Server 2005 数据库应用技术

粘新育 主 编

李宪伟 李明生 岳 莉 薛鸿民 副主编

中国铁道出版社
CHINA RAILWAY PUBLISHING HOUSE

内 容 简 介

本书以 SQL Server 2005 为平台，从数据库管理和开发的角度出发，介绍数据库应用开发技术，内容涵盖开发数据库应用系统所需的技术和知识。本书将一个贯穿全书的案例"学生信息管理系统"融入各章节，阐述了数据库的创建、管理、开发，以及 T-SQL 程序设计的思想与方法；由浅入深、循序渐进地讲述了数据库基础知识、数据库及表的创建与管理、数据完整性操作、数据库查询、视图操作、存储过程与触发器应用、T-SQL、数据库安全性管理等内容。

本书的特点是以"理论必需、够用，强化实用、应用"为原则，总结一线骨干教师的教学、工程实践经验，以贯穿全书的案例为载体，以数据库系统的开发过程为顺序，逐步讲解完成数据库开发的技术方法和相关知识，然后有针对性地配以实训项目，并在最后给出完整的数据库应用系统开发实例。读者通过本书的学习，能够准确完整地理解数据库基础知识，掌握 SQL Server 2005 的基本操作，培养运用 T-SQL 进行程序设计的思想，提高数据库应用系统开发的水平。

本书适合作为高职高专院校、普通高等院校计算机及其相关专业的教材，也可作为相关人员学习 SQL Server 2005 的自学教材或培训用书。

图书在版编目（CIP）数据

SQL Server 2005 数据库应用技术 ∕ 粘新育主编. —
北京 ：中国铁道出版社，2012.2 （2016.6重印）
全国高职高专计算机类专业规划教材
ISBN 978-7-113-14079-3

Ⅰ. ①S… Ⅱ. ①粘… Ⅲ. ①关系数据库－数据库管
理系统，SQL Server 2005－高等职业教育－教材 Ⅳ.
①TP311.138

中国版本图书馆 CIP 数据核字(2012)第 012271 号

书　　名：	SQL Server 2005 数据库应用技术
作　　者：	粘新育　主编
策　　划：	秦绪好　王春霞
责任编辑：	秦绪好　徐盼欣
封面设计：	白　雪
责任印制：	李　佳

出版发行：中国铁道出版社　（100054，北京市西城区右安门西街 8 号）
网　　址：http://www.51eds.com
印　　刷：三河市宏盛印务有限公司
版　　次：2012 年 2 月第 1 版　　2016 年 6 月第 3 次印刷
开　　本：787mm × 1092mm　1/16　印张：17.75　字数：431 千
印　　数：4 501 ~ 6 000 册
书　　号：ISBN 978-7-113-14079-3
定　　价：32.00 元

　　SQL Server 是微软公司推出的一个性能优越的关系型数据库管理系统,也是一个典型的网络数据库管理系统,支持多种操作系统平台,性能可靠、易于使用,是电子商务等应用领域中较好的数据库产品之一。本书以 SQL Server 2005 为平台,介绍 SQL Server 数据库应用开发技术。

　　本书按照数据库应用系统开发的工作过程组织内容。首先,演示数据库应用系统运行实例,使学生从最终用户的角度获得对数据库应用系统的感性认识,明确自己通过本书学习所要达到的目标,同时介绍相关的数据库基础知识;然后,按照数据库应用系统实际项目开发的工作过程,从设计到实现,逐步介绍数据库应用系统的开发技术;最后,给出完整的数据库应用系统开发实例,使学生从整体上理解数据库应用系统的开发过程,并通过实训掌握数据库应用系统的开发。

　　本书以案例带动内容讲解,以项目带动实践训练。在每一章的讲解中,首先以案例引入,提出本章的学习内容;接着介绍本章内容在整个数据库系统开发中的定位,明确指出本章的学习目标及需要掌握的知识要点;然后介绍完成本章工作的技术方法和相关知识理论;最后给出实训项目和要求,使学生通过实训掌握完成该项工作应具备的技术技能。本书的最后一章完整地给出了数据库应用系统开发实例,使学生从整体上掌握数据库应用系统的开发。全书使用数据库应用系统实例"学生信息管理系统"作为教学用例,贯穿始终。

　　本书的编写以"理论必需、够用,强化实用、应用"为原则;总结一线骨干教师的教学、工程实践经验;以贯穿全书的案例为载体;以数据库系统的开发过程为顺序,逐步讲解完成数据库开发的技术方法和相关知识,然后有针对性地配以实训项目,并在最后给出完整的数据库应用系统开发实例。书中所有例题都已调试通过,每章的习题和实训都经过精心编制,实用性强,可以帮助学生更好地掌握相应的数据库技术和知识。

　　本书由山东职业学院粘新育担任主编,山东职业学院李宪伟、李明生、岳莉和陕西教育学院薛鸿民担任副主编,并由粘新育负责大纲编写、各章节的结构和内容设计、全书的统稿及审稿。具体编写分工如下:岳莉编写第 1、7 章,薛鸿民编写第 2、8 章,李宪伟编写第 3、4、9、11 章,粘新育编写第 5、6、8 章,李明生编写第 10、11 章,第 12 章由各位作者共同完成。同时,感谢杨云、李斌、梁明亮、谭显波、胡坤融、姜庆玲、王运景、张晖、平寒、郭娟、牛文琦、徐莉等老师给予的大力支持和帮助。

　　虽然参加本书编写的教师在数据库原理与应用方面都有着多年的教学与开发经验,但由于数据库技术发展迅速,加之编者水平有限,书中难免有疏漏之处,敬请广大读者批评指正。

编　者

2012 年 1 月

目录

第 1 章　数据库基础知识 1

1.1　数据管理概述 2
  1.1.1　数据和数据处理 2
  1.1.2　数据管理技术的发展 2
1.2　数据库系统概述 4
  1.2.1　数据库的概念 4
  1.2.2　数据库系统的模式结构 5
  1.2.3　数据库系统的特点 7
1.3　数据模型 8
  1.3.1　数据模型的概念 8
  1.3.2　概念模型 9
  1.3.3　逻辑模型 11
1.4　关系数据库 13
  1.4.1　基本概念 13
  1.4.2　关系运算 14
  1.4.3　关系数据库 17
1.5　数据库设计 17
  1.5.1　需求分析 18
  1.5.2　概念结构设计 19
  1.5.3　逻辑结构设计 20
  1.5.4　物理结构设计 20
  1.5.5　数据库实施 21
  1.5.6　数据库运行与维护 21
1.6　数据库应用系统实例演示 21
小结 23
习题 23

第 2 章　SQL Server 2005 概述 25

2.1　SQL Server 2005 简介 25
  2.1.1　SQL Server 2005 的产品
         组件 26
  2.1.2　SQL Server 2005 的新增
         特性 27
2.2　安装 SQL Server 2005 29

2.2.1　SQL Server 2005 的版本 ...29
2.2.2　SQL Server 2005 的系统
       需求 30
2.2.3　SQL Server 2005 的安装
       过程 32
2.3　SQL Server 2005 的管理工具 36
  2.3.1　SQL Server Management
         Studio 37
  2.3.2　性能工具 38
  2.3.3　配置工具 38
  2.3.4　联机丛书 40
2.4　配置 SQL Server 2005 40
  2.4.1　注册服务器 40
  2.4.2　使用查询编辑器 42
小结 45
习题 45

第 3 章　数据库的创建与管理 47

3.1　数据库概述 48
  3.1.1　数据库构成 48
  3.1.2　数据库文件和文件组 49
  3.1.3　数据库对象 49
3.2　创建数据库 50
  3.2.1　使用 SQL Server Management
         Studio 创建数据库 50
  3.2.2　使用 T-SQL 语句创建
         数据库 52
3.3　查看和修改数据库 54
  3.3.1　使用 SQL Server Management
         Studio 查看和修改数据库 ...54
  3.3.2　使用 T-SQL 语句查看
         数据库 55
  3.3.3　使用 T-SQL 语句修改
         数据库 55

3.4 删除数据库 56
  3.4.1 使用 SQL Server Management
        Studio 删除数据库 56
  3.4.2 使用 T-SQL 语句删除
        数据库 56
3.5 备份和还原数据库 57
  3.5.1 使用 SQL Server Management
        Studio 备份和还原数
        据库 57
  3.5.2 使用 T-SQL 语句备份和
        还原数据库 60
3.6 分离和附加数据库 62
  3.6.1 分离数据库 62
  3.6.2 附加数据库 63
小结 64
习题 65

第 4 章 数据表的创建与管理 66
4.1 数据表概述 66
  4.1.1 数据表的概念 67
  4.1.2 数据类型 67
4.2 创建数据表 71
  4.2.1 使用 SQL Server Management
        Studio 创建数据表 71
  4.2.2 使用 T-SQL 语句创建
        数据表 72
4.3 修改数据表 74
  4.3.1 使用 SQL Server Management
        Studio 修改数据表 74
  4.3.2 使用 T-SQL 语句修改
        数据表 75
4.4 删除数据表 76
  4.4.1 使用 SQL Server Management
        Studio 删除数据表 77
  4.4.2 使用 T-SQL 语句删除
        数据表 77
4.5 表数据操作 77
  4.5.1 表数据的插入 78
  4.5.2 表记录的修改 81

4.5.3 表记录的删除 82
4.6 导入与导出数据 83
  4.6.1 导出数据 84
  4.6.2 导入数据 87
4.7 索引 88
  4.7.1 索引概述 88
  4.7.2 索引分类 89
  4.7.3 创建索引 89
  4.7.4 查看索引 92
  4.7.5 修改索引 93
  4.7.6 删除索引 93
小结 94
习题 94

第 5 章 数据完整性 96
5.1 数据完整性的概念 96
  5.1.1 域完整性 97
  5.1.2 实体完整性 97
  5.1.3 参照完整性 97
5.2 域完整性的实现 98
  5.2.1 CHECK 约束 98
  5.2.2 规则 101
  5.2.3 默认值约束及默认值
        对象 104
5.3 实体完整性的实现 112
  5.3.1 PRIMARY KEY 约束 112
  5.3.2 UNIQUE 约束 114
5.4 参照完整性的实现 116
小结 120
习题 121

第 6 章 数据库查询 123
6.1 SELECT 语句概述 124
  6.1.1 SELECT 语句的语法
        格式 124
  6.1.2 SELECT 语句的执行
        方式 124
6.2 简单查询 126
  6.2.1 SELECT 子句 126
  6.2.2 WHERE 子句 131

     6.2.3 ORDER BY 子句............ 134

6.3 分类汇总 135
     6.3.1 常用聚合函数 135
     6.3.2 分组筛选 137
     6.3.3 计算与汇总 138

6.4 连接查询 139
     6.4.1 内连接 140
     6.4.2 外连接 142
     6.4.3 交叉连接 144
     6.4.4 自连接 145

6.5 子查询 145

6.6 查询结果保存 147

小结 149

习题 149

第 7 章 视图 151

7.1 视图概述 152
7.2 创建视图 152
     7.2.1 使用 SQL Server Management
           Studio 创建视图 152
     7.2.2 使用 T-SQL 语句创建
           视图 155

7.3 修改视图 156
     7.3.1 使用 SQL Server Management
           Studio 修改视图 156
     7.3.2 使用 T-SQL 语句修改
           视图 158

7.4 删除视图 159
     7.4.1 使用 SQL Server Management
           Studio 删除视图 159
     7.4.2 使用 T-SQL 语句删除
           视图 160

7.5 使用视图操作表数据 160
     7.5.1 查询数据 160
     7.5.2 插入数据 161
     7.5.3 修改数据 163
     7.5.4 删除数据 163

小结 164

习题 164

第 8 章 Transact-SQL 程序设计 166

8.1 Transact-SQL 语言基础 167
     8.1.1 标识符与注释 167
     8.1.2 常量 167
     8.1.3 变量 168
     8.1.4 运算符与表达式 171

8.2 批处理与流程控制语句 174
     8.2.1 批处理 174
     8.2.2 流程控制语句 175

8.3 系统内置函数 177
     8.3.1 数学函数 177
     8.3.2 字符串函数 178
     8.3.3 日期和时间函数 179
     8.3.4 聚合函数 180
     8.3.5 系统函数 180

8.4 用户定义函数 181
     8.4.1 定义与调用用户定义
           函数 182
     8.4.2 删除用户定义函数 185

8.5 游标 186
     8.5.1 声明游标 186
     8.5.2 打开游标 188
     8.5.3 数据处理 188
     8.5.4 关闭游标 191
     8.5.5 释放游标 191

小结 192

习题 193

第 9 章 存储过程和触发器 194

9.1 存储过程 194
     9.1.1 存储过程概述 195
     9.1.2 创建存储过程 195
     9.1.3 执行存储过程 197
     9.1.4 修改存储过程 198
     9.1.5 删除存储过程 198

9.2 触发器 199
     9.2.1 触发器概述 199
     9.2.2 创建触发器 200
     9.2.3 修改触发器 203

目录

9.2.4 删除触发器 204

小结 204

习题 205

第 10 章 数据库安全性管理 207

10.1 SQL Server 2005 系统安全
机制 208

10.2 SQL Server 2005 登录认证 209
10.2.1 Windows 身份认证和
SQL Server 身份认证..... 209
10.2.2 选择身份认证模式 210
10.2.3 Windows 认证模式登录
账号的建立和取消..... 210
10.2.4 SQL Server 认证模式登录
账号的建立和删除..... 212
10.2.5 管理 SQL Server 登录
账户 213

10.3 数据库用户账号及权限管理 .. 213
10.3.1 数据库用户账号 213
10.3.2 用户权限及数据库
角色 214
10.3.3 使用 SQL Server Management
Studio 管理用户账户和
权限 215
10.3.4 使用 T-SQL 语句管理
用户账号和权限 219

10.4 服务器角色和应用程序角色.... 220
10.4.1 服务器角色 220
10.4.2 管理服务器角色 221
10.4.3 应用程序角色 222

小结 223

习题 223

第 11 章 SQL Server 开发与编程 ...225

11.1 ASP.NET/SQL Server 2005
开发 226
11.1.1 数据源控件与数据绑定
控件概述 226
11.1.2 ASP.NET 与 SQL Server
2005 的连接 226

11.2 Java/SQL Server 2005 开发......229
11.2.1 环境搭配 230
11.2.2 连接测试 230

11.3 JSP/SQL Server 2005 开发......231
11.3.1 环境搭配 231
11.3.2 连接测试 232

11.4 学生信息管理系统 233
11.4.1 系统需求分析 234
11.4.2 系统设计 234
11.4.3 系统实现 235

小结 251

习题 252

第 12 章 实训 253

实训一 SQL Server 2005 管理
工具的使用 253
实训二 数据库的创建与管理........254
实训三 数据表的创建与管理........255
实训四 表数据操作 256
实训五 创建和使用索引 257
实训六 数据完整性设计 257
实训七 简单查询 259
实训八 分类汇总 259
实训九 连接查询 260
实训十 子查询 261
实训十一 创建和使用视图 262
实训十二 Transact-SQL
程序设计 263
实训十三 创建和使用存储过程.....265
实训十四 创建和使用触发器........265
实训十五 数据库安全性管理........266

附录 A 学生数据库（XS）表结构及
数据样本 268

附录 B 连接查询用例表结构及数据
样本 271

附录 C 常用语句 272

附录 D 常用函数 274

参考文献 276

数据库基础知识

案例引入

本书提供的学生信息管理系统具有档案管理、课程管理、成绩管理、系统管理等功能。通过运行该系统，可以实现学生档案的查询、修改、增加，课程信息的查询、修改、增加，学生成绩的查询、修改、增加，密码的修改等功能。这套系统是利用 ASP.NET/SQL Server 2005 开发的一套数据库应用系统。学习本课程的目的就是要掌握数据库应用开发技术，能够设计开发数据库应用系统。为此，本章先介绍必要的数据库基础知识。

本章定位

学习目标

- 掌握数据库的概念。
- 掌握关系数据模型。

本章要点

- 数据库的定义。
- 数据库系统的组成。
- 各类数据模型的特点。
- 关系数据库。
- 一般数据库设计步骤。

1.1　数据管理概述

1.1.1　数据和数据处理

1. 数据

数据（Data）是描述事物的符号记录，用类型和数值来表示。随着计算机技术的发展，数据的含义更加广泛，不仅包括数字，还包含文字、图像、声音和视频等。在数据库技术中，数据是数据库中存储的基本对象。例如，学生的档案管理记录、货物的运输情况等都是数据。

信息不同于数据，数据是信息的载体，信息是数据的含义，是一种已经被加工为特定形式的数据。这种数据形式对接收者来说是有意义的，即只有有价值的数据才是信息。根据这个定义，那些能表达某种含义的信号、密码、情报、消息都可概括为信息。例如，一个"会议通知"，可以用文字（字符）写成，也可用广播方式（声音）传送，还可用闭路电视（图像）来通知，不管用哪种形式，含义都是通知，它们所表达的信息都是"会议通知"，所以"会议通知"就是信息。

数据和信息二者密不可分，信息是客观事物性质或特征在人脑中的反映，信息只有通过数据形式表示出来才能被人理解和接收，对信息的记载和描述产生了数据；反之，对众多相关数据加以分析和处理又将产生新的信息。

人们从客观世界中提取所需数据，根据客观需要对数据处理得出相应信息，该信息将对现实世界的行为和决策产生影响，它对于决策者能增加知识，具有现实的或潜在的价值。信息是经过加工处理以后的数据，两者的转换过程如图 1-1 所示。

图 1-1　数据与信息的转换过程

2. 数据处理

数据处理是指将数据转换成信息的过程。它是由人、计算机等组成的能进行信息的收集、传递、存储、加工、维护、分析、计划、控制、决策和使用的系统。经过处理，信息被加工成特定形式的数据。

在数据处理过程中，数据计算相对简单，但是处理的数据量大，并且数据之间存在着复杂的联系，因此数据处理的关键是数据管理。

数据管理是指对数据收集、整理、组织、存储和检索等操作。这部分操作是数据处理业务的基本环节，是任何数据处理业务中必不可少的共有部分。因此，必须学习和掌握数据管理技术，对数据处理提供有利的支持。有效的数据管理可以提高数据的使用效率，减轻程序开发人员的负担。数据库技术就是针对数据管理的计算机软件技术。

1.1.2　数据管理技术的发展

数据管理是数据库的核心任务，内容包括对数据的分析、组织、编码、存储、检索和维护。随着计算机硬件和软件的发展，数据库技术也不断地发展。计算机在数据管理方面经历了由低级到高级的发展过程，经历了人工管理阶段、文件管理阶段和数据库管理阶段。

1. 人工管理阶段

人工管理阶段约在 20 世纪 50 年代中期以前，计算机技术相对落后，硬件主要是磁带、卡片、纸带，没有磁盘，软件没有操作系统，主要用于科学计算。因此，没有专门管理数据的软件，数据由计算或处理它的程序自行携带。数据管理的任务包括存储结构、存取方法、输入/输出方式等，完全由程序设计人员负责。

这一时期计算机数据管理的特点是：

（1）数据不保存。

（2）没有对数据进行管理的软件系统。

（3）没有文件的概念。

（4）一组数据对应于一个程序，数据是面向应用的。一个程序中的数据不能被其他程序所利用，因而，程序之间存在着大量的重复数据，造成了数据的冗余。

以上特点可用图形来表示，如图 1–2 所示。

图 1-2　人工管理阶段数据管理

2. 文件管理阶段

文件管理阶段约为 20 世纪 50 年代后期至 60 年代中后期，此时计算机已经开始大量用于管理数据的阶段。此时的计算机硬件具有磁盘、磁鼓等直接存储设备。在操作系统上有了专门用于管理数据的软件，称为文件系统。

这一时期计算机数据管理的特点是：

（1）数据需要长期保存在外存上供反复使用。

（2）程序和数据之间有了一定的独立性。

（3）文件形式多样化。

（4）文件的存取基本上以记录为单位。

以上特点可用图形来表示，如图 1-3 所示。

图 1-3　文件系统阶段的数据管理

3. 数据库管理阶段

20 世纪 60 年代后期，数据管理规模更为庞大，应用更广泛，数据量剧增，共享要求更高。在硬件方面有了大容量的快速存取的磁盘，软件方面出现了数据库管理系统，它的功能是对所有的数据进行统一、集中和独立式的管理，使数据存储独立于使用数据的程序，减少了数据的冗余度、节约存储空间，提高了数据的一致性和完整性，充分实现了数据的共享。多个用户能够同时访问数据库中的数据，减小了应用程序的开发和维护代价。这一阶段程序和数据的关系如图 1-4 所示。

图 1-4　数据库管理阶段的数据管理

1.2　数据库系统概述

1.2.1　数据库的概念

数据库、数据库管理系统和数据库系统是数据库技术中常用的基本术语，下面简单介绍。

1. 数据库

数据库（Database，DB）是指长期存储在计算机内，按一定数据模型组织存储、可共享的数据集合。它可以供各种用户共享，具有最小冗余度和较高的数据独立性。

2. 数据库管理系统

数据库管理系统（Database Management System，DBMS）是用户和操作系统之间的数据管理软件。它使用户方便地定义数据和操纵数据，并能够保证数据的安全性、完整性、多用户对数据的并发使用及发生故障后的数据恢复。其功能如下：

（1）数据定义功能。数据库管理系统具有专门的数据定义语言（Data Description Language，DDL），用户可以方便地创建、修改、删除数据库及数据库对象。

（2）数据操纵功能。数据库管理系统提供数据操纵语言（Data Manipulation Language，DML），可以实现对数据库中数据的检索、插入、删除和修改等操作。

（3）数据库运行管理功能。数据库运行过程中，由数据库管理系统统一控制管理，以保证数据的安全性、完整性，当多个用户同时访问相同数据时，由数据库管理系统进行并发控制，以保证每个用户的运行结果都是正确的。

（4）数据库的维护功能。它包括数据库初始数据的输入、转换功能，数据库的转储、恢复功能，数据库的重组织功能和性能监测、分析功能，等等。这些功能通常由一些实用程序完成。

图 1-5　DBMS 在计算机层次结构中的地位

总之，数据库管理系统是用户和数据库之间的交互界面，在各种计算机软件中，数据库管理系统软件占有极其重要的位置。用户只需通过它就可以实现对数据库的各种操作与管理。数据库管理系统在计算机层次结构中的地位如图 1-5 所示。

目前，广泛应用的大型网络数据库管理系统有 SQL Server、DB2、Oracle、Sybase 等，常用的桌面数据库管理系统有 Visual FoxPro、Access 等。

3. 数据库系统

数据库系统（Database System，DBS）是指在计算机系统中引入数据库后的系统，一般由数据库、操作系统、数据库管理系统，应用开发工具、应用系统、数据库管理员、应用程序员和用户构成。数据库系统可用图 1-6 表示。

图 1-6　数据库系统

其中，数据库管理员、应用程序员和用户主要是指存储、维护和检索数据的各类使用者，主要有三类：

（1）最终用户（End User，EU）。最终用户是应用程序的使用者，通过应用程序与数据库进行交互。

（2）应用程序员（Application Programmer，AP）。应用程序员是在开发周期内进行数据库结构设计、完成应用程序开发的人员，通常多于 1 人，并保证程序在运行周期中功能和性能正确无误。

（3）数据库管理员（Database Administrator，DBA）。数据库管理员对数据库进行日常的管理，负责全面管理和控制数据库系统，是数据库系统中最重要的人员，其职责包括：设计与定义数据库系统，帮助最终用户使用数据库系统；监督与控制数据库系统的使用和运行；改进和重组数据库系统，优化数据库系统的性能；备份与恢复数据库；当用户的应用需求增加或改变时，对数据库进行较大的改造，即重构数据库。

1.2.2　数据库系统的模式结构

在数据模型中有"型"（Type）和"值"（Value）的概念。型是对某一类数据的结构和属性的说明，值是型的一个具体赋值。例如，学生人事记录定义为（学号，姓名，性别，系别，年龄，籍贯）这样的记录型，而（900201，李明，男，计算机，22，江苏）则是该记录型的一个记录值。

模式（Schema）是数据库中全体数据的逻辑结构和特征的描述，它仅仅涉及型的描述，不涉及具体的值。模式的一个具体值称为模式的一个实例（Instance）。同一个模式可以有很多实例。模式是相对稳定的，而实例是相对变动的。模式反映的是数据的结构及其关系，而实例反映的是数据库某一时刻的状态。

虽然实际的数据库系统软件产品种类很多，它们支持不同的数据模型，使用不同的数据库语言，建立在不同的操作系统之上，数据存储结构也各有不同，但从数据库管理系统角度看，它们在体系结构上通常都具有相同的特征，即采用三级模式结构（微机上的个别小型数据库系统除外），并提供二级映像功能。

1. 数据库系统的三级模式结构

数据库系统的三级模式结构是指数据库系统由外模式、模式和内模式三级构成，如图 1-7 所示。

图 1-7　数据库系统的三级模式

（1）模式。模式又称逻辑模式，是数据库中全体数据的逻辑结构和特征的描述，是所有用户的公共数据视图。它是数据库系统模式结构的中间层，不涉及数据的物理存储细节和硬件环境，与具体的应用程序、所使用的应用开发工具及高级程序设计语言无关。

实际上模式是数据库在逻辑级上的视图。一个数据库只有一个模式。数据库模式以某一种数据模型为基础，统一综合地考虑了所有用户的需求，并将这些需求有机地结合成一个逻辑整体。定义模式时不仅要定义数据的逻辑结构（例如，数据记录由哪些数据项构成，数据项的名字、类型、取值范围等），而且要定义与数据有关的安全性、完整性要求，定义这些数据之间的联系。

（2）外模式。外模式又称子模式或用户模式，是数据库用户（包括应用程序员和最终用户）看见和使用的局部数据的逻辑结构和特征的描述，是数据库用户的数据视图，是与某一应用有关的数据的逻辑表示。它通常是模式的子集。

一个数据库可以有多个外模式。由于它是各个用户的数据视图，如果不同的用户在应用需求、看待数据的方式、对数据保密的要求等方面存在差异，则他们的外模式描述就是不同的。即使对模式中的同一数据，在外模式中的结构、类型、长度、保密级别等都可以不同。另一方面，同一外模式也可以为某一用户的多个应用系统所使用，但一个应用程序只能使用一个外模式。

外模式是保证数据库安全性的一个有力措施。每个用户只能看见和访问所对应的外模式中的数据，数据库中的其余数据对他们来说是不可见的。

（3）内模式。内模式又称存储模式，是数据物理结构和存储结构的描述，是数据在数据库内部的表示方式。例如，记录的存储方式是顺序存储、按照 B 树结构存储还是按 Hash 方法存储，索引按照什么方式组织；数据是否压缩存储，是否加密；数据的存储记录结构有何规定等。一个数据库只有一个内模式。

2. 数据库系统的二级映像

数据库系统的三级模式是对数据的三个抽象级别，它把数据的具体组织留给 DBMS 管理，使用户能逻辑地抽象处理数据，而不必关心数据在计算机中的具体表示方式与存储方式。而为了能够在内部实现这三个抽象层次的联系和转换，数据库系统在这三级模式之间提供了二级映像：外模式/模式映像和模式/内模式映像。正是这二级映像保证了数据库系统中的数据能够具有较高的逻辑独立性和物理独立性。

模式描述的是数据的全局逻辑结构，外模式描述的是数据的局部逻辑结构。对应于同一个模式可以有任意多个外模式。对于每一个外模式，数据库系统都有一个外模式/模式映像，它定义了该外模式与模式之间的对应关系。这些映像定义通常包含在各自外模式的描述中。当模式改变时（例如，增加新的数据类型、新的数据项、新的关系等），由数据库管理员对各个外模式/模式的映像作相应改变，可以使外模式保持不变，从而应用程序不必修改，保证了数据的逻辑独立性。

数据库中只有一个模式，也只有一个内模式，所以模式/内模式的映像是唯一的，它定义了数据全局逻辑结构与存储结构之间的对应关系。例如，说明逻辑记录和字段在内部是如何表示的。该映像定义通常包含在模式描述中。当数据库的存储结构改变了（例如，采用了更先进的存储结构），由数据库管理员对模式/内模式映像作相应改变，可以使模式保持不变，从而保证了数据的物理独立性。

1.2.3 数据库系统的特点

数据库系统的主要特点包括数据结构化、数据共享和数据独立性，以及统一的数据控制功能。

1. 数据结构化

数据库中的数据是以一定的逻辑结构存储的，这种结构是由数据库管理系统所支持的数据模型决定的。数据库系统不仅可以表示事物内部各数据项之间的联系，而且可以表示事物与事物之间的联系。只有按照一定结构组织和存储的数据，才便于对它们实现有效的管理。

第 1 章 数据库基础知识

2．数据共享

数据共享是数据库系统最重要的特点。数据库中的数据能够被多个用户、多个应用程序所共享。此外，由于数据库中的数据被集中管理和统一组织，因而避免了不必要的数据冗余。

3．数据独立性

在数据库系统中，数据与程序基本上是相互独立的，其相互依赖的程度已大大减小。对数据结构的修改将不会对程序产生大的影响。反过来，对程序的修改也不会对数据产生大的影响。

4．统一的数据控制

数据库系统必须提供必要的数据安全保护措施，主要包括：

（1）安全性控制。数据库系统提供了安全措施，使得只有合法用户才能进行其权限范围内的操作，防止非法操作造成数据的破坏或泄密。

（2）完整性控制。数据的完整性包括数据的正确性、有效性和相容性。数据库系统可以提供必要的手段来保证数据库中的数据在处理过程中始终符合其事先规定的完整性要求。

（3）并发操作控制。对数据的共享将不可避免地出现对数据的并发操作，也就是说，多个用户或者多个应用程序同时使用同一个数据库、同一个数据库表或者同一条记录。如果不加以控制将导致相互干扰而出现错误的结果，使得数据的完整性遭到破坏，所以必须对并发操作进行控制协调。一般采用数据锁定的方法来处理并发操作，当某个用户访问并修改某个数据时，应先将该数据锁定，当这个用户完成对此数据的写操作之后消除锁定，然后才允许其他的用户访问此数据。

1.3 数 据 模 型

1.3.1 数据模型的概念

数据库是某个企业、组织或部门所涉及的数据的综合，它不仅要反映数据本身的内容，而且要反映数据间的联系。由于计算机不可能直接处理现实世界中的具体事物，所以人们必须把具体事物转换成计算机能够处理的数据，在数据库中用数据模型这个工具来抽象、表示和处理现实世界中的数据和信息。通俗地讲，数据模型就是现实世界的模拟。现有的数据库系统均是基于某种数据模型的。

数据库管理系统是按照一定的数据模型组织数据的，数据结构、数据操作和完整性约束称为数据模型的三要素。

1．数据结构

数据结构是一组规定的用以构造数据库的基本数据结构类型。这是数据模型中最基本的部分，它规定如何把基本数据项组织成更大的数据单位，并通过这种结构来表达数据项之间的关系。由于数据模型是现实世界与机器世界的中介，因此它的基本数据结构类型应是简单且易于理解的；同时，这种基本数据结构类型还应有很强的表达能力，可以有效地表达数据之间各种复杂的关系。

2．数据操作

数据操作能实现对数据结构按任意方式组合起来所得数据库的任何部分进行检索、推导和修改等。实际上，数据结构只规定了数据的静态结构，而操作的定义则说明了数据的动态特性。同样的静态结构，由于定义在其上的操作不同，可以形成不同的数据模型。

3. 完整性约束

完整性约束用于给出不破坏数据库完整性、数据相容性等数据关系的限定。为了避免对数据执行某些操作时破坏数据的正常关系，常将那些有普遍性的问题归纳起来，形成一组通用的约束规则，只允许在满足该组规则的条件下对数据库进行插入、删除和更新等操作。

综上所述，一个数据模型实际上给出了一个通用的在计算机上可实现的现实世界的信息结构，并且可以动态地模拟这种结构的变化，因此它是一种抽象方法。为在计算机上实现这种方法，研究者开发和研制了相应的软件——数据库管理系统（DBMS），DBMS 是数据库系统的主要组成部分。

数据模型大体上分为两种类型：一种是独立于计算机系统的数据模型，即概念模型；另一种则是涉及计算机系统和数据库管理系统的逻辑模型。

1.3.2 概念模型

信息是对客观事物及其相互关系的表征，同时数据是信息的具体化、形象化，是表示信息的物理符号。在管理信息系统中，要对大量的数据进行处理，首先要弄清楚现实世界中事物及事物间的联系是怎样的，然后再逐步分析、变换，得到系统可以处理的形式。因此，对客观世界的认识、描述是一个逐步进行的过程，有层次之分，可将它们分成三个层次。

1. 现实世界

现实世界是客观存在的事物及其相互联系，客观存在的事物分为"对象"和"性质"两个方面，同时事物之间有广泛的联系。

2. 信息世界

信息世界是客观存在的现实世界在人们头脑中的反映。人们对客观世界经过一定的认识过程，进入到信息世界形成关于客观事物及其相互联系的信息模型，在信息模型中，客观对象用实体表示，客观对象的性质用属性表示。

3. 数据世界

对信息世界中的有关信息经过加工、编码、格式化等具体处理，便进入了数据世界。数据世界中的数据既能代表和体现信息模型，同时又向机器世界前进了一步，便于用机器进行处理。在这里，每一实体用记录表示，对应于实体的属性用数据项（或称字段）表示，现实世界中的事物及其联系用数据模型表示。

三个领域间的关系如图 1-8 所示。

由此可以看出，客观事物及其联系是信息之源，是组织和管理数据的出发点，同时也是使用数据库的归宿。为了把现实世界中的具体事物进行抽象，人们常常首先把现实世界抽象成信息世界，然后再把信息世界转化为机器世界。把现实世界抽象为信息世界，实际上是抽象出现实系统中有应用价值的元素及其联系，这时所形成的信息结构是概念模型。在抽象出概念模型后，再把概念模型转换为计算机上某一 DBMS 所支持的数据模型。概念模型是现实世界到真实机器的一个中间层次，是按照用户的观点对数据和信息建模，是数据库设计人员与用户之间进行交流的语言。

图 1-8 客观描述的层次

目前描述概念模型的最常用的方法是实体-联系（Entity-Relationship，E-R）方法。这种方法简单、实用，它所使用的工具称为 E-R 图。E-R 图中包括实体、属性和联系三种图素。实体用矩形框表示，属性用椭圆形框表示，联系用菱形框表示，框内填入相应的实体名，实体与属性或者实体与联系之间用无向直线连接，多值属性用双椭圆形框表示，派生属性用虚椭圆形框表示。

E-R 模型中使用的基本符号如图 1-9 所示。

（1）实体。客观存在并且可以相互区别的事物称为实体。实体可以是具体的事物，也可以是抽象的事件。例如，学生、图书等属于具体的事物，订货、借阅图书等活动是抽象的事件。

图 1-9 E-R 图基本符号表示

（2）实体集。同一类实体的集合称为实体集。由于实体集中的个体成千上万，人们不可能也没有必要一一指出每一个属性，因此引入实体型。

（3）实体型。对同类实体的共有特征的抽象定义称为实体型。由实体名及其属性名集合来抽象和描述。例如，学生（学号，姓名，年龄，性别，成绩）是一个实体型。

（4）属性。描述实体的特性称为属性。例如，学生实体用学号、姓名、性别、年龄等属性来描述。不同的实体用不同的属性区分。

（5）联系。实体之间的相互关系称为联系。它反映现实世界事物之间的相互关联。实体之间的联系可以归纳为三种类型：

① 一对一联系（1:1）：设 A、B 为两个实体集，如果 A 中的每个实体至多和 B 中的一个实体有联系，反过来，B 中的每个实体至多和 A 中的一个实体有联系，称 A 对 B 或者 B 对 A 是一对一联系。例如，班级和班长这两个实体之间就是一对一的联系，如图 1-10（a）所示。

② 一对多联系（1:n）：设 A、B 为两个实体集，如果 A 中的每个实体可以和 B 中的多个实体有联系，而 B 中的每个实体至多和 A 中的一个实体有联系，称 A 对 B 是一对多联系。例如，班级和学生这两个实体之间就是一对多联系，如图 1-10（b）所示。

③ 多对多联系（m:n）：设 A、B 为两个实体集，如果 A 中的每个实体可以和 B 中

的多个实体有联系，而 B 中的每个实体也可以和 A 中的多个实体有联系，称 A 对 B 或 B 对 A 是多对多联系。例如，学生和课程这两个实体之间就是多对多联系，如图 1-10（c）所示。

图 1-10　实体间的联系

值得注意的是，联系也可以有属性，例如，学生选修课程，则"选修"这个联系就有"成绩"属性，如图 1-11 所示。

图 1-11　实体-联系属性图

由于实体集中的个体成千上万，人们不可能也没有必要一一指出个体间的对应关系，只需指出实体型间的联系，注明联系方式，这样既简单又能表达清楚概念。具体画法是：把有联系的实体（矩形框）通过联系（菱形框）连接起来，注明联系方式，再把实体的属性（椭圆框）连到相应实体上。

一般为了简洁，在 E-R 图中可略去属性，着重表示实体联系情况，属性可单独以表格形式列出。

1.3.3　逻辑模型

逻辑模型指数据库中数据的组织形式和联系方式。数据库中的数据是按照一定的逻辑结构存储的，这种结构是用数据模型来表示的。现有的数据库管理系统都是基于某种数据模型的。按照数据库中数据采取的不同联系方式，数据模型可分为三种：层次模型、网状模型和关系模型。

1.　层次模型

用树形结构表示实体及其之间联系的模型称为层次模型。在这种模型中，数据被组织成由根开始的倒置的一棵树，每个实体由根开始沿着不同的分支放在不同的层次上。

层次模型的优点是结构简单，层次清晰，易于实现。适合描述类似家族关系、行政编制及目录结构等信息载体的数据结构。

其基本结构有两个限制：

（1）此模型中有且仅有一个结点没有双亲结点，称为根结点，其层次最高。

（2）根结点以外的其他结点有且仅有一个双亲结点。

所以，使用层次模型可以非常直接、方便地表示 1：1 和 1：n 联系，但不能直接表示 m：n 联系，难以实现对复杂数据关系的描述。一个层次模型的简单例子如图 1-12 所示。

图 1-12　PS 数据库层次模型

该层次数据库 PS 具有六个记录类型。记录类型 P（学院）是根结点，由字段 P#（学院编号）、PN（学院名称）、PL（办公地点）组成，它有两个子结点：D（系）和 DP（部）。记录类型 R（教研室）和 S（学生）是记录类型 D 的两个子结点。T（教师）是 R 的子结点。其中，记录类型 D 由字段 D#（系编号）和 DN（系名）组成，记录类型 DP 由字段 DP#（部门编号）和 DPN（部门名称）组成，记录类型 R 由 R#（教研室编号）、RN（教研室名称）和 RC（教研室人数）组成，记录类型 S 由 S#（学号）、SN（学生姓名）和 SS（学生成绩）组成，记录类型 T 由 T#（教师编号）、TN（教师姓名）和 TD（研究方向）组成。

在该层次结构中，DP、S、T 是叶子结点，它们没有子结点。由 P 到 D、由 P 到 DP、由 D 到 R、由 D 到 S、由 R 到 T 均是一对多的联系。

2. 网状模型

网状模型是一种比层次模型更具有普遍性的结构，它去掉了层次模型的两个限制，允许多个结点没有双亲结点，允许结点有多个双亲结点，此外它还允许两个结点之间有多种联系。因此，网状模型可以更直接地描述现实世界。而层次模型实际上是网状模型的一个特例。

网状模型的主要优点是在表示数据之间的多对多联系时具有很大的灵活性，但是这种灵活性是以数据结构的复杂化为代价的。

网状结构可以有很多种，如图 1-13 所示。其中图 1-13（a）所示为一个简单的网状结构，其记录类型之间都是 1：n 的联系。图 1-13（b）是一个复杂的网状结构，学生与课程之间是 m：n 的联系，一个学生可以选修多门课程，一门课程可以被多个学生选修。图 1-13（c）是一个简单环形网状结构，每个父亲可以有多个已为人父的儿子，而这些已为人父的儿子却只有一个父亲。图 1-13（d）是一个复杂环形网状结构，每个子女都可以有多个子女，而这多个子女中的每一个都可以再有多个子女（$m: n$）。图 1-13（e）中人和树的联系有多种。图 1-13（f）中既有父母到子女的联系，又有子女到父母的联系。

图 1-13　网状模型

3. 关系模型

关系模型是目前最重要的一种模型。美国 IBM 公司的研究员 E.F.Codd 于 1970 年发表题为《大型共享系统的关系数据库的关系模型》的论文，文中首次提出了数据库系统的关系模型。20 世纪 80 年代以来，计算机厂商推出的数据库管理系统（DBMS）几乎都支持关系模型。

关系模型与层次和网状模型的理论和风格截然不同，如果说层次和网状模型是用"图"表示实体及其联系，那么关系模型则是用"二维表"来表示的。从现实世界中抽象出的实体及其联系都使用关系这种二维表表示。而关系模型就是用若干个二维表来表示实体及其联系的，这是关系模型的本质。关系模型如图 1-14 所示。

学生登记表	学号	姓名	性别	系别	年龄	籍贯
	95001	李勇	男	计算机科学	20	江苏
	95002	刘晨	女	信息	19	山东
	95003	王名	女	数学	18	北京
	95004	张立	男	计算机科学	19	北京
	…	…	…	…	…	…
	95700	杨晓冬	男	物理	20	山西

图 1-14　关系模型

由于关系型数据库采用了人们习惯使用的表格形式作为存储结构，易学易用，因而成为使用最广泛的数据库模型。

1.4　关系数据库

1.4.1　基本概念

1. 关系术语

在关系数据库中，有以下几个常见的关系术语：

（1）关系。关系就是一个二维表格，每个关系都有一个关系名，在 SQL Server 2005 中，一个关系称为一个表（Table）。

（2）记录（元组）。在一个具体的关系中，每一行称为一个记录，又称元组。

（3）字段（属性）。在一个具体的关系中，每一列称为一个字段，又称属性。

（4）域。域就是属性的取值范围，即不同记录对同一个属性的取值所予以限定的范围。例如，"成绩"属性的域是 0～100；"性别"属性的域范围为"男"和"女"。

（5）关键字。在一个关系中有一个或几个这样的字段（属性），其值可以唯一地标识一个记录，称为关键字。例如，学生表中的"学号"字段就可以作为一个关键字，而"姓名"字段因其值不唯一而不能作为关键字。

（6）关系模式。对关系的描述称为关系模式。一个关系模式对应一个关系，是命名的属性集合。其格式为：

关系名(属性名 1,属性名 2,…,属性名 n)

例如：

学生(学号,姓名,年龄,性别)
课程(课程号,课程名,学分,学时)
选修(学号,课程号,成绩)

一个具体的关系模型则是若干个相联系的关系模式的集合。以上三个关系模式就组成了关系模型。

2. 关系的约束

关系表现为二维表，但不是所有的二维表都是关系。成为关系的二维表有如下约束：

（1）不允许"表中套表"，即表中每个属性必须是不可分割的数据单元。或者说每个字段不能再分为若干个字段，即表中不能再包含表。

（2）在同一个关系中不能出现相同的属性名。

（3）列的次序可以任意交换，不改变关系的实际意义。

（4）表中的行称为元组，代表一个实体，因此表中不允许出现相同的两行。

（5）行的次序可以任意交换，不会改变关系的意义。

注意：上述各种名词，在实际的关系型 DBMS 中往往叫法不一样，如在 SQL Sever 大型数据库中把关系称为"数据库文件"或"表"，把属性称为"字段"，把元组称为"记录"。

1.4.2 关系运算

数学中的算术运算是大家熟悉的。例如，2+3 是一个数学运算，该运算的运算对象是数值 2 和 3，运算法则是加法，运算结果也是数值（5）。与此类似，关系运算的运算对象是关系（二维表），关系运算的法则包括选择、投影、连接，关系运算结果也是关系（二维表）。下面分别介绍这三种关系运算法则。

1. 选择（Selection）

选择运算是在一个关系中找出满足给定条件的记录。选择是从行的角度对二维表格的内容进行筛选，形成新的关系。如学生表如表 1-1 所示。

表 1-1　学　生　表

学号	姓名	性别	系名	出生日期	民族	总学分	备　　注
200501	王红	女	信息	1986-02-14	汉族	60	无
200502	刘林	男	信息	1986-05-20	汉族	54	无
200503	曹红雷	男	信息	1985-09-24	汉族	50	无
200504	方平	女	信息	1987-08-11	回族	52	三好学生
200505	李伟强	男	信息	1985-11-14	汉族	60	一门课不及格

【例 1-1】从学生表中选择男同学，其结果如表 1-2 所示。SQL 语句如下：

```
SELECT   *
FROM    学生
WHERE   性别='男'
```

表 1-2　选择运算结果

学号	姓名	性别	系名	出生日期	民族	总学分	备　　注
200502	刘林	男	信息	1986-05-20	汉族	54	无
200503	曹红雷	男	信息	1985-09-24	汉族	50	无
200505	李伟强	男	信息	1985-11-14	汉族	60	一门课不及格

通俗地说，选择运算是将满足条件的元组提取出来，组成一个新的关系。

2. 投影（Projection）

投影是从一个关系中找出符合条件的属性列组成新的关系。投影是从列的角度对二维表的内容进行筛选或重组，形成新的关系。

【例 1-2】从表 1-1 所示的学生表中筛选所需要的列：姓名和出生日期，结果如表 1-3 所示。SQL 语句如下：

```
SELECT 姓名,出生日期
FROM    学生
```

表 1-3　投影运算结果

姓　　名	出 生 日 期	姓　　名	出 生 日 期
王红	1986-02-14	方平	1987-08-11
刘林	1986-05-20	李伟强	1985-11-14
曹红雷	1985-09-24		

从上述两例得知：选择从行的角度进行运算，投影则是从列的角度进行运算。

注意：若投影后出现完全相同的元组（行），则取消重复的元组（行）。

【例 1-3】从表 1-1 所示的学生表中筛选性别列，结果如表 1-4 所示。SQL 语句如下：

```
SELECT 性别
FROM    学生
```

表 1-4　投影运算结果

性别
女
男

3. 连接（Join）

连接是从两个关系的笛卡儿积中选取属性之间满足一定条件的元组形成的新关系。在此不给出笛卡儿积的定义，仅仅通过一个举例对笛卡儿积作一个初步了解，对于笛卡儿积的定义请大家参考离散数学。

设关系 R 和关系 S 分别如表 1-5 和表 1-6 所示。

<table>
<tr><td colspan="3">表 1-5　关系 R</td></tr>
<tr><th>A</th><th>B</th><th>C</th></tr>
<tr><td>a_1</td><td>b_1</td><td>c_1</td></tr>
<tr><td>a_2</td><td>b_2</td><td>c_2</td></tr>
<tr><td>a_3</td><td>b_3</td><td>c_3</td></tr>
</table>

<table>
<tr><td colspan="2">表 1-6　关系 S</td></tr>
<tr><th>A</th><th>D</th></tr>
<tr><td>a_1</td><td>c_4</td></tr>
<tr><td>a_3</td><td>c_5</td></tr>
</table>

说明：关系 R 中的属性 A 和关系 S 中的属性 A 取自相同的域。

对关系 R 和关系 S 做笛卡儿积的结果如表 1-7 所示。

表 1-7　R 和 S 的笛卡儿积

$R.A$	B	C	$S.A$	D
a_1	b_1	c_1	a_1	c_4
a_1	b_1	c_1	a_3	c_5
a_2	b_2	c_2	a_1	c_4
a_2	b_2	c_2	a_3	c_5
a_3	b_3	c_3	a_1	c_4
a_3	b_3	c_3	a_3	c_5

连接运算中有两种常用的连接，一种是等值连接（Equi-Join），另一种是自然连接（Natural Join）。等值连接是选取 R 与 S 的笛卡儿积的属性值相等的那些元组。自然连接要求两个关系中进行比较的分量必须是相同属性组，且要在结果中把重复的属性去掉。

【例 1-4】关系 R 与关系 S 按属性 A 的值做等值连接的结果如表 1-8 所示。

表 1-8　等值连接后的结果

$R.A$	B	C	$S.A$	D
a_1	b_1	c_1	a_1	c_4
a_3	b_3	c_3	a_3	c_5

自然连接 $R \bowtie S$ 的结果表 1-9 所示。

表 1-9　自然连接后的结果

$R.A$	B	C	D
a_1	b_1	c_1	c_4
a_3	b_3	c_3	c_5

从表中可看出两点：第一点是一般的连接操作是从行的角度进行运算的。第二点是自然连接与等值连接的主要区别是自然连接中没有相同的列。

总之，在对关系数据库的查询中，利用关系的投影、选择和连接运算可以很方便地分解或构造新的关系。

1.4.3 关系数据库

基于关系模型建立的数据库称为关系数据库，它具有通用的数据管理功能、数据表示能力较强、易于理解、使用方便。20 世纪 80 年代以来，关系数据库理论日益完善，并在数据库系统中得到了广泛的应用，是各类数据库中使用最为重要、最为广泛、最为流行的数据库。

关系数据库是一些相关的表和其他数据库对象的集合。这里有三层含义：

（1）在关系型数据库中，数据存储在二维表结构的数据表中，一个表是一个关系，又称实体集。通常：

① 一个表包含若干行，每一行称为一条记录，表示一个实体。

② 每一行数据由多列组成，每一列称为一个字段，反映了该实体某一方面的属性。

③ 实体的属性中，能唯一标识实体集中每个实体的某个或某几个属性，称为实体的关键字，在关系数据库中，关键字称为主键。

（2）数据库所包含的表之间是有联系的，联系由表的主键和外键所体现的参照关系实现。通常：

① 关系表现为表。关系数据库一般由多个关系（表）组成。

② 表之间由某些字段的相关性而产生联系。在关系数据库中，表既能反映实体，又能表示实体之间的联系。

③ 用表的主键和外键反映实体间的联系。在关系数据库中，外键（Foreign Key）是指表中含有的与另一个表的主键相对应的字段，用来与其他表建立联系。

（3）数据库不仅包含表，还包含其他的数据库对象，如视图、存储过程和索引等。

数据库是存储数据的容器，数据主要保存在数据库的表中，所以数据表是数据库的基本对象。除此之外，在数据库中还有其他对象，常用的有：

① 视图：是一个虚拟表，可用于从实际表中检索数据，并按指定的结构形式浏览。

② 存储过程：是一个预编译的语句和指令的集合，可执行查询或者数据维护工作。

③ 触发器：是特殊的存储过程，可设计为在对数据进行插入、修改或删除时自动调用。

④ 索引：用于实现快速对数据表中数据的检索访问，以及增强数据完整性。

⑤ 规则：通过绑定操作，可用于限定数据表中数据的有效值或数据类型。

目前使用的数据库系统大都是关系数据库。现在关系数据库以其完备的理论基础、简单的模型和使用的便捷性等优点获得了最广泛的应用。本教材中阐述的数据库模型都是关系模型。

1.5 数据库设计

数据库技术是信息资源开发、管理和服务的最有效手段，因此数据库的应用范围越来越广，从小型的单项事务处理到大型的信息系统，大都利用了先进的数据库技术来保持系统数据库的整体性、完整性和共享性。

第 1 章 数据库基础知识

大型数据库设计是一项庞大的工程，其开发周期长、耗资多。它要求数据库设计人员既有坚实的数据库知识，又充分了解实际应用对象。所以，可以说数据库设计是一项涉及多学科的综合性技术。设计出一个性能较好的数据库系统并不是一件简单的工作。

数据库设计的任务是在 DBMS 的支持下，按照应用的要求，为某一部门或组织设计一个结构合理、使用方便、效率较高的数据库及其应用系统，如图 1-15 所示。

图 1-15 数据库设计

数据库设计应该与应用系统设计相结合。即数据库的设计内容主要包括两个方面：一是结构设计，也就是设计数据库框架或者数据库结构；二是行为设计，也就是应用程序和事务处理等的设计。

从数据库应用系统开发的全过程来考虑，可将数据库的设计归纳为六个步骤：

（1）需求分析。

（2）概念结构设计。

（3）逻辑结构设计。

（4）数据库物理设计。

（5）数据库实施。

（6）数据库的运行与维护。

在整个设计过程中，应努力把对数据库的设计（通常是关系模型的设计）和对数据库中数据处理的设计（程序设计）紧密结合起来，将这两个方面的分析、设计和实现在各个步骤中同时进行，以便相互参照，相互补充。事实上，如果不了解应用环境对数据的处理要求，或没有考虑如何去实现这些处理要求，是不可能设计一个良好的数据库结构的。

1.5.1 需求分析

进行数据库设计首先必须准确了解与分析用户需求（包括数据与处理）。需求分析是整个设计过程的基础，是最困难、最耗费时间的一步，需求分析的结果是否准确地反映了用户的实际要求，将直接影响后续各个设计阶段，最终将影响到设计结果是否合理和实用。它的目的是分析系统的需求。该过程的主要任务是从数据库的所有用户那里收集对数据的需求和对数据处理的要求，主要涉及应用环境分析、数据流程分析、数据需求收集与分析等，并把这些需求写成用户和设计人员都能接受的说明书。

确定用户的最终需求其实是一件很困难的事，这是因为一方面用户缺少计算机知识，开始时无法确定计算机究竟能做什么，不能做什么，因此无法马上准确地表达自己的需求，他们所提出的需求往往不断变化；另一方面设计人员缺少用户的专业知识，不易理解用户的真正需求。此外，新的硬件、软件技术的出现也会使用户需求发生变化。因此，设计人员必须与用户不断深入地进行交流，才能逐步确定用户的实际需求。

本书以"学生信息管理系统"的开发为例，简单描述数据库的开发流程。通过与某校学生处及教务处的学生管理流程为基准收集到其所需的基本需求包括：学生档案管理、教学课程管理、学生成绩管理、系统管理等。在学生档案管理中能够查询、修改、添加学生的基本档案信息；在教学课程管理中能修改所开设课程、添加新开设课程、删除淘汰的课程；在学生成绩管理中能针对学生每门课程的学习情况，记录其成绩并提供查询和修改功能；在系统管理中可以提供用户登录验证、用户修改密码等功能。

1.5.2 概念结构设计

将需求分析得到的用户需求抽象为信息结构即概念模型的过程就是概念结构设计。概念结构设计是整个数据库设计的关键，是对现实世界的一种抽象，即对人、物、事和概念进行人为处理，抽取人们关心的共同特性，忽略非本质的细节，并把这些特性用各种概念精确地加以描述。它通过对用户需求进行综合、归纳与抽象，形成一个独立于具体的 DBMS 的概念模型。描述概念结构设计的主要工具是 E-R 图。

E-R 图方法是面向问题的概念性模型，与数据的存储组织、存取方法、效率等无关，而不会考虑这些数据在 DBMS 中的态势。E-R 方法的基本步骤如下：

（1）根据需求分析的结果（数据流图、数据字典等）对现实世界的数据进行抽象，设计各个局部视图即分 E-R 图。

（2）集成局部 E-R 图，步骤如下：

① 划分和确定实体类型和关系类型。

② 确定属性，找出该实体所包含的实际属性。

③ 画出 E-R 图。

（3）优化局部 E-R 图，产生集成 E-R 图。（包括消除冲突、修改与重构）

针对"学生信息管理系统"的需求，抽取出各实体及其所需属性并形成局部 E-R 图。

学生实体 E-R 图如图 1-16 所示。课程实体 E-R 图如图 1-17 所示。

图 1-16　学生实体 E-R 图　　　　　图 1-17　课程实体 E-R 图

学生实体与课程实体之间的关系用选课 E-R 图表示，如图 1-18 所示。

用户实体 E-R 图如图 1-19 所示。

图 1-18　选课 E-R 图　　　　　图 1-19　用户实体 E-R 图

对局部 E-R 图综合整理后得到全局 E-R 图，如图 1-20 所示。

1.5.3 逻辑结构设计

设计逻辑结构应该选择最适于描述与表达相应概念结构的数据模型，然后选择最适合的 DBMS。本节以关系模型为例进行介绍，即将概念结构设计结果（E-R 模型）转换为关系模型。

关系模型的逻辑结构是一组关系模式的集合。而 E-R 图则是实体、实体的属性和实体之间的联系三个要素组成的。所以，将 E-R 图转换为关系模型实际上就是要将实体、实体的属性和实体之间的联系转化为关系模式，这种转换一般遵循如下原则：

图 1-20　全局 E-R 图

（1）一个实体转化为一个关系模式，实体的属性即为关系的属性，实体的关键字就是关系的关键字。

（2）若是一个 1：1 的联系，可在联系两端的实体关系中的任意一个关系的属性中加入另一个关系的关键字。

（3）若是一个 1：n 的联系，可在 n 端实体转换成的关系中加入 1 端实体关系中的关键字。

（4）若是一个 n：m 的联系，可转化为一个关系。联系两端各实体关系的关键字组合构成该关系的关键字，组成关系的属性中除关键字外，还有联系自有的属性。

（5）三个或三个以上实体间的一个多元联系转换为一个关系模式。

（6）实体集的实体间的联系，即自联系，也可按上述 1：1、1：n、m：n 三种情况分别处理。

（7）具有相同关键字的关系可以合并。

按照上述转换原则，将图 1-20 所示的学生信息管理系统全局 E-R 图转换为如下的关系模型：

学生档案（学号，姓名，性别，系名，出生日期，民族，总学分，备注）

课程信息（课程编号，课程名称，开课学期，学时，学分）

学生成绩（学号，课程编号，成绩）

用户信息（用户名，密码）

1.5.4 物理结构设计

数据库最终是要存储在物理设备上的。为一个给定的逻辑数据模型选取一个最适合应用环境的物理结构（存储结构与存取方法）的过程，就是数据库的物理结构设计。物理结构依赖于给定的 DBMS 和硬件系统，因此设计人员必须充分了解所用的 DBMS 的内部特征，特别是存储结构和存取方法；充分了解应用环境，特别是应用的处理频率和相应时间要求；充分了解外存储设备的特性。

物理结构设计是以逻辑结构设计的结果作为输入，结合具体数据库管理系统功能及其提供的物理环境与工具、应用环境与数据存储设备，进行数据的存储组织和方法设计，并实施设计和性能预测。主要包括五方面的内容：

（1）确定数据的存储结构。

（2）设计数据的存取路径。

（3）确定数据的存放位置。

（4）确定系统配置。

（5）评价物理结构。

本书中的"学生信息管理系统"，采用当前广泛使用的 SQL Server 2005 作为 DBMS，由于系统功能较少，所需表结构简单，因此不做特殊的存储设置和系统配置。详细内容参见本书第 11 章。

1.5.5　数据库实施

在数据库实施阶段，设计人员运用 DBMS 提供的数据库语言及其宿主语言，根据逻辑结构设计和物理结构设计的结果建立数据库，编制、调试应用程序，组织数据入库，并进行试运行。具体步骤如下：

（1）定义数据库结构。

（2）数据装载。

（3）编制与调试应用程序。

（4）数据库试运行。

1.5.6　数据库运行与维护

经过数据库实施阶段的试运行以后，系统逻辑功能的完善性与用户需求的吻合程度均已显现并逼近系统的要求，并且系统已经处于一个比较稳定的状态，此时就可以将系统正式投入运行。当数据库系统进入运行阶段以后，还需对数据库进行经常性的维护，不断对其进行评价、调整和修改。

该阶段主要涉及的工作如下：

（1）数据库的备份和恢复。

（2）数据库的安全性、完整性控制。

（3）数据库性能的监督、分析和改进。

（4）数据库的重组织和重构造。

总之，设计一个完整的数据库应用系统是不可能一蹴而就的，它往往要对这六个步骤重复运用，不断改进和完善。

1.6　数据库应用系统实例演示

启动数据库应用系统实例"学生信息管理系统"，登录成功后，进入系统主页，如图 1–21

所示。

授权用户进入系统后，可以进行学生档案的查询（见图 1-22）、修改（见图 1-23）、增加（见图 1-24）操作，课程信息的查询（见图 1-25）、修改（见图 1-26）、增加（见图 1-27）操作，学生成绩的查询（见图 1-28）、修改（见图 1-29）、增加（见图 1-30）操作，密码的修改操作（见图 1-31）。

图 1-21　"学生信息管理系统"主页

学号	姓名	性别	系名	出生日期	民族	总学分	备注	操作
200504	方平	女	信息	1987/8/11 0:00:00	回族	50	三好学生	修改

学生信息管理系统

请输入要查询的学号：200504

查询

图 1-22　档案查询页面

学生信息管理系统

学号：　200504

姓名：
性别：
系名：
出生：
民族：
学分：
备注：

修改档案

图 1-23　档案修改页面

学生信息管理系统

学号：
姓名：
性别：
系名：
出生：
民族：
学分：
备注：

增加档案

图 1-24　档案增加页面

课程编号	课程名称	开课学期	学时	学分	操作
104	计算机文化基础	1	60	3	修改

学生信息管理系统

请输入要查询的课程编号：104

查询

图 1-25　课程查询页面

学生信息管理系统

课程编号：　104
课程名称：
开课学期：
学　时：
学　分：

修改课程

图 1-26　课程修改页面

学生信息管理系统

课程编号：
课程名称：
开课学期：
学　时：
学　分：

增加课程

图 1-27　课程增加页面

学号	课程编号	成绩	操作
200501	104	81	修改
200501	108	77	修改
200501	202	89	修改
200501	207	90	修改

学生信息管理系统

请输入要查询成绩的学号：

200501

查询

图 1-28　成绩查询页面

图 1-29　成绩修改页面　　　　图 1-30　成绩增加页面　　　　图 1-31　密码修改页面

以上给出的是学生信息管理系统的部分功能演示，完整的功能体验请下载运行学生信息管理系统软件。

小　　结

本章主要介绍了数据库的基本概念，数据管理技术的发展、E-R 方法、常见的数据模型、关系数据库中的基本术语、关系运算、数据库设计的基本步骤等知识。本章内容是本书的基础，有助于理解和掌握以后章节的内容。

数据库（DB）是指长期存储在计算机内的、按一定数据模型组织的、可共享的数据集合。它可以供各种用户共享，具有最小冗余度和较高的数据独立性。

数据库系统（DBS）是指在计算机系统中引入数据库后的系统。一般由数据库、操作系统、数据库管理系统、应用开发工具、应用系统、数据库管理人员、应用程序员和用户构成。数据库管理系统是整个数据库系统的核心。数据库系统的主要特点包括数据结构化、数据共享、数据独立性及统一的数据控制功能。

数据库管理系统是按照一定的数据模型组织数据的，数据结构、数据操作和完整性约束为数据模型的三要素。数据模型大体上分为两种类型：一种是独立于计算机系统的数据模型，即概念模型；另一种则是涉及计算机系统和数据库管理系统的数据模型，现有的数据库管理系统都是基于某种数据模型的。按照数据库中数据采取的不同联系方式，数据模型可分为三种：层次模型、网状模型和关系模型。关系数据库主要支持三种关系运算：选择、投影和连接。从数据库应用系统开发的全过程来考虑，将数据库的设计归纳为六大步骤：需求分析、概念结构设计、逻辑结构设计、物理结构设计、数据库实施和数据库运行与维护。

习　　题

一、选择题

1. 长期存储在计算机内的、按一定数据模型组织的、可共享的数据集合称为（　　）。

　　A. 数据库　　　　B. 数据库管理系统　　　C. 数据结构　　　　D. 数据库系统

2. 下列叙述不符合数据库系统特点的是（　　）。

　　A. 操作结构化　　B. 数据独立性强　　　　C. 数据共享性强　　D. 数据面向应用程序

3. 数据库系统的核心是（　　）。

　　A. 数据库　　　　B. 数据库管理系统　　　C. 操作系统　　　　D. 文件

4. 用二维表结构表示实体以及实体间联系的数据模型为（　　）。

A．网状模型　　　B．层次模型　　　　C．关系模型　　　　D．面向对象模型

5．如果一个班只有一个班长，且一个班长不能同时担任其他班的班长，班和班长两个实体之间的联系属于（　　）。

A．一对一联系　B．一对二联系　　　　C．多对多联系　　　　D．一对多联系

二、填空题

1．常用的数据模型有_____、_____和_____三种。

2．关系数据库主要支持_____、_____和_____三种关系运算。

3．描述实体的特性称为_____。

4．数据是信息的_____，信息是数据的_____。

三、简答题

1．数据管理技术主要经历了哪些阶段？

2．何谓数据库管理系统？简述数据库管理系统的功能。

3．E-R图中包括哪些基本图素？具体如何表示？

4．简述关系必须具备的特点。

5．简述数据库设计的一般过程。

→ SQL Server 2005 概述

案例引入

第 1 章设计了学生信息管理系统的数据库，接下来要在具体的数据库管理系统 SQL Server 2005 支持下实现这些设计。因此，本章介绍 SQL Server 2005 的安装、管理工具的使用、服务器配置，为在 SQL Server 2005 下的数据库实现和管理打下基础。

本章定位

学习目标

- 掌握 SQL Server 2005 的安装需求和过程。
- 掌握 SQL Server 2005 的常用管理工具。
- 掌握 SQL Server 2005 的基本配置。

本章要点

- SQL Server 2005 简介。
- 安装 SQL Server 2005。
- SQL Server 2005 的管理工具。
- 配置 SQL Server 2005。

2.1 SQL Server 2005 简介

SQL Server 2005 是微软（Microsoft）公司具有里程碑意义的企业级数据库管理系统和分析软件系统，它为企业用户提供了一个全面的、集成的、端到端的数据解决方案。

SQL Server 2005 是微软公司开发的用于大规模联机事务处理（On-Line Transaction

Processing，OLTP）、数据仓库和电子商务应用的关系型数据库管理系统和数据分析平台。它为企业用户提供了一个安全、可靠、高效的数据库平台，用于企业数据管理和商业智能（Business Intelligence，BI）应用。

SQL Server 2005 与 Microsoft Visual Studio、Microsoft Office System 及微软开发工具包（包括 Business Intelligence Development Studio）能够紧密集成，为开发人员、数据库管理员、信息工作者和决策者提供了企业数据的解决方案。

2.1.1 SQL Server 2005 的产品组件

SQL Server 2005 的产品组件是指 SQL Server 2005 的组成部分，以及这些组成部分之间的关系。SQL Server 2005 系统由八个产品组件构成，如图 2-1 所示。

图 2-1 SQL Server 2005 产品组件

1. **数据库引擎**（Database Engine）

数据库引擎负责完成数据的存储、处理和安全性管理，是 SQL Server 2005 的核心组件。数据库引擎提供以下服务：

（1）设计并创建数据库，以保存结构化（关系模型）数据和非结构化（XML 文档）数据。

（2）实现应用程序，以访问和更改数据库中存储的数据。

（3）控制访问和进行快速的事务处理。

（4）提供日常管理支持，以优化数据库的性能。

通常情况下，用户使用 SQL Server 2005 系统实际上就是在使用数据库引擎。例如，数据定义、数据查询、数据更新、安全控制等操作都是由数据库引擎完成的。

2. **分析服务**（Analysis Services）

分析服务为企业的商业智能应用程序提供了联机分析处理（On-Line Analysis Processing，OLAP）和数据挖掘功能。

分析服务允许用户设计、创建和管理数据的多维结构，以便对大量和复杂的数据集进行快速高级分析，而且支持数据挖掘模型的设计和应用。例如，分析服务可以完成用户数据的分析挖掘，以便发现更有价值的信息。

3. **报表服务**（Reporting Services）

报表服务是一种基于服务器的解决方案，用于生成从多种关系数据源和多维数据源提取内容的企业报表，发布能以各种格式查看的报表，以及集中管理安全性和订阅。

报表服务生成的报表既可以通过基于 Web 的连接进行查看，也可以作为 Microsoft Windows 应用程序的一部分进行查看。作为 Microsoft 商务智能框架的一部分，报表服务将 SQL Server 2005、Microsoft Windows Server 的数据管理功能，以及强大的 Microsoft Office System 应用系统相结合，实现信息的实时传递，以支持日常运作和推动决策制订。例如，报表服务可以将数据库中的数据生成 Word、Excel 等格式的报表。

4. **集成服务**（Integration Services）

集成服务是一种数据转换和数据集成解决方案，主要用于数据仓库和企业范围内的数据提取、转换和加载（Extraction Transformation Loading，ETL）功能。

集成服务代替了 SQL Server 2000 中的数据传输服务（Data Transformation Services，DTS）。例如，集成服务可以完成各种数据源（SQL Server、XML 文档、Excel 等）的数据导入和导出。

5. 通知服务（Notification Services）

通知服务是一个开发及部署通知应用系统的平台，它是基于数据库引擎和分析服务的。通知服务不但为用户生成并发送个性化的通告信息，而且可以向各种设备传递即时信息。

6. 全文搜索（Full-Text Search）

全文搜索是一种对 SQL Server 表中的纯字符数据进行全文查询的功能，是数据库引擎中的一种技术。全文搜索用于提供企业级搜索功能，可以快速、灵活地为文本数据的基于关键字的查询创建全文索引。

7. 复制（Replication）

数据复制是一种实现数据分发的技术，是数据库引擎中的一种技术。数据复制技术是将一个数据库服务器上的数据库对象和数据，通过网络传输到一个或多个不同地理位置的数据库服务器上，并且使各个数据库同步，以保持数据一致性。数据复制技术不仅适用于同构系统的数据集成，如 SQL Server 系统之间，而且也适用于异构系统的数据集成，如 SQL Server 系统与 Oracle 系统之间。

8. 服务中介（Service Broker）

服务中介是一种生成数据库应用程序的技术，是数据库引擎中的一种技术。服务中介提供一个基于消息的通信平台，使独立的应用程序组件可以作为一个整体来运行。服务中介包含用于异步编程的基础结构，可用于单个数据库或单个实例中的应用程序，也可用于分布式应用程序。

数据库引擎、分析服务、报表服务和集成服务称为 SQL Server 2005 的基本产品组件；通知服务、全文搜索、复制和服务中介称为 SQL Server 2005 的扩展产品组件。四种基本产品组件构建了 SQL Server 2005 的主要服务功能，因此，又称四种服务器类型，如图 2-2 所示。

图 2-2　SQL Server 2005 的服务器类型

2.1.2　SQL Server 2005 的新增特性

SQL Server 2005 在基于 SQL Server 2000 的强大功能之上，扩展了 SQL Server 2000 的性能

及可靠性、可用性、可编程性和易用性。SQL Server 2005 包含了多项新增特性，在企业数据管理、开发人员生产效率和商业智能三方面得到了显著增强。

1. 企业数据管理

SQL Server 2005 针对行业和分析应用程序提供了一种更安全、更可靠和更高效的数据平台。企业数据管理的新增特性如表 2-1 所示。

表 2-1　企业数据管理的新增特性

技　术	特　　　　性
高可用性	SQL Server 2005 的失败转移集群和数据库镜像技术，确保企业向员工、客户和合作伙伴提交高度可靠和可用的应用系统
管理工具	SQL Server 2005 引进了一套集成的管理工具和管理应用编程接口（APIs），以提供易用性、可管理性及对大型 SQL Server 配置的支持
安全性	SQL Server 2005 旨在通过数据库加密、更加安全的默认设置、加强的密码政策和细化许可控制、加强的安全模型等特性，为企业数据提供最高级别的安全性
可伸缩性	SQL Server 2005 可伸缩性包括表格分区、复制能力的增强和 64 位支持

2. 开发人员生产效率

SQL Server 2005 提供了一种端对端的开发环境，其中涵盖了多种新技术，可帮助开发人员大幅度提高生产效率。开发人员生产效率的新增特性如表 2-2 所示。

表 2-2　开发人员生产效率的新增特性

技　术	特　　　　性
Common Language Runtime（CLR）集成	SQL Server 2005 引入了使用 Microsoft.NET Framework 公共编程语言来开发数据库目标的性能
深入的 XML 集成	SQL Server 2005 提供一种新的 XML 数据类型，使在 SQL Server 数据库中存储 XML 片段或文件成为可能
Transact-SQL 增强	新的查询类型和交易过程中使用错误处理的功能，为开发人员在 SQL Server 查询开发方面提供了更高的灵活性和控制力
SQL 服务代理	SQL Server 2005 可伸缩性包括表格分区、复制能力的增强和 64 位支持

3. 商业智能

SQL Server 2005 的综合分析、集成和数据迁移功能，使各个企业无论采用何种基础平台都可以扩展其现有应用程序的价值。构建于 SQL Server 2005 的商业智能解决方案使所有员工可以及时获得关键信息，从而在更短的时间内制订更好的决策。商业智能的新增特性如表 2-3 所示。

表 2-3　商业智能的新增特性

技　术	特　　　　性
分析服务	分析服务对数据仓库、商务智能和 line-of-business 解决方案的可伸缩性、可管理性、可靠性、可用性和可规划性提供扩展
数据转换服务（DTS）	对 DTS 结构和工具的全部重新设计为开发人员和数据库管理员提供了增强的灵活性和可管理性
报表服务	报表服务是一种新的报表服务器和工具箱，用于创建、管理和配置企业报告
数据挖掘	数据挖掘的功能得以增强，提供了四种新的运算法则、改进的数据模型和处理工具

2.2 安装 SQL Server 2005

2.2.1 SQL Server 2005 的版本

SQL Server 2005 提供了五个版本，如表 2-4 所示。每个版本面向的用户需求、系统环境及价格都是不同的。选择合适的 SQL Server 2005 版本，是安装 SQL Server 2005 的重要前提。它决定了 SQL Server 2005 安装时的系统需求和使用时的系统功能。

表 2-4　SQL Server 2005 的版本

版　　本	说　　明
SQL Server 2005 Enterprise Edition	企业版：适用于 32 位和 64 位平台
SQL Server 2005 Standard Edition	标准版：适用于 32 位和 64 位平台
SQL Server 2005 Workgroup Edition	工作组版：仅适用于 32 位平台
SQL Server 2005 Developer Edition	开发版：适用于 32 位和 64 位平台
SQL Server 2005 Express Edition	学习版：仅适用于 32 位平台

1. 企业版（Enterprise Edition）

SQL Server 2005 企业版适用于超大型企业的数据管理和分析平台。它支持 SQL Server 2005 的所有功能，包括超大规模的联机事务处理（OLTP）、高度复杂的数据分析、数据仓库系统及网站所需要的性能。企业版的全面商业智能和分析能力及其高可用性功能，使它可以处理大多数关键业务的企业的工作。

企业版是最全面的 SQL Server 2005 版本，能够满足最完整的数据库解决方案，是超大型企业的首选数据库产品。企业版还推出了一种适用于 32 位或 64 位平台的企业评估版（Evaluation Edition），它具有企业版的所有功能，但运行时间只有 120 天。

2. 标准版（Standard Edition）

SQL Server 2005 标准版适用于中小型企业的数据管理和分析平台。它支持电子商务、数据仓库和业务流解决方案所需的基本功能。标准版的集成商业智能和高可用性功能可以为企业提供支持其运营所需的基本功能。

标准版的功能特征适合于较大规模的数据集，但在使用系统资源、索引视图、快速还原及数据分区等方面受限制。标准版是数据量大，但又不需要企业版全部功能的中小型企业的理想选择。

3. 工作组版（Workgroup Edition）

SQL Server 2005 工作组版适用于小型企业或部门的数据管理解决方案，它对于数据量的大小和用户数量没有限制。工作组版包括 SQL Server 产品的核心数据库功能，既可以充当前端 Web 服务器，也可以用于部门或分支机构的后端服务器。

工作组版是一个入门级的数据库产品，不适合大中型企业应用。工作组版是小型企业或部门的理想选择，并且该版本容易升级到标准版或企业版。

4. 开发版（Developer Edition）

SQL Server 2005 开发版是适用于开发人员开发和测试基于 SQL Server 的应用程序的数据

第 2 章　SQL Server 2005 概述

库产品。开发版包括企业版的所有功能，但它只被授权用于开发和测试系统，而不能用于企业的生产服务器。

开发版是数据库应用程序的开发和测试人员的理想选择，根据企业生产的需要允许升级到企业版。

5. **学习版**（Express Edition）

SQL Server 2005 学习版是一个免费的、易于管理的、与 Microsoft Visual Studio 2005 集成的数据库产品。学习版可以轻松开发功能丰富、存储安全、可快速部署的数据驱动应用程序。它可以充当客户端数据库和数据量非常小的服务器数据库。

学习版不适合公司范围的应用，是非专业开发人员以及创建客户端应用程序的编程爱好者的理想选择。

2.2.2 SQL Server 2005 的系统需求

SQL Server 2005 的系统需求是指产品运行时所需的硬件、操作系统和网络等环境的最低要求。为了确保产品的正常安装和有效运行，在安装之前需要清楚 SQL Server 2005 各种版本对系统环境的需求。

1. **硬件需求**

硬件需求主要包括对处理器、内存和硬盘的需求。

（1）处理器需求。表 2-5 列出了不同版本的 SQL Server 2005 对处理器的需求。

表 2-5　SQL Server 2005 的处理器需求

平　台	版　本	处　理　器　类　型	处　理　器　速　度
32 位	所有版本	Pentinum Ⅲ 兼容处理器或更高速的处理器	最低要求：600 MHz 建议：1 GHz 或更高
64 位	企业版 标准版 开发版	IA64 最低：Itanium 处理器或更高	IA64 最低要求：1 GHz IA64 建议：1 GHz 或更高
		X64 最低：AMD Opteron、AMD Athlon 64、支持 Intel EM64T 的 Intel Xenon、支持 EM64T 的 Intel Pentium 4	X64 最低要求：1 GHz X64 建议：1 GHz 或更高

（2）内存需求。表 2-6 列出了不同版本的 SQL server 2005 对内存容量的需求。

表 2-6　SQL Server 2005 的内存需求

平　台	版　　本	内　存　容　量
32 位	企业版、标准版、工作组版、开发版	最小要求：512 MB 建议：1 GB 或更大 最大要求：操作系统的最大内存
	学习版	最小要求：192 MB 建议：512 MB 或更高 最大要求：操作系统的最大内存
64 位	企业版、标准版、开发版	最小要求：512 MB 建议：1 GB 或更大 最大要求：操作系统的最大内存

（3）硬盘需求。SQL Server 2005 的所有版本（32 位和 64 位）的完全安装需要约 380 MB 的硬盘空间，示例数据库的安装需要 390 MB 的硬盘空间，如表 2-7 所示。

表 2-7 SQL Server 2005 的硬盘需求

功　能　组　件	硬　盘　空　间 /MB
数据库引擎	150
分析服务	35
报表服务	40
通知服务	5
集成服务	9
客户端组件	12
管理工具	70
开发工具	20
SQL Server 联机丛书和 SQL server Mobile 联机丛书	35
示例数据库	390

2. 操作系统需求

不同的 SQL Server 2005 版本需要选择不同的 Windows 操作系统版本和补丁（Service Pack，SP），如表 2-8 所示。

表 2-8 SQL Server 2005 的操作系统需求

版　　本	平　　台	操　作　系　统
企业版	32 位	Windows 2000 Server 以上版本，同时安装 SP4 Windows Server 2003 Standard Edition 以上版本，同时安装 SP1 或更高版本
	64 位（IA64）	Windows Server 2003 64 位 Itanium Enterprise Edition 以上版本，同时安装 SP1 或更高版本
	64 位（X64）	Windows Server 2003 64 位 X64 Standard Edition 以上版本，同时安装 SP1 或更高版本
标准版	32 位	Windows XP Professional/Media/Tablet 版本，同时安装 SP2 或更高版本 Windows 2000 Professional 以上版本，同时安装 SP4 Windows Server 2003 Standard Edition 以上版本，同时安装 SP1 或更高版本
	64 位（IA64）	Windows Server 2003 64 位 Itanium Enterprise Edition 以上版本，同时安装 SP1 或更高版本
	64 位（X64）	Windows Server 2003 64 位 X64 Standard Edition 以上版本，同时安装 SP1 或更高版本
工作组版	32 位	Windows XP Professional/Media/Tablet 版本，同时安装 SP2 或更高版本 Windows 2000 Professional 以上版本，同时安装 SP4 Windows Server 2003 Standard Edition 以上版本，同时安装 SP1 或更高版本
开发版	32 位	Windows XP Professional/Media/Tablet/Home 版本，同时安装 SP2 或更高版本 Windows 2000 Professional 以上版本，同时安装 SP4 Windows Server 2003 Standard Edition 以上版本，同时安装 SP1 或更高版本
	64 位（IA64）	Windows Server 2003 64 位 Itanium Enterprise Edition 以上版本，同时安装 SP1 或更高
	64 位（X64）	Windows Server 2003 64 位 X64 Standard Edition 以上版本，同时安装 SP1 或更高版本
学习版	32 位	Windows XP Professional/Media/Tablet/Home 版本，同时安装 SP2 或更高版本 Windows 2000 Professional 以上版本，同时安装 SP4 Windows Server 2003 Web Edition 以上版本，同时安装 SP1 或更高版本

3. 网络需求

32 位版本和 64 位版本的 SQL Server 2005 的网络需求相同，都需要对网络协议、Internet Explorer、Internet 信息服务（IIS）和 ASP.NET 等网络组件做出限制，如表 2-9 所示。

表 2-9　SQL Server 2005 的网络需求

网络组件	要　　　求
网络协议	支持的网络协议：Shared Memory、Named Pipes、TCP/IP、VIA 不支持的网络协议：Banyan VINES 顺序包协议（SPP）、多协议、AppleTalk 和 NWLink IPX/SPX
Internet Explorer	Microsoft Internet Explorer 6.0 SP1 或更高版本 只安装客户端组件且不需要连接到要求加密的服务器，则 Internet Explorer 4.01 SP2 即可满足要求
Internet 信息服务（IIS）	报表服务需要 IIS 5.0 或更高版本
ASP.NET	报表服务需要 ASP.NET 2.0

2.2.3　SQL Server 2005 的安装过程

SQL Server 2005 安装程序支持在同一个服务器上安装 SQL Server 2005 的多个实例，也支持在已安装 SQL Server 早期版本的服务器上升级到 SQL Server 2005，或安装全新的 SQL Server 2005。以初次安装 SQL Server 2005 开发版为例，安装步骤如下：

（1）运行 SQL Server 2005 安装光盘上的 Servers 文件夹中的 setup.exe 程序，启动 Microsoft SQL Server 2005 安装程序，进入"最终用户许可协议"界面，如图 2-3 所示。

（2）选择"我接受许可条款和条件"复选框，单击"下一步"按钮，进入"安装必备组件"界面，如图 2-4 所示。该界面显示了 SQL Server 2005 安装程序所必需的软件组件，这些组件由 SQL Server 2005 安装程序自动安装。

　　图 2-3　"最终用户许可协议"界面　　　　　图 2-4　"安装必备组件"界面

（3）单击"安装"按钮，开始安装必备组件。组件安装完毕后，单击"下一步"按钮，进入"欢迎使用 Microsoft SQL Server 安装向导"界面，如图 2-5 所示。

（4）单击"下一步"按钮，进入"系统配置检查"界面，如图 2-6 所示。安装程序扫描安装的计算机，检查是否存在可能阻止安装程序运行的情况。

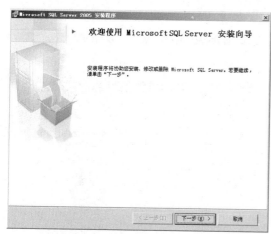

图 2-5 "欢迎使用 Microsoft SQL Server 安装向导"界面

图 2-6 "系统配置检查"界面

（5）系统配置检查成功后，单击"下一步"按钮，进入"注册信息"界面，如图 2-7 所示。

（6）在"姓名"和"公司"文本框中输入相应的信息，单击"下一步"按钮，进入"要安装的组件"界面，如图 2-8 所示。该界面显示了可供用户选择安装的六个 SQL Server 2005 组件选项。

图 2-7 "注册信息"界面

图 2-8 "要安装的组件"界面

（7）选择要安装的组件选项，单击"高级"按钮，进入"功能选择"界面，如图 2-9 所示。

（8）选择要安装的程序功能，并单击"浏览"按钮设置要安装的程序路径。单击"下一步"按钮，进入"实例名"界面，如图 2-10 所示。该界面显示了两个选项：

① 默认实例：如果第一次安装，推荐选择此选项。一个服务器只能安装一个默认实例，实例名采用服务器的名称。

② 命名实例：如果当前服务器上已经安装了一个默认实例，再次安装时必须选择此选项，并在文本框中输入实例名。一个服务器上允许多次安装 SQL Server 2005，每次安装都是一个实例。

图 2-9　"功能选择"界面　　　　　　　　图 2-10　"实例名"界面

在 SQL server 2005 的多实例机制下，当某个实例发生故障时，其他实例能够正常运行。

（9）选择"默认实例"单选按钮，单击"下一步"按钮，进入"服务账户"界面，如图 2-11 所示。该界面显示了服务账户的两个选项设置：

① 设置每个服务的账户是否相同："为每个服务账户进行自定义"选项表示"服务"列表框中显示的服务使用不同的服务账户。每个服务使用相同的账户还是不同的账户，常常取决于 SQL Server Agent 服务的功能。如果 SQL Server Agent 服务必须与不同的服务器交互，则推荐选择"为每个服务账户进行自定义"选项。

② 设置服务的账户类型：为各种服务提供了两类账户，即内置系统账户和域用户账户。内置系统账户又分为本地系统账户、网络服务账户和本地服务账户。

网络服务账户和本地服务账户具有较大的权限，不推荐使用；本地系统账户是一个对本地计算机具有完全管理权限的 Windows 操作系统账户，但没有访问网络的权限；域用户账户是一个具有访问网络资源权限的 Windows 操作系统账户。"使用内置系统账户"的"本地系统"表示 Windows 本地账户启动服务，本地 SQL Server 不能与网络中的其他 SQL Server 进行通信。"使用域用户账户"选项表示 Windows 域账户启动服务，本地 SQL Server 能够与网络中的其他 SQL Server 进行通信。

（10）选择"使用内置系统账户"单选按钮，并在下拉列表框中选择"本地系统"，单击"下一步"按钮，进入"身份验证模式"界面，如图 2-12 所示。该界面显示了两种身份验证模式：

① Windows 身份验证模式：表示通过 Windows 账户连接 SQL Server 服务器时，使用 Windows 操作系统的安全机制验证账户的合法性。Windows 身份验证模式是默认的身份验证模式，它提供了最高级别的安全性。

② 混合模式：表示 SQL Server 2005 支持 Windows 身份验证和 SQL Server 身份验证。SQL

Server 身份验证是指 SQL Server 2005 对连接服务器的用户名和密码进行合法性验证。

图 2-11　"服务账户"界面

图 2-12　"身份验证模式"界面

默认用户名为 sa，密码为空，建议强制设置密码。

（11）选择"Windows 身份验证模式"单选按钮，单击"下一步"按钮，进入"排序规则设置"界面，如图 2-13 所示。排序规则指定了数据集中每个字符的位置模式，包括选择字符集、确定数据排序和比较的规则。该界面显示了设置排序规则的选项：

① 为每个服务账户进行自定义：表示为不同服务指定不同的排序规则。

② 排序规则指示符和排序顺序：表示使用与 Windows 操作系统同样的排序规则。该选项为默认选项，允许选择"区分大小写"等选项来更改默认设置。

③ SQL 排序规则：表示使用与以前的 SQL Server 版本兼容的排序规则。

（12）保持默认选项，单击"下一步"按钮，进入"报表服务器安装选项"界面，如图 2-14 所示。该界面显示了安装报表服务器实例的选项。

图 2-13　"排序规则设置"界面

图 2-14　"报表服务器安装选项"界面

第 ② 章　SQL Server 2005 概述

（13）保持默认选项，单击"下一步"按钮，进入"错误和使用情况报告设置"界面，如图 2-15 所示。该界面显示了发送错误报告的选项。

（14）单击"下一步"按钮，进入"准备安装"界面，如图 2-16 所示。该界面显示了 SQL Server 2005 的安装组件。

图 2-15 "错误和使用情况报告设置"界面　　　　图 2-16 "准备安装"界面

（15）单击"安装"按钮，进入"安装进度"界面，开始安装 SQL Server 2005 组件。当所有组件安装完毕后，如图 2-17 所示。

（16）单击"下一步"按钮，进入"完成 Microsoft SQL Server 2005 安装"界面，如图 2-18 所示。该界面显示了各组件安装完成的相关信息。

图 2-17 "安装进度"界面　　　　图 2-18 "完成 Microsoft SQL Server 2005 安装"界面

（17）单击"完成"按钮，完成 SQL Server 2005 的安装。

2.3　SQL Server 2005 的管理工具

SQL Server 2005 安装成功后，选择"开始"→"程序"→Microsoft SQL Server 2005 命令，

可以看到图 2-19 所示的管理工具集。

2.3.1 SQL Server Management Studio

SQL Server Management Studio 是为数据库开发人员和数据库管理员提供的功能强大且应用灵活的管理工具。它是一个组合了大量图形工具和丰富的

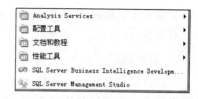

图 2-19　SQL Server 2005 的管理工具集

脚本编辑器的集成环境，用于访问、配置和管理 SQL Server 的产品组件。

选择"开始"→"程序"→Microsoft SQL Server 2005→SQL Server Management Studio 命令，打开 Microsoft SQL Server Management Studio 窗口，并弹出"连接到服务器"窗口。在"连接到服务器"窗口中，需要进行服务器类型、服务器名称、用户身份的设置。验证默认（服务器类型选择"数据库引擎"）设置后，进入 Microsoft SQL Server Management Studio 窗口，如图 2-20 所示。

图 2-20　Microsoft SQL Server Management Studio 窗口

SQL Server Management Studio 将以前版本的 SQL Server 中包括的企业管理器和查询分析器的各种功能组合到一个单一的环境中。默认情况下，SQL Server Management Studio 显示了三个窗口，分别是：已注册的服务器、对象资源管理器和文档窗口。

1. 已注册的服务器

已注册的服务器是 SQL Server Management Studio 的一个组件，具有注册服务器、将服务器组合成逻辑组的功能。在"已注册的服务器"窗口中，如果计算机曾经安装过 SQL Server 2000，则"数据库引擎"列表将显示 SQL Server 2000 企业管理器注册的服务器实例；如果"数据库引擎"列表未显示 SQL Server Management Studio 已注册的服务器实例，则选中"数据库引擎"，右击并在弹出的快捷菜单中选择"更新本地服务器注册"命令。

2. 对象资源管理器

对象资源管理器是 SQL Server Management Studio 的一个组件，提供了服务器中所有对象的树形视图，并具有可用于管理这些对象的用户界面。对象资源管理器的功能根据连接的服务器的类型稍有不同，但一般都包括用于数据库的开发功能和用于所有服务器类型的管理功能。

对象资源管理器的功能对应于以前版本 SQL Server 中企业管理器的左侧树形目录结构所具有的功能。

3. 文档窗口

文档窗口是 SQL Server Management Studio 的最大组成部分，能够以选项卡组的形式容纳查询编辑器、浏览器和摘要组件。默认情况下，文档窗口显示当前服务器类型的摘要组件。

查询编辑器是代码和文本编辑器的一种，主要用来编辑、分析、执行 T-SQL 语句，对应于以前版本 SQL Server 中查询分析器所具有的功能，并扩展了 Transact- SQL 以外其他语言的编辑功能。

除了上述三个默认窗口以外，SQL Server Management Studio 的 "视图" 菜单中可以查看其他组件，包括模板资源管理器、解决方案资源管理器、属性和书签。

2.3.2 性能工具

SQL Server 2005 提供了两个性能工具：SQL Server Profiler 和数据库引擎优化顾问。

1. SQL Server Profiler

SQL Server Profiler 又称事件探查器，是从服务器捕获事件，用于分析、诊断和审核 SQL Server 2005 性能的工具。事件探查器捕获的事件包括连接服务器、执行 Transact-SQL 语句以及安全性检查等。这些事件允许保存在一个跟踪文件或者跟踪表中，以便管理员的复查。

2. 数据库引擎优化顾问

数据库引擎优化顾问分析一个或多个数据库的工作负荷，根据分析结果建议合适的物理实现，以优化数据库的查询处理性能。数据库引擎优化顾问将跟踪文件、跟踪表或 Transact-SQL 脚本作为工作负荷输入，通过分析建议数据库管理员添加、删除或修改数据库的物理设计结构，包括聚集索引、非聚集索引、索引视图和分区。

数据库引擎优化顾问替代了以前版本 SQL Server 中的索引优化向导工具，并提供了许多新的功能。

2.3.3 配置工具

SQL Server 2005 提供了 SQL Server 配置管理器、SQL Server 外围应用配置器及命令提示实用工具等配置工具。

1. SQL Server 配置管理器

SQL Server 配置管理器是一种配置管理工具，用于管理与 SQL Server 相关的服务、配置 SQL Server 使用的网络协议，以及管理 SQL Server 客户端的网络连接配置。

SQL Server 配置管理器集成了以前版本 SQL Server 中的服务器网络实用工具、客户端网络实用工具和服务管理器的功能。SQL Server 2005 提供了七种服务，如图 2-21 所示。

2. SQL Server 外围应用配置器

SQL Server 外围应用配置器是一种管理工具，用于控制外围应用操作，以便停止、禁用、启用或开始从未使用过的组件，从而增加系统的安全性。对新安装的 SQL Server 2005，一些功能、服务和连接将被禁用或停止，以减少 SQL Server 外围的应用；对于升级的安装，所有功能、服务和连接将保持其升级前的状态。

图 2-21　SQL Server 2005 的服务

3.　命令提示实用工具

命令提示实用工具是 SQL Server 2005 提供的命令行实用工具，包括一系列的命令工具。下面以 sqlcmd 命令工具为例，说明命令提示实用工具的使用方法。

sqlcmd 用于在命令提示符下输入 Transact-SQL 语句、系统存储过程和脚本文件。

（1）启动 sqlcmd。

①　选择"开始"→"程序"→Microsoft SQL Server 2005→"配置工具"→"Notification Services 命令提示"命令，打开 Microsoft SQL Server Notification Services Environment 窗口。在命令提示符处，输入 sqlcmd 命令，按 Enter 键。

②　"1>"是 sqlcmd 的命令提示符，以指定行号。

③　exit 命令用于终止 sqlcmd 会话。

（2）使用 sqlcmd 运行 Transact-SQL 语句。

在 sqlcmd 的命令提示符下，输入 Transact-SQL 语句，并执行该语句查看执行结果，如图 2-22 所示。

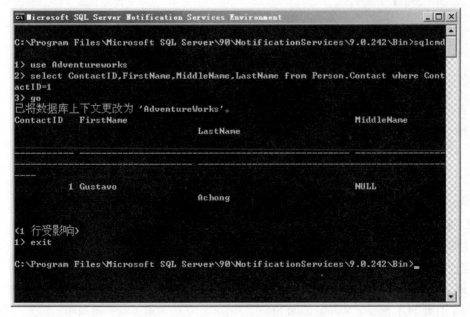

图 2-22　sqlcmd 实用工具示例

2.3.4 联机丛书

联机丛书是 SQL Server 2005 的联机帮助文档。联机丛书提供了有关 SQL Server 2005 开发和管理的所有信息，具有目录、索引和搜索功能。用户可以根据目录或关键词来快速查找相关信息。

2.4 配置 SQL Server 2005

2.4.1 注册服务器

1. 新建服务器组

在网络环境中，可能存在多个 SQL Server 服务器。服务器组是多个服务器的逻辑集合，将许多相关的服务器进行分组管理，有利于多服务器环境的管理工作。

【例 2-1】新建服务器组，组名为 newgroupl。

（1）打开 SQL Server Management Studio。在"已注册的服务器"窗口中，选择"数据库引擎"，右击并在弹出的快捷菜单中选择"新建"→"服务器组"命令，打开"新建服务器组"对话框。

（2）在"组名"文本框中输入 newgroupl，如图 2-23 所示。

图 2-23 设置"新建服务器组"对话框

（3）单击"保存"按钮，关闭对话框，完成新建服务器组。

2. 新建服务器注册

注册服务器是指为 SQL Server 客户机或服务器系统确定连接的 SQL Server 实例，同时允许指定连接的数据库。

【例 2-2】在服务器组 newgroupl 下注册本地服务器，并连接到实例数据库 Adventure Works。

（1）打开 SQL Server Management Studio。在"已注册的服务器"窗口中，展开"数据库引擎"，选择 newgroupl，右击并在弹出的快捷菜单中选择"新建"→"服务器注册"命令，打开"新建服务器注册"对话框。

（2）"常规"选项卡：在"服务器名称"列表框中，选择希望注册的本地服务器；在"已注册的服务器名称"文本框中输入要显示的服务器名称；其余选项采用默认值，如图 2-24所示。

图 2-24 设置"新建服务器注册"对话框中的"常规"选项卡

（3）"连接属性"选项卡：在"连接到数据库"下拉列表框中，选择"浏览服务器"，打开"查找服务器上的数据库"对话框，如图 2-25 所示。

图 2-25 "查找服务器上的数据库"对话框

（4）选中 AdventureWorks 数据库，单击"确定"按钮，返回"连接属性"选项卡，如图 2-26 所示。

图 2-26 设置"新建服务器注册"对话框中的"连接属性"选项卡

（5）其余选项采用默认值。单击"测试"按钮，验证连接是否成功。

（6）连接成功后，单击"保存"按钮，关闭对话框，完成新建服务器注册。

3. 启动服务

用户在使用服务器进行日常数据管理之前，必须启动 SQL Server（MSSQLServer）服务。

默认情况下，服务器注册成功，SQL Server 服务自动启动。如果 SQL Server 服务暂停或停止，数据库管理员应该手动启动该服务。启动、暂停和停止 SQL Server 的方法如下：

（1）使用 SQL Server Management Studio。在已注册的服务器和对象资源管理器中，通过快捷菜单均可以实现 SQL Server 服务的启动、暂停和停止。

（2）使用 SQL Server 配置管理器。

（3）使用 Windows 操作系统的管理工具。

（4）使用命令。

① 启动 SQL Server 服务的命令是：

```
net  start  mssqlserver
```

② 停止 SQL Server 服务的命令是：

```
net  stop  mssqlserver
```

2.4.2　使用查询编辑器

查询编辑器是一个集成的代码编辑器，能够用于编辑 Transact-SQL、MDX、DMX、XMLA 和 SQL Server 2005 Mobile Edition 查询。SQL Server Management Studio 提供多种方法来使用查询编辑器，包括新建查询、使用模板和编写脚本等。

1. 新建查询

【例2-3】新建查询，在查询编辑器中输入 Transact-SQL 程序，并查看执行结果。

（1）打开 SQL Server Management Studio。选择"文件"→"新建"→"使用当前连接查询"命令或单击工具栏上对应的"新建查询"按钮)，在"文档"窗口打开一个新的查询编辑器窗口。

（2）在新的查询编辑器窗口中，输入 Transact-SQL 程序。

（3）选择"查询"→"分析"命令（或单击工具栏上对应的"分析"按钮✓），对程序进行语法分析。

（4）选择"查询"→"执行"命令（或单击工具栏上对应的"执行"按钮 ！执行(X)），执行程序并显示程序的执行结果，如图 2-27 所示。

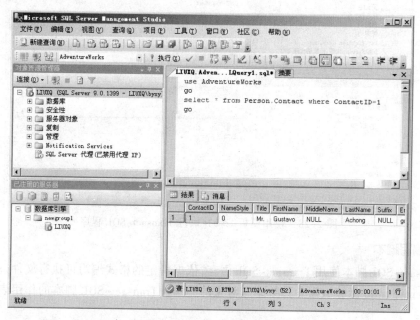

图 2-27　新建查询编辑并执行 Transact-SQL 程序

2. 使用模板

模板资源管理器是 SQL Server Management Studio 的一个组件，提供了执行各种类型代码的样本文件。模板脚本包含了用户自定义代码的语法格式和参数，用户可以依据模板编写创建数据库对象、管理服务器等操作的代码。

【例2-4】使用模板，在查询编辑器中编辑 Transact-SQL 程序，并查看执行结果。

（1）打开 SQL Server Management Studio。选择"视图"→"模板资源管理器"命令，打开"模板资源管理器"窗口。

（2）在"模板资源管理器"窗口中，展开"SQL Server 模板"→Database 结点，双击 Create Database，打开"连接到数据库引擎"窗口。

（3）输入"服务器名称"、"身份验证"信息后，单击"连接"按钮，打开一个新的查询编辑器窗口，其中显示了 Create Database 模板的内容。

（4）选择"查询"→"指定模板参数的值"命令，打开"指定模板参数的值"窗口。

（5）"指定模板参数的值"窗口显示了 Create Database 模板只包含一个参数 Database_Name，在该参数对应的值列表中输入数据库名称 testdatabase，单击"确定"按钮，关闭"指定模板参数的值"窗口。

（6）参数值 testdatabase 已经插入到查询编辑器窗口的模板中，单击工具栏中的"执行"按钮，运行脚本程序并显示程序的执行结果，如图 2-28 所示。

图 2-28　使用模板编辑并执行 Transact-SQL 程序

3. 编写脚本

Transact-SQL 脚本使用 Transact-SQL 语言，依据特定的格式编写可执行文件。SQL Server Management Studio 能够编写各种数据库对象的脚本。Transact-SQL 脚本的作用表现在如下方面：

（1）脚本作为一种备份机制，能够将创建和维护数据库时的操作保存到文件中。

（2）脚本能够实现将 T-SQL 语句从一台计算机转移到另一台计算机。

（3）脚本能够帮助初学者学习 T-SQL 语句。

【例 2-5】编写脚本，在查询编辑器中编辑 Transact-SQL 程序，并查看执行结果。

（1）打开 SQL Server Management Studio，依次展开本地服务器→"数据库"→AdventureWorks→"表"结点，选中 Person.Contact 表，右击并在弹出的快捷菜单中选择"编写表脚本为"→"SELECT 到"→"新查询编辑器窗口"命令，打开一个新的查询编辑器窗口。

（2）新的查询编辑器窗口显示了 Person.Contact 表的数据查询语句 SELECT 的脚本程序。

（3）单击工具栏中的"执行"按钮，运行脚本程序并显示程序的执行结果，如图 2-29 所示。

图 2-29　编写脚本到查询编辑器窗口

小　结

本章主要介绍了 SQL Server 2005 的安装，SQL Server 2005 的管理工具，以及服务器的配置。需要掌握的主要内容如下：

（1）SQL Server 2005 是微软公司开发的适用于大型企业数据管理和商业智能应用的关系型数据库管理系统和分析软件系统。SQL Server 2005 包括八个产品组件，其中数据库引擎是用于存储、处理和保护数据的核心组件。

（2）SQL Server 2005 提供了五个安装版本，每个版本都具有不同的功能和特征及不同的系统环境需求。SQL Server 2005 在安装过程中，有几个问题需要引起注意：定义实例、设置服务账号和选择身份验证模式。

（3）SQL Server 2005 提供了丰富的管理工具集，其中，SQL Server Management Studio 是最重要的管理工具。它集图形工具和脚本编辑器于一体，用于访问、配置和管理 SQL Server 的产品组件。

（4）SQL Server 2005 的初步配置操作包括连接服务器、注册服务器和使用查询编辑器操作。连接的四种服务器类型构建了 SQL Server 2005 的主要服务功能。

习　题

一、选择题

1. SQL Serve 2005 包括八个产品组件，（　　　）是一个数据集成平台，负责完成数据的提取、转换和加载等操作。

　　A．数据库引擎　　　　B．集成服务　　　　　　C．报表服务　　　　　　D．通知服务

2. （　　　）是用于存储、处理和保护数据的核心组件。

    A. 数据库引擎　　　　B. 集成服务　　　　　C. 报表服务　　　　　D. 通知服务

3. 安装 SQL Serve 2005 时，选择以下（　　　）版本，应用程序用户不必购买 SQL Server 2005 许可。

    A. 开发版　　　　　　B. 标准版　　　　　　C. 工作组版　　　　　D. 学习版

4. 一个服务器上可以安装（　　　）SQL Serve 默认实例。

    A. 0 个　　　　　　　B. 1 个　　　　　　　C. 2 个　　　　　　　D. 多个

5. （　　　）是一个具有访问网络资源权限的 Windows 操作系统账户。

    A. 本地系统账户　　　B. 网络服务账户　　　C. 本地服务账户　　　D. 域用户账户

6. （　　　）是默认的身份验证模式，它提供了最高级别的安全性。

    A. Windows 身份验证模式　　　　　　　　B. Internet 身份验证模式

    C. SQL Server 身份验证模式　　　　　　　D. 混合身份验证模式

7. （　　　）管理工具是 SQL Server 2005 提供的集成环境，它能完成访问、配置和管理 SQL Server 的所有任务。

    A. SQL Server Management Studio　　　　　B. SQL Serve Profiler

    C. SQL Server 配置管理器　　　　　　　　D. 数据库引擎优化顾问

8. （　　　）是 SQL Server Management Studio 的一个组件，显示并管理服务器的所有对象。

    A. 已注册的服务器　　　　　　　　　　　B. 对象资源管理器

    C. 查询编辑器　　　　　　　　　　　　　D. 模板资源管理器

9. 下列不能启动 SQL Server（MSSQLServer）服务的方法是（　　　）。

    A. 使用 SQL Server 配置管理器

    B. 使用 Windows 操作系统的管理工具

    C. 使用 net start mssqlserver 命令

    D. 在查询编辑器中编写 Transact-SQL 程序

10. 下列不能编辑并执行 Transact-SQL 程序的方法是（　　　）。

    A. 在查询编辑器中新建查询　　　　　　　B. 使用模板资源管理器的模板

    C. 使用对象资源管理器新建数据库　　　　D. 编写对象脚本

二、简答题

1. SQL Serve 2005 的四种服务器类型分别是什么？

2. 如何理解 SQL Serve 2005 的体系结构？

3. SQL Serve 2005 与以前版本相比，有哪些新增特性？

4. SQL Serve 2005 的不同安装版本之间有什么区别？其应用范围各有哪些？

5. SQL Serve 2005 提供了哪些管理工具？它们的主要作用是什么？

6. 什么是注册服务器？如何注册一个服务器？

7. 使用查询编辑器编写并执行 Transact-SQL 程序，可以使用什么方法？

第(3)章

→ 数据库的创建与管理

案例引入

第 1 章设计了学生信息管理系统的数据库，第 2 章介绍了数据库管理系统 SQL Server 2005，接下来就要在 SQL Server 2005 下实现设计，即在计算机上建立起学生信息管理系统中的学生数据库 XS。在数据库的建立过程中，会遇到诸如如何建立数据库，数据库存放位置，以及如何将数据库从此服务器移至另一服务器等问题。本章主要介绍数据库的创建、查看、修改、删除、备份和还原、分离和附加等操作的基本方法。

本章定位

数据库系统开发

学习目标

- 掌握数据库的基本结构。
- 掌握数据库的基本操作。

本章要点

- 数据库的基本结构。
- 使用 SQL Server Management Studio 创建、查看、修改及删除数据库。
- 使用 T-SQL 语句创建、查看、修改及删除数据库。
- 备份和还原数据库。
- 分离和附加数据库。

3.1　数据库概述

　　SQL Server 2005 数据库是所涉及的对象及数据的集合。它不仅反映数据本身的内容，而且反映对象及数据之间的联系。其中最重要的对象就是表，表中存储了数据库的数据。对数据库和表的操作是开发人员的一项重要工作。

　　SQL Server 2005 将数据库映射为一组操作系统文件。数据和日志信息从不混合在相同的文件中，而且各文件仅在一个数据库中使用。文件组是命名的文件集合，用于帮助数据布局和管理任务，例如，备份和还原操作。

3.1.1　数据库构成

　　SQL Server 2005 的数据库包含两种类型：系统数据库和用户数据库。系统数据库是由 SQL Server 2005 系统自动创建的，是用于存储系统信息及用户数据库信息的数据库，SQL Server 2005 使用系统数据库来管理数据库系统；用户数据库是由用户个人创建的，是用于存储个人需求与特定功能的数据库。

1. 系统数据库

　　SQL Server 2005 包含五个系统数据库，在系统安装时会自动建立，不需要用户创建，这五个系统数据库分别是 master、model、msdb、resource 和 tempdb。

　　（1）master 数据库。master 数据库是记录了 SQL Server 系统的所有系统级信息的数据库。这包括实例范围的元数据（例如登录账户）、端点、链接服务器和系统配置设置。master 数据库还记录所有其他数据库是否存在及这些数据库文件的位置。

　　（2）model 数据库。model 数据库是所有用户数据库和 tempdb 数据库的模板数据库。当创建数据库时，系统将 model 数据库的内容复制到新建的数据库中作为新建数据库的基础，因此新建的数据库都与 model 数据库的内容基本相同。

　　（3）msdb 数据库。msdb 数据库由 SQL Server 代理用来计划警报和作业。系统使用 msdb 数据库来存储警报信息及计划信息、备份和恢复相关信息。

　　（4）resource 数据库。resource 数据库是只读数据库，它包含了 SQL Server 2005 中的所有系统对象。SQL Server 系统对象（例如 sys.objects）在物理上持续存在于 resource 数据库中，但在逻辑上，它们出现在每个数据库的 sys 架构中。

　　（5）tempdb 数据库。tempdb 数据库是连接到 SQL Server 实例的所有用户都可用的全局资源，它保存所有临时表和临时存储过程。另外，它还用来满足所有其他临时存储要求，例如存储 SQL Server 生成的工作表。

　　每次启动 SQL Server 时，都要重新创建 tempdb，以便系统启动时该数据库总是空的。在断开连接时会自动删除临时表和存储过程，并且在系统关闭后没有活动连接。

2. 用户数据库

　　用户数据库包括系统提供的示例数据库和用户自定义数据库。SQL Server 2005 系统提供了示例数据库 pubs、northwind 和 AdventureWorks，它们默认情况下没有被安装，读者可以从微软网站下载这些数据库文件后附加到数据库服务器上。用户自定义数据库将在后面小节中介绍。

3.1.2 数据库文件和文件组

1. 数据库文件

SQL Server 2005 数据库具有三种类型的文件：主要数据文件、次要数据文件、事务日志文件，各种文件说明如表 3-1 所示。

表 3-1 SQL Server 2005 数据库文件

文件类型	说　明
主要数据文件	主要数据文件包含数据库的启动信息，并指向数据库中的其他文件。用户数据和对象可存储在此文件中，也可以存储在次要数据文件中。每个数据库有一个主要数据文件。主要数据文件的建议文件扩展名是 .mdf
次要数据文件	次要数据文件是可选的，由用户定义并存储用户数据。通过将每个文件放在不同的磁盘驱动器上，次要文件可用于将数据分散到多个磁盘上。另外，如果数据库超过了单个 Windows 文件的最大大小，可以使用次要数据文件，这样数据库就能继续增长
事务日志文件	事务日志文件保存用于恢复数据库的日志信息。每个数据库必须至少有一个日志文件。事务日志的建议文件扩展名是.ldf

2. 文件组

每个数据库有一个主要文件组。此文件组包含主要数据文件和未放入其他文件组的所有次要文件。可以创建用户定义的文件组，用于将数据文件集合起来，以便于管理、数据分配和放置。

表 3-2 列出了存储在文件组中的所有数据文件。

表 3-2 SQL Server 2005 中的文件组

文　件　组	说　明
主要文件组	包含主要文件的文件组。所有系统表都被分配到主要文件组中
用户定义文件组	用户首次创建数据库或以后修改数据库时明确创建的任何文件组

3.1.3 数据库对象

SQL Server 2005 数据库包括数据库关系图、表、视图、同义词、可编程性、Service Broker、存储和安全性。

（1）表（Table）。表是数据库系统中最基本与最重要的对象，由行和列组成，用于存储数据。

（2）数据库关系图。关系图用于表示数据表之间的联系，可以使用数据库设计器创建数据库的可视化关系图，形象地展现表之间的数据联系。

（3）视图（View）。视图是一种常用的数据库对象，它为用户提供了一种查看数据库中的数据的方式。视图是一个虚表，其内容由查询需求定义。

（4）可编程性。可编程性对象中包含了存储过程、函数、数据库触发器、规则、默认值等对象。

（5）安全性。为确保只有授权的用户才能对选定的数据集进行读或写操作，并阻止未经授权的用户恶意泄露敏感数据库中的数据，SQL Server 2005 提供用户、角色、架构等访问机制。

第3章　数据库的创建与管理

3.2 创建数据库

若要创建数据库，必须确定数据库的名称、所有者、大小及存储该数据库的文件和文件组。

在 SQL Server 2005 中创建数据库主要有两种方式：一种方式是在 SQL Server Management Studio 中使用"对象资源管理器"创建数据库，另一种方式是通过在查询窗口中执行 T-SQL 语句创建数据库。

下面使用两种方式来创建学生数据库（XS）。

3.2.1 使用 SQL Server Management Studio 创建数据库

使用 SQL Server Management Studio 创建数据库，具体操作如下：

（1）启动 SQL Server Management Studio，在"对象资源管理器"中选中"数据库"结点，如图 3-1 所示，右击并选择"新建数据库"命令。

（2）打开"新建数据库"对话框，在"数据库名称"文本框中输入新数据库的名称 XS，如图 3-2 所示。

图 3-1 新建数据库

（3）添加或删除数据文件和日志文件。指定数据库的逻辑名称，系统默认用数据库名作为前缀创建主数据库和事务日志文件，如主数据库文件名为 xs，事务日志文件为 xs_log，如图 3-2 所示。

图 3-2 "新建数据库"窗口

（4）可以更改数据库的自动增长方式，文件的增长方式有多种，数据文件的默认增长方式是"按 MB"，日志文件的默认增长方式是"按百分比"，如图 3-3 和图 3-4 所示。

图 3-3　更改 xs 的自动增长设置　　　　图 3-4　更改 xs_log 的自动增长设置

（5）可以更改数据库对应的操作系统文件的路径，如图 3-5 所示。

图 3-5　更改数据库文件的位置

（6）单击"确定"按钮，即可创建 XS 数据库。

创建数据库的注意事项如下：

（1）创建数据库需要一定许可，在默认情况下，只有系统管理员和数据库拥有者可以创建数据库。

（2）创建数据库时，必须确定数据库的名称、所有者、大小及存储该数据库的文件和文件组，数据库名称必须遵循 SQL Server 标识符规则。

（3）所有的新数据库都是系统样本数据库 model 的副本。

（4）单个数据库可以存储在单个文件上，也可以跨越多个文件存储。

（5）对于一个 SQL Server 实例，最多可以创建 32 767 个数据库。

（6）在创建数据库时最好指定文件的最大允许增长的大小，这样做可以防止文件在添加数据时无限制增大，以至用尽整个磁盘空间。

3.2.2　使用 T-SQL 语句创建数据库

T-SQL 提供了数据库创建语句 CREATE DATABASE。

语法格式：

```
CREATE DATABASE database_name
[ON
[PRIMARY][<filespec>[,…n]]
[,<filegroup>[,…n]]
]
[LOG ON{<filespec>[,…n]}]
[COLLATE collation_name]
```

进一步把<filespec>定义为：

```
<filespec>::=
{
(
NAME=logical_file_name,
FILENAME='os_file_name'
[,SIZE=size]]
[,MAXSIZE={max_size|UNLIMITED}]
[,FILEGROWTH=growth_increment]
)[,…n]
}
```

把<filegroup>定义为：

```
<filegroup>::=
{
FILEGROUP filegroup_name[DEFAULT]<filespec>[,…n]
}
```

1. 语法中的符号及参数说明

（1）[ ]：表示可选语法项，省略时各参数取默认值。

（2）[,…n]：表示前面的内容可以重复多次。

（3）{ }：表示必选项，有相应参数时，{ }中的内容是必选的。

（4）< >：表示在实际的语句中要用相应的内容替代。

（5）文字大写：说明该文字是 T-SQL 的关键字。

（6）文字小写：说明该文字是用户提供的 T-SQL 语法的参数。

（7）database_name：是用户所要创建的数据库名称，最长不能超过 128 个字符，在一个 SQL Server 实例中，数据库名称是唯一的。

（8）ON：指定存放数据库的数据文件信息，说明数据库是根据后面的参数创建的。

（9）LOG ON：指定日志文件的明确定义。如果没有它，系统会自动创建一个为所有数据文件总和的 1/4 大小或 512 KB 大小的日志文件。

（10）COLLATE collation_name：指定数据库默认排序规则，规则名称可以是 Windows 排序规则的名称，也可以是 SQL 排序规则名称。

（11）<filespec>：指定文件的属性。

（12）NAME = logical_file_name：定义数据文件的逻辑名称，此名称在数据库中必须唯一。

（13）FILENAME = 'os_file_name'：定义数据文件的物理名称，包括物理文件使用的路径名和文件名。

（14）SIZE = size：文件属性中定义文件的初始值，指定为整数。

（15）MAXSIZE = max_size：文件属性中定义文件可以增长到的最大值，可以使用 KB、MB、GB 或 TB，默认值是 MB，指定为整数。如果没有指定或写 UNLIMITED，那么文件将增长到磁盘变满为止。

（16）FILEGROWTH = growth_increment：定义文件的自动增长，growth_increment 定义每次增长的大小。

（17）filegroup：定义对文件组的控制。

2. **注意事项**

（1）创建用户数据库后，要备份 master 数据库。

（2）所有数据库都至少包含一个主文件组，所有系统表都分配在主文件组中，数据库还可以包含用户定义的文件组。

（3）每个数据库都有一个所有者，可在数据库中执行某些特殊的活动。数据库所有者是创建数据库的用户，也可以使用 sp_changedbowner 更改数据库所有者。

（4）创建数据库的权限默认地授予 sysadmin 和 dbcreator 固定服务器角色的成员。

【例 3-1】使用 T-SQL 语句创建名为 XS 的数据库。其中主数据文件的逻辑名称为 xs_dat，物理文件名称为 xs_dat.mdf，初始大小为 10 MB，最大为 50 MB，每次增长 1 MB；日志文件的逻辑名称为 xs_log，物理文件名称为 xs_log.ldf，初始大小为 1 MB，最大容量不受限制，文件每次增长 10%。

```
CREATE DATABASE XS
ON
(
NAME=xs_dat,
FILENAME='F:\data\xs_dat.mdf',
SIZE=10,
MAXSIZE=50,
FILEGROWTH=1
)
LOG ON
```

```
(
NAME=xs_log,
FILENAME='F:\data\xs_log.ldf',
SIZE=1,
MAXSIZE=UNLIMITED,
FILEGROWTH=10%
)
GO
```

3.3　查看和修改数据库

创建数据库后，即可使用数据库。通常有查看、修改、删除等几种方式对数据库进行管理和维护。对于已有的数据库可以通过 SQL Server Management Studio 或者 T-SQL 语句来查看数据库信息。

3.3.1　使用 SQL Server Management Studio 查看和修改数据库

在 SQL Server Management Studio 中，右击数据库名，在弹出的快捷菜单中选择"属性"命令，出现图 3-6 所示的窗口。该属性窗口显示了 XS 的数据库上次备份日期、数据库日志上次备份日期、名称、所有者、创建日期、大小、可用空间、用户数和排序规则等信息。

图 3-6　"数据库属性-XS"窗口

单击"文件"、"文件组"、"选项"、"权限"、"扩展属性"、"镜像"和"事务日志传送"选项，可以查看数据库文件、文件组、数据库选项、权限、扩展属性、数据库镜像和事务日志传送等属性。

利用打开"数据库属性"窗口的方法，既可以查看数据库的属性，也可以修改相应的属性设置。

3.3.2 使用 T-SQL 语句查看数据库

使用系统存储过程 sp_helpdb 可以查看数据库信息。

语法格式：

```
[EXECUTE] sp_helpdb [数据库名]
```

说明：在执行该存储过程时，如果给定了数据库名作为参数，则显示该数据库的相关信息。如果省略"数据库名"参数，则显示服务器中所有数据库的信息。

3.3.3 使用 T-SQL 语句修改数据库

使用 T-SQL 语句修改数据库主要包括增加数据库文件容量、添加或删除数据文件、添加或删除文件组等。

使用 ALTER DATABASE 语句可以修改数据库。

语法格式：

```
ALTER DATABASE database_name
{
  ADD FILE <filespec> [,…n]
        [TO FILEGROUP filegroup_name]
  | ADD LOG FILE <filespec> [,…n]
  | REMOVE FILE logical_file_name
  | MODIFY FILE <filespec>
  | ADD FILEGROUP filegroup_name
  | REMOVE FILEGROUP filegroup_name
  | MODIFY NAME=new_database_name
}
```

说明：

（1）ADD FILE <filespec> [,...n] [TO FILEGROUP filegroup_name]：向指定的文件组中添加新的数据文件。

（2）ADD LOG FILE <filespec> [,...n]：增加新的日志文件。

（3）REMOVE FILE logical_file_name：从数据库系统表中删除文件描述和物理文件。

（4）MODIFY FILE <filespec>：修改物理文件名。

（5）ADD FILEGROUP filegroup_name：增加一个文件组。

（6）REMOVE FILEGROUP filegroup_name：删除指定的文件组。

（7）MODIFY NAME = new_database_name：重命名数据库。

【例 3-2】为数据库 XS 增加一个数据库文件。

```
ALTER DATABASE XS
ADD FILE
(
NAME=xs_dat2,
```

第 3 章　数据库的创建与管理

```
FILENAME='F:\data\xs_dat2.ndf',
SIZE=6MB,
MAXSIZE=101MB,
FILEGROWTH=6MB
)
```

【例 3-3】删除指定的数据库文件。

```
ALTER DATABASE XS
REMOVE FILE xs_dat2
```

3.4 删除数据库

若数据库不再需要了，可以将其删除。删除数据库时，可以从 master 数据库中执行 sp_helpdb 以查看数据库列表，用户只能根据自己的权限删除用户数据库，不能删除当前正在使用的数据库，更无法删除系统数据库。删除数据库意味着将删除数据库中的所有对象，包括表、视图和索引等。如果数据库没有备份，则不能恢复。

3.4.1 使用 SQL Server Management Studio 删除数据库

在 SQL Server Management Studio 中，右击要删除的数据库，从弹出的快捷菜单中选择"删除"命令即可删除数据库，"删除对象"窗口如图 3-7 所示。系统会弹出确认是否要删除数据库的对话框，单击"确定"按钮则删除该数据库。

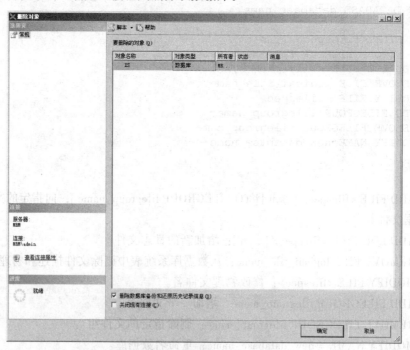

图 3-7 "删除对象"窗口

3.4.2 使用 T-SQL 语句删除数据库

T-SQL 语句提供了数据库删除语句 DROP DATABASE。

语法格式:

```
DROP DATABASE database_name[,…n]
```

【例 3-4】删除已经创建的数据库 XS。

```
DROP DATABASE XS
GO
```

3.5　备份和还原数据库

数据库的数据安全对于数据库管理系统来说是至关重要的,任何数据的丢失和危险都会带来严重的后果。

数据库备份就是对 SQL Server 数据库或事务日志进行复制。数据库备份记录了在进行备份这一操作时数据库中所有数据的状态,以便在数据库遭到破坏时能够及时地将其恢复。

3.5.1　使用 SQL Server Management Studio 备份和还原数据库

1. 备份数据库

在 SQL Server Management Studio 的"对象资源管理器"中,创建 XS 数据库备份,操作步骤如下:

(1) 在 SQL Server Management Studio 的"对象资源管理器"中,依次展开结点到要备份的数据库 XS。

(2) 右击 XS 数据库,在弹出的快捷菜单中选择"任务"→"备份"命令,出现如图 3-8 所示窗口。

图 3-8　备份数据库

（3）在"名称"文本框内，输入备份名称。默认为"XS-完整 数据库 备份"，如果需要，在"说明"文本框中输入对备份集的描述。默认没有任何描述。

（4）在"备份类型"下拉列表框选择备份的方式。其中，"完整"执行完整的数据库备份；"差异"仅备份自上次完全备份以后数据库中新修改的数据；"事务日志"仅备份事务日志。

（5）指定备份目标。在"目标"选项组中单击"添加"按钮，并在图3-9所示的"选择备份目标"对话框中，指定一个备份文件名。这个指定将出现在图3-8所示窗口中"备份到"下面的列表框中。在一次备份操作中，可以指定多个目标文件，这样可以将一个数据库备份到多个文件中。单击"确定"按钮。

（6）在图3-8所示的窗口中单击"选项"，弹出图3-10所示的"选项"设置界面，根据需要进行相关的设置。具体参数设置的功能描述可查阅 SQL Server 联机丛书。

（7）单击"确定"按钮，开始执行备份操作，此时会出现相应的提示信息。单击"确定"按钮，完成数据库备份。

图 3-9　"选择备份目标"对话框

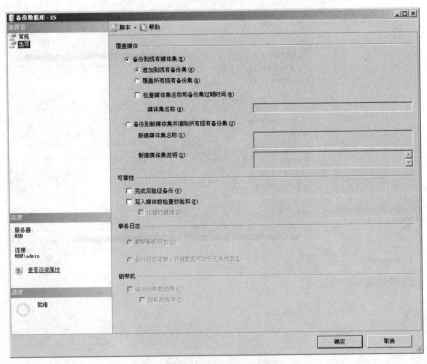

图 3-10　"选项"设置

58

2. 还原数据库

数据库备份后，一旦系统发生崩溃或者执行了错误的数据库操作，就可以从备份文件中恢复数据库。

将前面备份的数据库还原到当前数据库中，操作步骤如下：

（1）在 SQL Server Management Studio 的"对象资源管理器"中，右击"数据库"，在弹出的快捷菜单中选择"还原数据库"命令，弹出图 3-11 所示的"还原数据库"窗口。

（2）在"目标数据库"下拉列表框里可以选择或输入要还原的数据库名。

（3）如果备份文件或备份设备里的备份集很多，还可以选择"目标时间点"，只要有事务日志备份存在，就可以还原到某个时刻的数据库状态。在默认情况下该项为"最近状态"。

图 3-11 "还原数据库"窗口

（4）在"还原的源"选项组里，指定用于还原的备份集的源和位置。

如果选中"源数据库"单选按钮，则从 msdb 数据库中的备份历史记录里查得可用的备份，并显示在"选择用于还原的备份集"中。此时，不需要指定备份文件的位置或指定备份设备，SQL Server 会自动根据备份记录找到这些文件。

如果选中"源设备"单选按钮，则要指定还原的备份文件或备份设备。单击"…"按钮，弹出"指定备份"对话框。在"备份媒体"下拉列表框里可以选择是备份文件还是备份设备，选择完毕后单击"添加"按钮，将备份文件或备份设备添加进来。

（5）在"选项"设置界面里可以设置如下内容，如图 3-12 所示。

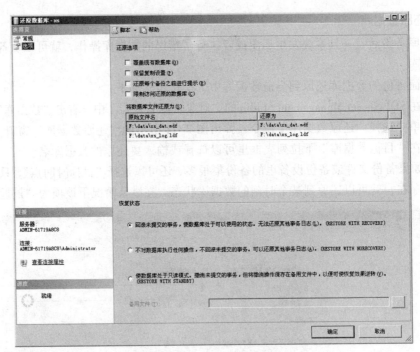

图 3-12 "选项"设置界面

① 还原选项。如果选中"覆盖现有数据库"复选框，则会覆盖所有现有数据库及相关文件，包括已存在的同名的其他数据库或文件；如果选中"保留复制设置"复选框，则会将已发布的数据库还原到创建该数据库的服务器之外的服务器上；如果选中"还原每个备份之前进行提示"复选框，则在还原每个备份设备前都会要求确认；如果选中"限制访问还原的数据库"复选框，则使还原的数据库仅供 db_owner、dbcreator 或 sysadmin 的成员使用。

② 将数据库文件还原为。在该列表框里可以更改目的文件的路径和名称。

③ 恢复状态。如果选中"回滚未提交的事务，使数据库处于可以使用的状态。无法还原其他事务日志"单选按钮，则数据库在还原后进入可正常使用的状态，并自动恢复尚未完成的事务；如果本次还原是还原的最后一次操作，可以选择该单选按钮。如果选中"不对数据库执行任何操作，不回滚未提交的事务。可以还原其他事务日志"单选按钮，则在还原后数据库仍然无法正常使用，也不恢复未完成的事务操作，但可以再继续还原事务日志备份或数据库差异备份，使数据库能恢复到最接近目前的状态。如果选中"使数据库处于只读模式。撤销未提交的事务，但将撤销操作保存在备用文件中，以便可使恢复效果逆转"单选按钮，则在还原后恢复未完成事务的操作，并使数据库处于只读状态；为了可再继续还原后的事务日志备份，还必须指定一个还原文件来存放被恢复的事务。

（6）单击"确定"按钮，开始执行还原操作。

3.5.2 使用 T-SQL 语句备份和还原数据库

1. 备份数据库

备份数据库可以使用 BACKUP DATABASE 语句完成，使用 T-SQL 语句备份数据库有两种方式：一种是先将一个物理设备创建成一个备份设备，然后将数据库备份到该备份设备上；

另一种是直接将数据库备份到物理设备上。

在第一种方式中，先使用 sp_addumpdevice 创建备份设备，然后使用 BACKUP DATABASE 备份数据库。

创建备份设备的语法格式如下：

```
sp_addumpdevice '设备类型','逻辑名','物理名'
```

其中，各参数含义如下：

（1）设备类型，备份设备的类型，如果是以硬盘作为备份设备，则为 disk。

（2）逻辑名，备份设备的逻辑名称。

（3）物理名，备份设备的物理名称，必须包括完整的路径。

备份数据库的语法格式如下：

```
BACKUP DATABASE 数据库名 TO 备份设备(逻辑名)
```

其中，备份设备是由 sp_addumpdevice 创建的备份设备的逻辑名称。

在第二种方式中，直接将数据库备份到物理设备上的语法格式如下：

```
BACKUP DATABASE 数据库名 TO 备份设备(物理名)
```

其中，备份设备是物理备份设备的操作系统标识，采用“备份设备类型=操作系统设备标识”的形式。

对于事务日志备份采用如下的语法格式：

```
BACKUP LOG 数据库名 TO 备份设备(逻辑名)
```

对于文件和文件组备份则采用如下的语法格式：

```
BACKUP DATABASE 数据库名
FILE= '数据库文件的逻辑名'|FILEGROUP='数据库文件组的逻辑名'
TO 备份设备(逻辑名)
```

【例 3-5】使用 sp_addumpdevice 创建数据库备份设备 xsback，使用 BACKUP DATABASE 在该备份设备上创建 XS 数据库的完全备份，备份名为 xsback。

```
--创建备份设备
EXEC sp_addumpdevice 'DISK','xsback','F:\data\xs.bak'
--执行备份
BACKUP DATABASE XS TO xsback
```

命令执行结果图 3-13 所示。

图 3-13　用逻辑名备份数据库

【例 3-6】使用 BACKUP DATABASE 直接将数据库 XS 备份到物理文件 F:\data\xs.bak 上，备份名为 xsback。

```
BACKUP DATABASE xs to DISK='F:\data\xs.bak'
```

命令结果与图 3-13 相同。

2. 还原数据库

还原数据库的语法格式如下：

```
RESTORE DATABASE 数据库名 FROM 备份设备
```

和备份数据库时一样，备份设备可以是物理设备或逻辑设备。如果是物理备份设备的操作系统标识则采用"备份设备类型=操作系统设备标识"的形式。

【例 3-7】对数据库 XS 进行了一次数据库完全备份，这里再使用 RESTORE DATABASE 语句进行数据库备份的还原。

```
RESTORE DATABASE XS FROM XSBACK
GO
```

以下是还原数据库的其他操作：

（1）还原事务日志。

语法格式：

```
RESTORE LOG 数据库名 FROM 备份设备
```

（2）还原部分数据库。

语法格式：

```
RESTORE DATABASE 数据库名
FILE=文件名|FILEGROUP=文件组名
FROM 备份设备
```

3.6 分离和附加数据库

用户在使用 SQL Server 2005 的过程中，可能会遇到下面的问题：将数据库从一个 SQL Server 服务器移到另一个 SQL Server 服务器上；数据库文件所在的磁盘空间用完。

第一个问题一般的处理方法是创建一个新数据库，然后通过备份和还原移动数据库；第二个问题的解决办法是在另一个磁盘上增加一个辅助数据文件。显然这两种办法都比较复杂，而在 SQL Server 2005 中为用户准备了一种简单得多的办法：分离和附加数据库。SQL Server 2005 允许分离数据库的数据和事务日志文件，然后将其重新附加到另一台服务器，甚至同一台服务器上。

在 SQL Server 2005 中，除了 master、model、tempdb 三个系统数据库外，其余的数据库都可以从服务器中分离出来，脱离当前服务器的管理。

3.6.1 分离数据库

1. 使用 SQL Server Management Studio 分离数据库

【例 3-8】使用 SQL Server Management Studio 实现 XS 数据库的分离，并将数据库对应的文件复制到 F:\databeifen 中。

（1）启动 SQL Server Management Studio，在"对象资源管理器"中展开"数据库"结点。

（2）右击"XS"，选择"任务"→"分离"命令，如图 3-14 所示。

（3）打开"分离数据库"窗口，选择要分离的数据库，并进行相关设置，如图 3-15 所示。

图 3-14 数据库分离操作

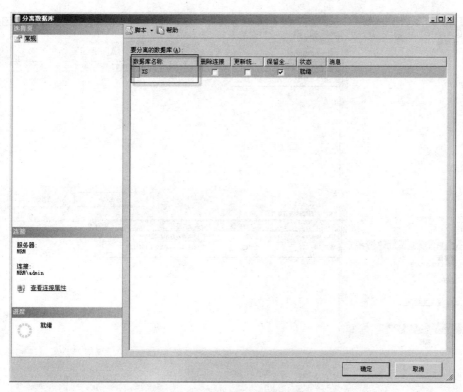

图 3-15 "分离数据库"窗口

（4）分离数据库准备就绪后，单击"确定"按钮，完成数据库的分离操作。数据库分离成功后，在"数据库"结点中 XS 将不复存在。

（5）将 F:\data 文件夹中 XS 数据库对应的两个文件复制到 F:\databeifen 文件夹中（如果该文件夹不存在，请首先创建该文件夹）。

2. 使用 T-SQL 分离数据库

在 SQL Server 2005 中，使用存储过程 sp_detach_db 可以实现数据库的分离。

语法格式：

```
sp_detach_db 数据库名
```

【例 3-9】使用 T-SQL 语句实现 XS 数据库的分离。

```
EXEC sp_detach_db 'XS'
```

3.6.2 附加数据库

1. 使用 SQL Server Management Studio 附加数据库

【例 3-10】使用 SQL Server Management Studio 将 F:\databeifen 文件夹中的数据库附加到当前的 SQL Server 实例上。

（1）启动 SQL Server Management Studio，在"对象资源管理器"中右击"数据库"，选择"附加"命令，如图 3-16 所示。

（2）打开"附加数据库"窗口，进行相关设置，如图 3-17 所示。

图 3-16 数据库"附加"

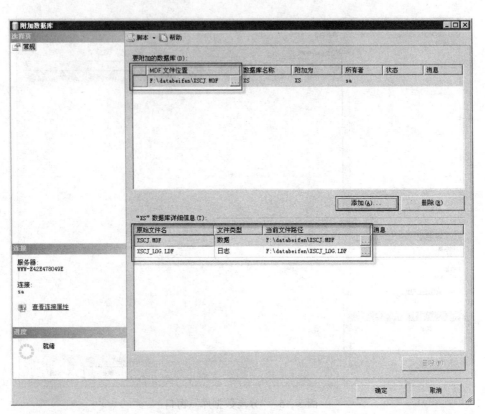

图 3-17 "附加数据库"窗口

（3）单击"添加"按钮，打开"定位数据库文件"对话框，选择要附加的主数据文件。

（4）附加数据库准备就绪后，单击"确定"按钮，完成数据库的附加操作。数据库附加成功后，在"数据库"结点中将会出现 XS 数据库结点。

2. 使用 T-SQL 附加数据库

在 SQL Server 2005 中，使用存储过程 EXEC sp_attach_db 可以实现数据库的附加。

语法格式：

```
sp_attach_db 数据库名,@filename=文件名[,…16]
```

【例 3-11】使用 T-SQL 语句将 F:\data 文件夹中的数据库附加到当前的 SQL Server 实例上。

```
EXEC sp_attach_db xs,'f:\data\xs_dat.mdf','f:\data\xs_log.ldf'
```

小　　结

本章首先介绍了数据库的类型，SQL Server 2005 包括两种类型的数据库：系统数据库和用户数据库。系统数据库是由系统创建的用于存储系统信息及用户数据库信息的数据库；用户数据库是由用户创建的用于完成特定功能的数据库。

接下来介绍了 SQL Server 2005 的数据库的创建与管理的方法、步骤。数据库的创建与管理主要使用 SQL Server Management Studio 和 T-SQL 语句，其中使用 SQL Server Management Studio 创建与管理数据库是数据库管理系统的基本操作，方法简单。使用 T-SQL 语句创建与管理数据库需要重点掌握。

最后介绍了 SQL Server 2005 中数据库的备份与还原及分离与附加的操作。

本章的重点是掌握使用 SQL Server Management Studio 创建与管理数据库的方法和 T-SQL 语句创建与管理数据库的基本语法结构。定义用户数据库的 T-SQL 语句如下:

（1）创建数据库：CREATE DATABASE。

（2）修改数据库：ALTER DATABASE。

（3）删除数据库：DROP DATABASE。

习 题

一、选择题

1. 下列（　　）不属于 SQL Server 2005 在安装时创建的系统数据库。

    A. master   B. msdb   C. userdb   D. tempdb

2. 以下（　　）对象不属于数据库对象。

    A. 表   B. 视图   C. 数据库关系图   D. T-SQL 程序

3. 删除数据库的命令是（　　）。

    A. DROP DATABASE   B. DELETE DATABASE

    C. ALTER DATABASE   D. REMOVE DATABASE

4. 分离与附加数据库的 T-SQL 语句是（　　）。

    A. sp_detach_db 与 sp_attach_db

    B. sp_detach_db 与 sp_shrinkdatabase

    C. sp_attach_db 与 sp_shrinkdatabase

    D. sp_shrinkdatabase 与 DBCC shrinkdatabase

二、填空题

1. SQL Server 2005 中，打开数据库的命令是_____，删除数据库的命令是_____。

2. SQL Server 2005 中 SQL Server Management Studio 的英文全称为_____。

三、简答题

1. SQL Server 2005 的数据库中系统数据库有哪些?

2. SQL Server 2005 的数据库对象有哪些?

四、设计题

用 Transact-SQL 语言创建商品销售数据库 Sales，数据库初始大小为 5 MB，最大大小为 10 MB，数据库按 10%的比例增长；日志文件的初始大小为 2 MB，最大大小为 5 MB，按 1 MB 增长；其余参数自定。

数据表的创建与管理

案例引入

在学生数据库 XS 建立起来以后，还是无法实现具体数据的录入、查询等操作，原因是数据库中还没有建立用户自定义的数据表。只有建立了数据表，才能实现上述操作。所以，接下来就要按照第 1 章的设计，在学生数据库 XS 中建立学生档案表 XSDA、课程信息表 KCXX、学生成绩表 XSCJ。本章主要介绍如何在数据库中实现对数据表的各种操作及与之有关的索引的概念和操作。

本章定位

学习目标

- 掌握数据表和索引的概念。
- 掌握数据表和索引的操作。

本章要点

- 数据表的概念。
- 数据表的创建、修改、删除。
- 表数据的插入、修改、删除及导入导出。
- 索引的概念和操作。

4.1 数据表概述

创建了用户数据库之后，就可以在数据库中创建表。然后，才可以对表中的数据进行各种操作。下面介绍表的概念和数据类型的知识。

4.1.1 数据表的概念

表是包含数据库中所有数据的数据库对象。表与电子表格相似，其结构包括行和列，数据在表中按行和列的格式来组织排列。每行代表唯一的一条记录，是组织数据的单位；而每列代表记录中的一个域，用来描述数据的属性。例如，在表 4-1 中每一行代表一名学生，各列分别表示学生的详细资料，如学号、姓名、性别、系名、出生日期、民族等。

表 4-1　学生信息表

学　号	姓　名	性　别	系　名	出 生 日 期	民　族
200501	王红	女	信息	1986-02-14	汉族
200502	刘林	男	信息	1986-05-20	汉族
200503	曹红雷	男	信息	1985-09-24	汉族
200504	方平	女	信息	1987-08-11	回族
200505	李伟强	男	信息	1985-11-14	汉族

SQL Server 是一个关系数据库，它使用上述的由行和列组成的二维表来表示实体及其联系。SQL Server 中的每个表都有一个名字，以标识该表。例如，上表的名字是学生信息表。下面介绍与表有关的名词：

（1）表结构。每个数据库包含若干表。每个表具有一定的结构，称为"表型"。所谓表型是指组成表的名称及数据类型，也就是日常表格的"栏目信息"。

（2）记录。每个表包含了若干行数据，它们是表的"值"，表中的一行称为一个记录，因此，表是记录的有限集合。

（3）字段。每个记录由若干个数据项构成，将构成记录的每个数据项称为字段。

（4）关键字。在学生信息表中，若不加以限制，每个记录的姓名、性别、系名、出生日期和民族这五个字段的值都有可能相同，但是学号字段的值对表中所有记录来说一定不同，学号是关键字，也就是说通过"学号"字段可以将表中的不同记录区分开。

4.1.2 数据类型

在设计数据库时，除了要确定它包括哪些表外，还要确定每个表中包含哪些列及每列的数据类型等。数据类型就是定义每个列所能存放的数据值和存储格式。例如，如果某一列只能用于存放姓名，则可以定义该列的数据类型为字符型。同理，如果某列要存储数字，则可以定义该列的数据类型为数字型数据。

列的数据类型可以是 SQL Server 2005 提供的系统数据类型，也可以是用户自定义数据类型。

1. 系统数据类型

SQL Server 2005 提供的系统数据类型如表 4-2 所示。

表 4-2　SQL Server 2005 数据类型

数 据 类 型	范　　　　　围	存　　储
精确数字		
bigint	-2^{63}（-9 223 372 036 854 775 808）~$2^{63}-1$（9 223 372 036 854 775 807）	8 字节
int	-2^{31}（-2 147 483 648）~$2^{31}-1$（2 147 483 647）	4 字节

数 据 类 型	范　　　　围	存　　储
smallint	-2^{15} ($-32\,768$)~$2^{15}-1$ ($32\,767$)	2 字节
tinyint	0~255	1 字节
bit	1、0 或 NULL	不定
decimal	$-10^{38}+1$ ~$10^{38}-1$	5~17 字节
numeric		
money	$-922\,337\,203\,685\,477.580\,8$~$922\,337\,203\,685\,477.580\,7$	8 字节
smallmoney	$-214\,748.364\,8$~$214\,748.364\,7$	4 字节
近似数字		
float	$-1.79E+308$ ~ $-2.23E-308$、0 及 $2.23E-308$ ~ $1.79E+308$	4~8 字节
real	$-3.40E+38$ ~ $-1.18E-38$、0 及 $1.18E-38$ ~ $3.40E+38$	4 字节
日期和时间		
datetime	1753 年 1 月 1 日到 9999 年 12 月 31 日（精确到 3.33 ms）	8 字节
smalldatetime	1900 年 1 月 1 日到 2079 年 6 月 6 日（精确到 1 min）	4 字节
字符串		
char	固定长度，非 Unicode 字符数据，长度为 n 字节，n 的取值范围为 1~8000	n 字节
varchar	可变长度，非 Unicode 字符数据，n 的取值范围为 1~8000	输入数据的实际长度加 2 字节
text	服务器代码页中长度可变的非 Unicode 数据，最大长度为 $2^{31}-1$ ($2\,147\,483\,647$) 个字符	<=2 147 483 647 字节
Unicode 字符串		
nchar	固定长度的 Unicode 字符数据，n 值必须在 1~4000 之间（含）	$2 \times n$ 字节
nvarchar	可变长度 Unicode 字符数据，n 值在 1~4000 之间（含）	输入字符个数的两倍 +2 字节
ntext	长度可变的 Unicode 数据，最大长度为 $2^{30}-1$ ($1\,073\,741\,823$) 个字符	输入字符个数的两倍
二进制字符串		
binary	长度为 n 字节的固定长度二进制数据，其中 n 是从 1~8000 的值	n 字节
varbinary	可变长度二进制数据，n 可以取 1~8000 的值	所输入数据的实际长度 +2 字节
image	长度可变的二进制数据，从 0~$2^{31}-1$ ($2\,147\,483\,647$) 字节	不定
其他数据类型		
cursor	游标的引用	
sql_variant	用于存储 SQL Server 2005 支持的各种数据类型（不包括 text、ntext、image、timestamp 和 sql_variant）值的数据类型	
Table	一种特殊的数据类型，存储供以后处理的结果集	
Timestamp	数据库范围的唯一数字，每次更新行时也进行更新	
uniqueidentifier	全局唯一标识符（GUID）	
xml	存储 XML 数据的数据类型，可以在列中或者 XML 类型的变量中存储 XML 实例	

常用数据类型介绍：

（1）bit 类型。如果表中的列为 8 bit 或更少，则这些列作为 1 字节存储。如果列为 9～16 bit，则这些列作为 2 字节存储，依此类推。

（2）char 与 varchar 类型。如果列数据项的大小一致，则使用 char。如果列数据项的大小差异相当大，则使用 varchar。如果列数据项大小相差很大，而且大小可能超过 8000 字节，请使用 varchar(max)。

（3）binary 与 varbinary 类型。如果列数据项的大小一致，则使用 binary。如果列数据项的大小差异很大，则使用 varbinary。当列数据条目超出 8000 字节时，请使用 varbinary(max)。

（4）二进制数据类型。二进制数据由十六进制数表示（例如，十进制数 245 等于十六进制数 F5）。

（5）image 类型。image 数据列可以用来存储超过 8 KB 的可变长度的二进制数据，如 Microsoft Word 文档、Microsoft Excel 电子表格、包含位图的图像、图形交换格式（GIF）文件和联合图像专家组（JPEG）文件。

（6）text 类型。text 数据类型的列可用于存储大于 8 KB 的 ASCII 字符。例如，由于 HTML 文档均由 ASCII 字符组成且一般长于 8 KB，所以这些文档可以以 text 数据类型存储在 SQL Server 中。

（7）nchar、nvarchar 和 ntext 类型。此三种数据类型均为 unicode 数据类型。当一个列使用 unicode 类型时，该列可以存储多个字符集中的字符，此时数据以 nchar、nvarchar 和 ntext 数据类型存储。在 unicode 标准中，包括了以各种字符集定义的全部字符，如中文、日文字符集等。使用 unicode 数据类型，占用的存储空间是使用非 unicode 数据类型所占用存储空间的两倍。

当一个列的长度可能变化时，应该使用 nvarchar 字符类型，这时最多可以存储 4000 个字符。当列的长度固定不变时，应该使用 nchar 字符类型，同样，这时最多可以存储 4000 个字符。当使用 ntext 数据类型时，该列可以存储多于 4000 个字符。

例如，字符型字符串 "abcdABCD 我们学习" 作为 unicode 数据共 12 个字符占 24 字节。若存储为 nchar(10)，则仅可保存 "abcdABCD 我们"；若存储为 nchar(20)，则保存了 "abcdABCD 我们学习" 且占 40 字节；若存储为 nvarchar(20)，则保存了 "abcdABCD 我们学习" 且占 24 字节。

（8）decimal 和 numeric 类型。用于定义精确数据的数据类型。这种数据所占的存储空间根据该数据的小数点后面的位数来确定。

（9）float 和 real 类型。用于定义近似小数数据的数据类型。

2. 用户自定义数据类型

用户定义的数据类型基于在 Microsoft SQL Server 中提供的数据类型。当在几个表中存储同一种数据类型的数据，并且为保证这些列有相同的数据类型、长度和为空时，可以使用用户定义的数据类型。

创建用户自定义数据类型时必须提供以下三个参数：数据类型名称、新数据类型所依据的系统数据类型、为空性（若为空性未定义，则系统将依据数据库或连接的 ANSI NULL 默认

第 4 章 数据表的创建与管理

设置进行指派）。

在 SQL Server 2005 中，创建用户自定义数据类型有两种方法：一是使用 SQL Server Management Studio，二是使用 T-SQL 语句。下面分别进行介绍。

（1）创建用户自定义的数据类型。

【例 4-1】在 XS 数据库中，创建用户自定义数据类型 student_num，其基于系统数据类型 char。

方法一：使用 SQL Server Management Studio 创建用户自定义的数据类型。

① 打开 SQL Server Management Studio，依次展开 XS 数据库→"可编程性"→"类型"结点，选中"用户定义数据类型"，右击并选择"新建用户定义数据类型"命令，如图 4-1 所示。

② 在打开的"新建用户定义数据类型"窗口中，填写名称为 student_num，数据类型选择为 char，如图 4-2 所示。

③ 单击"确定"按钮，即创建了一个用户自定义的数据类型 student_num。

图 4-1 选择"新建用户定义数据类型"　　　图 4-2 "新建用户定义数据类型"窗口

方法二：使用 T-SQL 语句创建用户自定义数据类型。

使用 T-SQL 语句的 sp_addtype 可以创建用户定义数据类型。

语法格式：

```
sp_addtype [@typename=] type,
    [@phystype=]system_data_type
    [,[@nulltype=]'null_type'];
```

使用 T-SQL 语句实现【例 4-1】的语句如下：

```
USE XS
GO
EXEC sp_addtype student_num,'char(6)','not null'
GO
```

（2）删除用户自定义的数据类型。

【例 4-2】在 XS 数据库中，删除用户自定义数据类型 student_num。

方法一：使用 SQL Server Management Studio 删除用户自定义的数据类型。

① 打开 SQL Server Management Studio，依次展开 XS 数据库→"可编程性"→"类型"→"用户定义数据类型"结点，选择要删除的用户定义数据类型 student_num。

② 右击并选择"删除"命令，在弹出的"删除对象"对话框中单击"确定"按钮，即可删除该用户定义的数据类型 student_num。

方法二：使用 T-SQL 语句删除用户自定义数据类型。

使用 T-SQL 语句的 sp_droptype 可以删除用户定义数据类型。

语法格式：

```
sp_droptype [@typename=] 'type'
```

删除 student_num 的 T-SQL 语句如下：

```
USE XS
GO
EXEC sp_droptype 'student_num'
GO
```

4.2　创建数据表

创建表的实质就是定义表的结构及约束等属性，本小节主要介绍表结构的定义，而约束等属性将在第 5 章专门介绍。在创建表之前，先要设计表，即确定表的名字、所包含的各列名、列的数据类型和长度、是否为空值、是否使用约束等。这些属性构成了表结构。

空值（NULL）概念：空值通常表示未知、不可用或将在以后添加的数据。如一个列允许为空值，则向表中输入记录值时可不为该列给出具体值；而一个列若不允许为空值，则在输入时必须给出具体值。

注意：空值并不等于零（0）、空白或零长度的字符串（如""），NULL 意味着没有输入。由于空值在查询和更新时会使事情变得更复杂，而且有其他列选项，如 PRIMARY KEY 约束等不能使用允许空值的列，因此应避免允许空值。

在 SQL Server 2005 中可以使用 SQL Server Management Studio 和 T-SQL 语句两种方式创建表。

4.2.1　使用 SQL Server Management Studio 创建数据表

下面以创建 XS 数据库中学生档案表（表名 XSDA）为例介绍使用 SQL Server Management Studio 创建表的过程。

创建表前应该先确定学生档案表的名字和结构，表名为 XSDA，表结构如表 4-3 所示。

表 4-3　XSDA 表结构

字 段 名	类 型	长 度	是否允许为空值	说 明
学号	char	6	not null	主键
姓名	char	8	not null	
性别	char	2	not null	
系名	char	10	not null	
出生日期	smalldatetime	4	not null	
民族	char	4	not null	
总学分	tinyint	1	not null	
备注	text	16		

然后就可以使用 SQL Server Management Studio 创建 XSDA 表，操作步骤如下：

（1）打开 SQL Server Management Studio，在"对象资源管理器"中选择要创建表的 XS 数据库。

（2）展开 XS 结点，右击"表"结点，在弹出的快捷菜单中选择"新建表"命令，如图 4-3 所示。

（3）在出现的表设计器窗口中定义表结构，即逐个定义表中的列（字段），确定各字段的名称（列名）、数据类型、长度及是否允许取空值等，如图 4-4 所示。

（4）单击工具栏上的"保存"图标，保存新建的数据表。

（5）在出现的"选择名称"对话框中，输入数据表的名称 XSDA，单击"确定"按钮，如图 4-5 所示。这时，可在右侧的"对象资源管理器"窗口中见到新建的 XSDA 数据表。

图 4-3　选择"新建表"命令

图 4-4　定义表中的列

图 4-5　"选择名称"对话框

4.2.2　使用 T-SQL 语句创建数据表

可以使用 T-SQL 语句的 CREATE TABLE 创建表。

语法格式：

```
CREATE TABLE table_name
({column_name data_type|IDENTITY(seed,increment)|NOT NULL|NULL})
```

说明：

（1）table_name：新创建表的名称。表名必须符合标识符规则。

（2）column_name：表中的列名。列名必须符合标识符规则，并且在表内唯一。

（3）data_type：指定列的数据类型。可以是系统数据类型或用户定义数据类型。

（4）IDENTITY(seed,increment)：指出该列为标识列。必须同时指定种子和增量，或者二者都不指定。如果二者都未指定，则取默认值 (1,1)。

（5）NOT NULL|NULL：指出该列中是否允许空值。

CREATE TABLE 语句的完整语法格式为：

```
CREATE TABLE
[database_name.[owner].|owner.] table_name
 ({<column_definition>
 |column_name AS computed_column_expression
 |<table_constraint>::=[CONSTRAINT constraint_name]}
   |[{PRIMARY KEY|UNIQUE} [,…n]
 )
[ON{filegroup|DEFAULT}]
[TEXTIMAGE_ON{filegroup|DEFAULT}]
```

说明：

（1）database_name：要在其中创建表的数据库名称；owner：表的所有者，默认所有者为dbo；database_name 必须是现有数据库的名称。如果不指定数据库，database_name 默认为当前数据库。数据库中的 owner.table_name 组合必须唯一。

（2）column_definition：列定义。其构成为：

```
<column_definition>::={column_name data_type}
[COLLATE<collation_name>]
[
[DEFAULT constant_expression]
|[IDENTITY [(seed,increment)[NOT FOR REPLICATION]]]
]
[ROWGUIDCOL]
[<column_constraint>][…n]
```

（3）computed_column_expression：定义计算列值的表达式。计算列是物理上并不存储在表中的虚拟列。计算列由同一表中的其他列通过表达式计算得到。表达式可以是非计算列的列名、常量、函数、变量，也可以是用一个或多个运算符连接的上述元素的任意组合。表达式不能为子查询。

（4）table_constraint：为表定义的各种约束，将在本书的后面具体讲述。

（5）ON { filegroup | DEFAULT }：指定存储表的文件组。

【例4-3】使用 T-SQL 语句创建 XSDA 表，性别的默认值为男。

```
USE XS
GO

CREATE TABLE XSDA
(
学号 char(6)  NOT NULL PRIMARY KEY,
姓名 char(8)  NOT NULL,
性别 char(2)  NOT NULL DEFAULT('男'),
系名 char(10)  NOT NULL,
```

第 4 章　数据表的创建与管理

```
出生日期 smalldatetime NOT NULL,
民族 char(4)  NOT NULL,
总学分 tinyint NOT NULL,
备注 text  NULL
)
GO
```

【例 4-4】创建名为 jobs 的表。

```
USE XS
GO
CREATE TABLE jobs
(
工号 smallint IDENTITY(10000,1)    --指定列为标识列，种子为 10000，增量为 1
PRIMARY KEY,                       --指定主键约束
姓名 char(8) NOT NULL,
工种 char(12) NULL
)
GO
```

4.3 修改数据表

数据表创建以后，在使用过程中可能需要对原先定义的表的结构、约束等属性进行修改。表的修改与表的创建一样，可以通过 SQL Server Management Studio 和 T-SQL 语句两种方法来进行。

对一个已存在的表可以进行如下修改操作：

（1）更改表名。

（2）增加列。

（3）删除列。

（4）修改已有列的属性（列名、数据类型、是否允许空值）。

4.3.1 使用 SQL Server Management Studio 修改数据表

1. 增加列

当原来创建的表中需要增加项目时，就要向表中增加列。

【例 4-5】在 XSDA 表中增加"奖学金等级"一列。

操作步骤：

（1）在 SQL Server Management Studio 中展开需进行操作的表，右击 XSDA 表，在弹出的快捷菜单中选择"修改"命令，如图 4-6 所示。

（2）在打开的表设计器的最后一行（也就是空白行）中输入列名"奖学金等级"，选择数据类型 tinyint，并设置为"允许空"，如图 4-7 所示。

（3）用此方法，可向表中添加多个列，当需添加的列都已输入完毕后，单击工具栏上的"保存"按钮，保存更改数据。

图 4-6 使用快捷菜单修改数据表

图 4-7 添加新列

2. 删除列

在 SQL Server 中被删除的列是不可恢复的，因此在删除列之前要慎重考虑。并且，在删除一个列以前，必须保证基于该列的所有索引和约束都已被删除。

【例 4-6】删除表 XSDA 中的"奖学金等级"列。

操作步骤：

（1）参照【例 4-5】中的操作方式，打开表设计器。

（2）在表设计器中选择要删除的"奖学金等级"列，右击并选择快捷菜单中的"删除列"命令，如图 4-8 所示。

（3）用此方法，可删除表中多个列，当删除列的操作完毕后，单击工具栏上的"保存"按钮，保存更改数据。

3. 修改已有列的属性

在 SQL Server 中可以修改表结构，如更改列名、列的数据类型、长度和是否允许空等属性。建议当表中有记录后，不要轻易修改表的结构，特别是修改列的数据类型，以免产生错误。其操作过程是在 SQL Server Management Studio 中展开需进行操作的表，右击 XSDA 表，在弹出的快捷菜单中选择"修改"命令，如图 4-6 所示，然后选择要修改的列的列名，就可以修改列的属性。

图 4-8 删除列操作

4.3.2 使用 T-SQL 语句修改数据表

使用 T-SQL 语句的 ALTER TABLE 可以完成对表的修改。

语法格式：

```
ALTER TABLE table_name
{[ALTER COLUMN column_name
{new_data_type[(precision[,scale])]
 [NULL|NOT NULL ]
```

```
]}
|ADD{[<column_definition>]}[,…n]
|DROP{[CONSTRAINT]constraint_name|COLUMN column_name}[,…n]
}
```

说明：

（1）ALTER COLUMN：用于说明修改表中指定列的属性，要修改的列名由 column_name 给出。

（2）new_data_type：指出要更改的列的新数据类型。

（3）precision：指定数据类型的精度。scale：指定数据类型的小数位数。

（4）ADD：指定要添加一个或多个列定义、计算列定义或者表约束。

（5）DROP：指定从表中删除约束或列。constraint_name：指定被删除的约束名；COLUMN column_name 参数中指定的是被删除的列名。

【例 4-7】在表 XSCJ 中增加一个新列——学分。

```
USE XS
GO
ALTER TABLE XSCJ
ADD
学分 tinyint NULL
GO
```

【例 4-8】在表 XSCJ 中删除名为"学分"的列。

```
USE XS
GO
ALTER TABLE XSCJ
DROP
COLUMN 学分
GO
```

【例 4-9】将表 XSDA 中"姓名"的列的长度由原来的 8 改为 10。

```
USE XS
GO
ALTER TABLE XSDA
ALTER COLUMN 姓名 char(10)
GO
```

【例 4-10】将表 XSDA 中名为"出生日期"的列的数据类型由原来的 smalldatetime 改为 datetime。

```
USE XS
GO
ALTER TABLE XSDA
ALTER COLUMN 出生日期  datetime
GO
```

4.4　删除数据表

当数据库中的某些表失去作用时，可以删除表，以释放数据库空间，节省存储介质。删除表时，表的结构定义、表中所有的数据及表的索引、触发器、约束等均被永久地从数据库中删除。如果要删除通过 FOREIGN KEY 和 UNIQUE 或 PRIMARY KEY 约束相关的表，必须首先删除具有 FOREIGN KEY 约束的表。

可以使用 SQL Server Management Studio 和 T-SQL 语句两种方式删除表。

4.4.1　使用 SQL Server Management Studio 删除数据表

【例 4-11】删除数据库 XS 中的表 XSDA。

使用 SQL Server Management Studio 删除数据表的操作步骤如下：

（1）依次展开数据库 XS→表，右击表 dbo.XSDA，在弹出的快捷菜单中选择"删除"命令，如图 4-9 所示。

（2）在弹出图 4-10 所示的"删除对象"窗口后，单击"确定"按钮，即可删除选择的表。

图 4-9　删除表

图 4-10　删除对象

4.4.2　使用 T-SQL 语句删除数据表

使用 T-SQL 语句中的 DROP TABLE 可以删除表。

语法格式：

```
DROP TABLE table_name
```

说明：table_name 为要删除的表。

【例 4-12】删除数据库 XS 中的 KCXX 表。

```
USE XS
DROP TABLE KCXX
GO
```

4.5　表数据操作

创建表后，下一步要做的就是在表中进行数据操作，对表中的数据操作包括表记录的插入、修改和删除。可以通过 SQL Server Management Studio 和 T-SQL 语句两种方式操作表数据。

4.5.1 表数据的插入

向表中插入数据就是将新记录添加到表尾，可以向表中插入多条记录。

1. 使用 SQL Server Management Studio 向表中插入数据

操作方法如下：

（1）依次展开数据库 XS→表，右击表 dbo.XSDA，在弹出的快捷菜单中选择"打开表"命令，如图 4-11 所示。

（2）进入打开的表 XSDA 数据窗口，输入数据，每输完一列的值，按 Tab 键，光标会自动跳到下一列，若输完最后一列数据，按 Enter 键，则光标跳至下一行的第一列，直到输入完成，单击"关闭"按钮，如图 4-12 所示。

图 4-11　打开表

图 4-12　向 XSDA 表输入数据

2. 使用 T-SQL 语句向表中插入数据

使用 T-SQL 语句的 INSERT 可以向表中插入数据，INSERT 语句常用的格式有三种。

语法格式一：

```
INSERT table_name
VALUES(constant1,constant2,…)
```

说明：该语句的功能是向由 table_name 指定的表中插入由 VALUES 指定的各列值的行。

注意：使用此方式向表中插入数据时，VALUES 中给出的数据顺序和数据类型必须与表中列的顺序和数据类型一致，而且不可以省略部分列。

【例 4-13】向 XS 数据库的表 XSDA 中插入如下一行。

```
200608　李忠诚　男　信息　1988-09-10　汉族　60　null
```

可以使用如下的 T-SQL 语句：

```
USE XS
INSERT XSDA
VALUES('200608','李忠诚','男','信息','1988-09-10','汉族',60,null)
GO
```

进行查询，会发现其中多了学号为 200608 这一行。

读者可以再尝试一下选择一些有默认值或者可以为空的列，在插入数据时省略这些列，也就是说采用默认值或者给允许为空的列赋空值。看下面的例子。

【例 4-14】查看 XS 数据库的表 XSDA 的表结构，我们知道"性别"列可以使用默认值"男"，"民族"列可以使用默认值"汉族"，"备注"列可以为空。如果将【例 4-13】中的 T–SQL 语句改为：

```
USE XS
INSERT XSDA
VALUES('200608','李忠诚','信息','1988-09-10',60)
GO
```

那么将无法实现预期的效果，并且在结果显示窗格中将会显示出错提示信息，如图 4-13 所示。

图 4-13　结果窗格中显示错误提示

若想在 INSERT 语句中只给出部分列值，就需要用到 INSERT 语句的另一种格式。

语法格式二：

```
INSERT INTO table_name(column_1，column_2,…column_n)
VALUES(constant_1,constant_2,…constant_n)
```

说明：

（1）在 table_name 后面出现的列，VALUES 里面要有一一对应的数据出现。

（2）允许省略列的原则：

① 具有 identity 属性的列，其值由系统根据 seed 和 increment 值自动计算得到。

② 具有默认值的列，其值为默认值。

③ 没有默认值的列，若允许为空值，则其值为空值；若不允许为空值，则出错。

（3）插入字符和日期类型数据时要用引号括起来。

这样【例 4-14】就可以按如下 T–SQL 语句执行：

```
USE XS
INSERT XSDA(学号,姓名,系名,出生日期,总学分)
VALUES('200608','李忠诚','信息','1988-09-10',60)
GO
```

在插入表记录的时候还有这样一种情形，就是将一个查询的结果集插入到另一个表中，前面两种格式显然已经不能满足这一需求。

语法格式三：

```
INSERT INTO table_name[(column_list)]
derived_table
```

此 T-SQL 语句的功能是将一个查询的结果集插入到另一个表中。

说明：

① table_name：要插入数据的表名；column_list：要在其中插入数据的一列或多列的列表。

② derived_table：由一个 SELECT 语句查询所得到的结果集。结果集的列数、列的数据类型及次序要和 column_list 中一致。

【例 4-15】用如下的 CREATE 语句建立表 XS1。

```
USE XS
CREATE TABLE XS1
(
num char(6) NOT NULL,
name char(8) NOT NULL,
speiality char(10) NULL
)
GO
```

用如下的 INSERT 语句向 XS1 表中插入数据：

```
USE XS
INSERT INTO XS1
SELECT 学号,姓名,系名
FROM  XSDA
WHERE 系名='信息'
GO
```

上述语句的功能是：将 XSDA 表中系名为"信息"的各记录的学号、姓名、系名的值插入到 XS1 表的各行中。使用如下 SELECT 语句进行查询，可以看到插入结果：

```
USE XS
SELECT *
FROM XS1
GO
```

结果为：

```
num      name   speiality
----------------------------------------
200501   王红    信息
200502   刘林    信息
200503   曹红雷  信息
200504   方平    信息
200505   李伟强  信息
200506   周新民  信息
200507   王丽丽  信息
```

下面给出 INSERT 语句的完整语法格式，供读者进一步学习：

```
INSERT [INTO]
{ table_name WITH(<table_hint_limited>[...n])
| view_name
| rowset_function_limited
}
```

```
{ [(column_list)]
{ VALUES
({DEFAULT|NULL|expression}[,…n])
| derived_table
| execute_statement
}
}
| DEFAULT VALUES
```

说明：

① WITH（＜table_hint_limited＞[…n]）：指定目标表所允许的一个或多个表提示，可省略。

② view_name：视图的名称，该视图必须是可更新的。

③ rowset_function_limited：是 OPENQUERY 或 OPENROWSET 函数。

4.5.2　表记录的修改

1. 使用 SQL Server Management Studio 修改表中数据

使用 SQL Server Management Studio 修改 XSDA 表中数据的操作步骤：

（1）依次展开数据库 XS→表，右击表 XSDA，在弹出的快捷菜单中选择"打开表"命令，如图 4-11 所示。

（2）在弹出的查询窗口中，单击要修改的单元格后可以修改此处的表中数据，修改完成单击"关闭"按钮即可。

2. 使用 T-SQL 语句修改表中数据

T-SQL 中的 UPDATE 语句可以用来修改表中的数据行，既可以一次修改一行数据，也可以一次修改多行数据，甚至修改所有数据行。

语法格式：

```
UPDATE{table_name|view_name}
SET column_name={expression|DEFAULT|NULL}[,…n]
[WHERE<search_condition>]
```

说明：

（1）table_name：需要修改的数据的表的名称。

（2）view_name：需要修改的数据的视图的名称。通过 view_name 来引用的视图必须是可更新的。

（3）SET：指定要更新的列或变量名称的列表。

（4）column_name={expression|DEFAULT|NULL}[,…n]：由表达式的值、默认值或空值去修改指定的列值。

（5）WHERE<search_condition>：指明只对满足该条件的行进行修改，若省略该子句，则对表中的所有行进行修改。

【例 4-16】将 XS 数据库的 XSDA 表中学号为 200604 的学生的备注列改为"三好生"。

```
USE XS
UPDATE XSDA
SET 备注='三好生'
WHERE 学号='200604'
GO
```

第 4 章　数据表的创建与管理

在查询分析器中使用如下语句查询：

```
USE XS
SELECT *
FROM XSDA
WHERE 学号='200604'
GO
```

可以发现学号为 200604 的行的备注字段已经被修改为"三好生"。

【例 4-17】将 XSDA 表中的所有学生的总学分都增加 10 分。

```
USE XS
UPDATE XSDA
SET 总学分=总学分+10
GO
```

【例 4-18】将姓名为"方平"的同学的系名改为"电子商务"，备注改为"转专业学习"。

```
USE XS
UPDATE XSDA
SET 系名='电子商务',备注='转专业学习'
WHERE 姓名='方平'
GO
```

4.5.3 表记录的删除

当表中某些数据不再需要时，要将其删除。

1. 使用 SQL Server Management Studio 删除表中数据

展开表，右击并在弹出的快捷菜单中选择"打开表"命令，在操作表窗口中定位要删除的数据行（可辅助 Ctrl 键或 Shift 键选中多行），右击并在弹出的快捷菜单中选择"删除"命令，如图 4-14 所示。在确认窗口单击"是"按钮，即可删除所选择的数据行。

图 4-14　选择、删除表中数据

2. 使用 T-SQL 语句删除表中记录

使用 T-SQL 的 DELETE 语句可以删除表中记录。

语法格式：

```
DELETE [FROM]
{table_name|view_name}
[WHERE <search_condition>]
```

说明：

（1）table_name|view_name：要从其中删除行的表或视图的名称。其中，通过 view_name 来引用的视图必须可更新且正确引用一个基表。

（2）WHERE <search_condition>：指定用于限制删除行数的条件。如果没有提供 WHERE 子句，则 DELETE 删除表中的所有行。

【例 4-19】将 XSDA 表中总学分小于 54 的行删除。

```
USE XS
DELETE FROM XSDA
WHERE 总学分<54
GO
```

【例 4-20】将 XSDA 表中备注为空的行删除。

```
USE XS
DELETE FROM XSDA
WHERE 备注 IS NULL
GO
```

【例 4-21】删除 XSDA 表中所有行。

```
USE XS
DELETE XSDA
GO
```

3. 使用 TRUNCATE TABLE 语句删除表中所有数据

语法格式：

```
TRUNCATE TABLE table_name
```

说明：

table_name：需要删除数据的表的名称。

TRUNCATE TABLE 语句与 DELETE 语句的区别：使用 TRUNCATE TABLE 语句在功能上与不带 WHERE 子句的 DELETE 语句相同，但 TRUNCATE TABLE 语句比 DELETE 语句快，DELETE 以物理方式一次删除一行，并在事务日志中记录每个删除的行，而 TRUNCATE TABLE 通过释放存储表数据所用的数据页来删除数据，并且只在事务日志中记录页的释放。因此，在执行 TRUNCATE TABLE 语句之前应先对数据库备份，否则被删除的数据将不能再恢复。

4.6　导入与导出数据

数据的导入导出是数据库系统与外部进行数据交换的操作，即将其他数据库（如 Access、FoxPro 或 Oracle）的数据转移到 SQL Server 中，或者将 SQL Server 中的数据转移到其他数据库中。当然，利用数据的导入导出也可以实现数据库的备份和还原。

导入数据是从外部数据源（如 ASCII 文本文件）中检索数据，并将数据插入到 SQL Server 表的过程。导出数据是将 SQL Server 数据库中的数据转换为某些用户指定格式的过程。

第 4 章　数据表的创建与管理

在 SQL Server 2005 中，数据导入导出是通过数据转换服务（DTS）实现的。通过数据导入导出操作可以完成在 SQL Server 2005 数据库和其他类型数据库之间进行数据的转换，从而实现各种不同应用系统之间的数据移植和共享。

4.6.1 导出数据

下面以 SQL Server 数据库导出数据到 Excel 为例，说明利用 DTS 导入和导出向导导出数据的步骤。

（1）启动 SQL Server Management Studio，在"对象资源管理器"中展开"数据库"结点。

（2）右击 XS，选择"任务"→"导出数据"命令，如图 4-15 所示。

（3）打开"欢迎使用 SQL Server 导入和导出向导"界面，如图 4-16 所示。

图 4-15 选择"任务"→"导出数据"命令

图 4-16 "欢迎使用 SQL Server 导入和导出向导"界面

（4）单击"下一步"按钮，打开"选择数据源"界面，在"数据源"下拉列表框中选择 Microsoft OLE DB Provider for SQL Server，表示从 SQL Server 导出数据；也可以根据实际情况设置"身份验证"模式和选择"数据库"项目，如图 4-17 所示。

图 4-17 选择 SQL Server 作为数据源

（5）单击"下一步"按钮，打开"选择目标"界面，在"目标"中选择 Microsoft Excel，表示将把数据导出到 Excel 表中；也可以根据实际情况设置"Excel 文件路径"和选择"Excel 版本"等项目，如图 4-18 所示。

图 4-18　选择 Excel 表格作为目标

（6）单击"下一步"按钮，打开"指定表复制或查询"界面，默认选择"复制一个或多个表或视图的数据"；也可以根据实际情况选择"编写查询以指定要传输的数据"，如图 4-19 所示。

图 4-19　"指定表复制或查询"界面

（7）单击"下一步"按钮，打开"选择源表和源视图"界面，如图 4-20 所示。选中 XS 数据库中的 XSDA 表，单击"编辑"按钮可以编辑源数据和目标数据之间的映射关系，如图 4-21 所示。

（8）单击"下一步"按钮，打开"保存并执行包"界面，如图 4-22 所示。

第 4 章　数据表的创建与管理

图 4-20 "选择源表和源视图"界面

图 4-21 指定源数据和目标数据之间的列映射

图 4-22 "保存并执行包"界面

（9）单击"下一步"按钮，打开"完成该向导"界面，如图 4-23 所示。

（10）单击"完成"按钮，打开"执行成功"界面，如图 4-24 所示。在 F:\data 文件夹中生成 outxsda.xls 文件。

图 4-23 "完成该向导"界面

图 4-24 "执行成功"界面

4.6.2 导入数据

利用 DTS 导入和导出向导将 F:\data 文件夹中的文本文件 inxsda.txt 的数据导入到 SQL Server 中的步骤如下：

（1）启动 SQL Server Management Studio，在"对象资源管理器"中展开"数据库"结点。

（2）右击 XS，选择"任务"→"导入数据"命令。

（3）后续步骤基本同"导出数据"，只在以下几个步骤有些不同。

① 在"选择数据源"时，指定数据源为"平面数据源"，并浏览选择 F:\data\inxsda.txt，如图 4-25 所示。

② 在"选择源表和源视图"中选择目标为新表或者是目标数据库中已有的表。在此选择导入 XS 数据库已有的表 XSDA，如图 4-26 所示。

③ 在图 4-26 中单击"编辑"按钮，打开"列映射"对话框，如图 4-27 所示。可以选择"删除目标表中的行"或"向目标表中追加行"，在此选择"删除目标表中的行"，当插入数据时将会清空目标表中数据，然后再导入源表中的数据。

图 4-25 "选择数据源"界面

图 4-26 "选择源表和源视图"界面

图 4-27 "列映射"窗口

第 4 章 数据表的创建与管理

（4）导入成功后，在 XS 数据库中，可以查看到导入的表数据。

4.7 索 引

我们知道，用户对数据库最频繁的操作是数据查询。一般情况下，在进行查询操作时 SQL Serve 需要对整个数据表进行数据搜索，如果数据表中的数据非常多，这个搜索就需要比较长的时间，从而影响数据库的整体性能。为了提高搜索数据的速度，数据库引入了索引技术。

4.7.1 索引概述

索引是加快检索表中数据的方法。表的索引类似于图书的索引。在图书中，索引能帮助读者无须阅读全书就可以快速地查找到所需的信息。在数据库中，索引也允许数据库程序迅速地找到表中的数据，而不必扫描整个表。在图书中，索引就是内容和相应页码的清单。在数据库中，索引就是表中数据和相应存储位置的列表。索引可以大大减少数据库管理系统查找数据的时间。

SQL Server 中一个表的存储是由数据页和索引页两部分组成的。数据页用来存放除了文本和图像数据以外的所有与表的某一行相关的数据，索引页包含组成特定索引的列中的数据。索引是一个单独的、物理的数据库结构，它是某个表中一列或若干列的值的集合和相应的指向表中物理标识这些值的数据页的逻辑指针清单，如图 4-28 所示。通常，索引页面相对于数据页面来说小得多。当进行数据检索时，系统先搜索索引页面，从索引项中找到所需要数据的指针，再直接通过指针从数据页面中读取数据。

在数据库中创建索引可以极大提高系统的性能，主要表现在：

（1）快速存取数据。

（2）保证数据记录的唯一性。

（3）实现表与表之间的参照完整性。

（4）在使用分组和排序子句进行数据检索时，利用索引可以减少排序和分组的时间。

	学 号	姓 名	性 别	系 名	出生日期	民 族	索引码	指针
1	200501	王 红	女	信息	1986-02-14	汉族	11001	3
2	200502	刘 林	男	信息	1986-05-20	汉族	11002	11
3	200503	曹红雷	男	信息	1985-09-24	汉族	11003	6
4	200504	方 平	女	信息	1987-08-11	回族	11004	9
5	200505	李伟强	男	信息	1985-11-14	汉族	11005	2
6	200506	周新民	男	信息	1986-01-20	回族	11006	1
7	200507	王丽丽	女	信息	1987-06-03	汉族	11007	7
8	200601	孙 燕	女	管理	1987-05-20	汉族	11008	10
9	200602	罗德敏	男	管理	1988-07-18	汉族	11009	8
10	200603	孔祥林	男	管理	1986-05-20	汉族	11010	4
11	200604	王 华	女	管理	1987-04-16	汉族	11011	5

学生信息表　　　　　　　　　　　　　　学号索引表

数据页　　　　　　　　　　　　　索引页

图 4-28 索引项的构成

不过，索引虽然为提高系统性能带来了好处，但是使用索引也是有代价的。例如，使用索引存储地址将占用磁盘空间，在执行数据的插入、修改和删除操作时，为了自动维护索引，SQL Server 将花费一定的时间，因此，要合理设计索引。

4.7.2 索引分类

SQL Server 中的索引按组织方式可以分为聚集索引和非聚集索引。

创建聚集索引后，表中数据行的物理存储顺序与索引顺序完全相同，因此每个表只能创建一个聚集索引，而且最好在其他非聚集索引建立前建立聚集索引，以免因物理顺序的改变而使 SQL Server 重新构造非聚集索引。

当表中保存有连续值的列时，在这些列上建立聚集索引最有效，因为当使用聚集索引快速找到一个值时，其他连续的值自然就在附近。

非聚集索引不改变表中数据行的物理存储顺序，数据与索引分开存储。在非聚集索引中仅仅包含索引值和指向数据行的指针。

4.7.3 创建索引

在 SQL Server 2005 中，可以使用 SQL Server Management Studio 和 T-SQL 语句两种方式来创建索引。

1. 使用 SQL Server Management Studio 创建索引

【例 4-22】在 XSDA 表上为"姓名"字段添加非唯一的非聚集索引，将该索引命名为 IX_xm。

创建索引的步骤如下：

（1）启动 SQL Server Management Studio，在"对象资源管理器"中，依次展开各结点到数据库 XS 下的"表"结点。

（2）展开 XSDA 表，右击"索引"，在弹出的快捷菜单中选择"新建索引"命令，如图 4-29 所示。

（3）弹出"新建索引"窗口，如图 4-30 所示。

（4）在"索引名称"文本框中，输入索引的名称 IX_xm；"索引类型"下拉列表框用于设置索引类型，共有聚集、非聚集、主 XML 三项，此处选择"非聚集"；"唯一"表示创建唯一索引，这里不选。

（5）单击"添加"按钮，弹出图 4-31 所示的窗口，选择"姓名"列，单击"确定"按钮。

（6）返回"新建索引"窗口，其中"排序顺序"列用于设置索引的排列顺序，默认为"升序"，如图 4-32 所示。

图 4-29　在快捷菜单中选择
"新建索引"命令

图 4-30 "新建索引"窗口

图 4-31 添加索引列

图 4-32 设置索引顺序

（7）单击"确定"按钮，完成索引的创建过程。

在 SQL Server Management Studio 的"对象资源管理器"中，依次展开"数据库"→"表"→"dbo.XSDA"→"索引"结点，右击某个索引名称，依次选择"编写索引脚本为"→"CREATE 到"→"新查询编辑器窗口"，就可以查看到索引的定义语句，如图 4-33 所示。

图 4-33　查看索引的定义语句

2. 使用 T-SQL 语句创建索引

使用 T-SQL 语句的 CREATE INDEX 可以创建索引。

语法格式：

```
CREATE [UNIQUE][CLUSTERED|NONCLUSTERED]
INDEX index_name ON {table|view}(column[ASC|DESC][,…n])
[ON filegroup]
```

说明：

（1）UNIQUE：创建一个唯一索引，即索引项对应的值无重复值。在列包含重复值时不能建唯一索引。如果使用此项，则应确定索引所包含的列不允许 NULL 值，否则在使用时会经常出错。对于视图创建的聚集索引必须是 UNIQUE 索引。

（2）CLUSTERED|NONCLUSTERED：指明创建聚集索引还是非聚集索引，前者表示创建聚集索引，后者表示创建非聚集索引。如果此选项缺省，则创建的索引为非聚集索引。

（3）index_name：指明索引名，索引名在一个表中必须唯一，但在数据库中不必唯一。

（4）table|view：指定创建索引的表或视图的名称。注意，视图必须是使用 SCHEMABINDING 选项定义过的。

（5）column[,…n]：指定建立索引的字段，参数 n 表示可以为索引指定多个字段。如果使用两个或两个以上的列组成一个索引，则称为复合索引。

（6）ASC|DESC：指定索引列的排序方式是升序还是降序，默认为升序（ASC）。

（7）ON filegroup：指定保存索引文件的数据库文件组名称。

【例 4-23】为 XS 数据库中 XSDA 表的学号列创建索引。

```
USE XS
CREATE INDEX xh_ind
ON XSDA(学号)
GO
```

【例 4-24】根据 XSCJ 表的学号列和课程编号列创建复合索引。

```
USE XS
CREATE INDEX xh_kcbh_ind
ON XSCJ(学号,课程编号)
GO
```

【例 4-25】为 KCXX 表的课程编号列创建唯一聚集索引。

```
USE XS
CREATE UNIQUE CLUSTERED INDEX kcbh_ind
ON KCXX(课程编号)
GO
```

4.7.4 查看索引

在表上创建索引后，可能需查找有关索引的信息。例如，要查明索引类型及哪些是某个表的索引的列等。可以使用以下两种方法：

1. 使用 SQL Server Management Studio 查看

在 SQL Server Management Studio 的"对象资源管理器"中，依次展开"数据库"→"表"→"dbo.XSDA"→"索引"结点，右击某个索引名称，选择"属性"后看到该索引的索引属性，如图 4-34 所示。

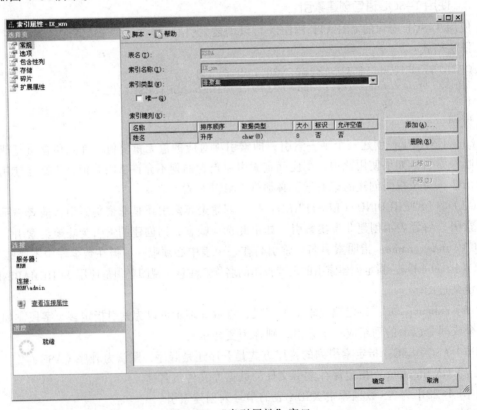

图 4-34 "索引属性"窗口

2. 使用 T-SQL 语句

可以使用 T-SQL 的 sp_helpindex 命令查看索引。

语法格式：

```
sp_helpindex [@objname=] 'name'
```

【例 4-26】查看表 XSDA 中的索引情况。

```
sp_helpindex XSDA
```

得到如图 4-35 所示的结果。

	index_name	index_description	index_keys
1	IX_xm	nonclustered located on PRIMARY	姓名
2	PK__XS__7C8480AE	clustered, unique, primary key located on PRIMARY	学号

图 4-35　用命令查看索引

4.7.5　修改索引

当索引不满足需求时，可以通过 SQL Server Management Studio 和 T-SQL 两种方式来修改索引。

1. 使用 SQL Server Management Studio 修改索引

在对象资源管理器中，依次展开"数据库"→"表"→"该索引所属的表"→"索引"结点。右击要修改的索引，然后选择"属性"命令，在弹出的"索引属性"对话框中修改索引。具体操作较为简单，读者自行操作即可。

2. 使用 T-SQL 语句修改索引

语法格式：

```
sp_rename[@objname=]'object_name',[@newname=]'new_name'[,[@objtype=]'
object_type']
```

说明：此处 object_type 取值为 INDEX。

【例 4-27】将 XS 数据库中的 XSDA 表的索引 PK_XSDA 更名为 PK_DATA。

```
USE XS
EXEC sp_rename 'XSDA.PK_XSDA','PK_DATA','INDEX'
```

4.7.6　删除索引

当一个索引不再需要时，可以将其从数据库中删除，以回收它当前使用的存储空间，便于数据库中的任何对象对此空间的使用。

可以使用 SQL Server Management Studio（不再阐述）和 T-SQL 语句来删除索引。这里只介绍使用 T-SQL 的 DROP INDEX 命令删除索引的方法。

语法格式：

```
DROP INDEX 'table.index|view.index'[,…n]
```

其中，table|view 是索引列所在的表或视图；index 为要除去的索引名称。

【例 4-28】删除 XSDA 表中的索引 xh_ind。

```
USE XS
DROP INDEX XSDA.xh_ind
GO
```

第 4 章　数据表的创建与管理

小　结

本章首先介绍了的表的概念；然后介绍了 SQL Server 2005 系统数据类型及用户自定义数据类型的创建与删除；着重介绍了 SQL Server Management Studio 和 T-SQL 语句创建、修改和删除表数据的操作方法及语句格式；最后介绍了数据的导入与导出及索引的概念、创建、查看、删除。需要掌握的主要内容如下：

（1）数据表的概念：表是包含数据库中所有数据的数据库对象。与表有关的名词：表结构、记录、字段和关键字。

（2）创建表时指定列的数据类型：可以是 SQL Server 2005 提供的系统数据类型，也可以是用户自定义数据类型。

（3）创建表就是定义表的结构及约束等属性，即确定表的名字、所包含的各列名、列的数据类型和长度、是否为空值、是否使用约束等并使用 SQL Server Management Studio 或 T-SQL 语句实现之。数据表创建以后，在使用过程中可能需要对原先定义的表的结构、约束等属性进行修改。当数据库中的某些表失去作用时，可以删除表，以释放数据库空间，节省存储介质。创建表后，可以对表中数据进行操作，对表中的数据操作包括表记录的插入、修改和删除。

（4）数据的导入导出既能够实现数据库系统与外部进行数据的交换，又可以实现数据库的备份和还原。

（5）索引能加快检索表中的数据。SQL Server 中的索引按组织方式可以分为聚集索引和非聚集索引。

习　题

一、选择题

1. SQL 中删除表中数据的命令是（　　）。
   A. DELETE　　　　B. DROP　　　　C. CLEAR　　　　D. REMOVE
2. 创建用户自定义数据类型的命令是（　　）。
   A. sp_addalert　　B. sp_droptype　　C. sp_addtype　　D. sp_help
3. 每个数据表可以创建（　　）个聚集索引。
   A. 1　　　　　　B. 2　　　　　　C. 10　　　　　　D. 无数个

二、填空题

1. SQL Server 提供了两种形式的索引，分别是_____和_____。
2. 数据表中查询、插入、修改和删除数据的语句分别是 select、_____、_____和_____。
3. 在默认情况下，所创建的索引是_____索引。

三、设计题

设要建立"学生选课"数据库，库中包括学生、课程和选课三个表，其表结构为：
学生（学号，姓名，性别，年龄，所在系）

课程（课程号，课程名，先行课）

选课（学号，课程号，成绩）

用 T-SQL 完成下列操作（数据类型、为空性等属性自己视情况而定）：

1. 建立"学生选课"数据库。

2. 建立学生、课程和选课表。

3. 建立各表以主键为索引项的索引。

第(5)章

➡ **数据完整性**

案例引入

第 4 章在学生数据库 XS 中建立了数据表，在向表中输入数据时，由于种种原因，有时会输入无效或错误的信息。例如：对不同的学生输入了相同的学号；性别字段的值输入了非法数据；相同的数据行被多次输入；学生成绩表中出现了学生档案表中不存在的学号等。之所以会出现这些错误信息，是因为没有实现数据完整性设计。为避免此类情况发生，本章主要介绍如何通过实施数据完整性来解决上述问题。以此保证数据输入的正确性、一致性和可靠性。

本章定位

学习目标

- 掌握数据完整性的含义及分类。
- 掌握域完整性、实体完整性、参照完整性的实现。

本章要点

- 数据完整性的含义及分类。
- 域完整性的实现。
- 实体完整性的实现。
- 参照完整性的实现。

5.1 数据完整性的概念

数据完整性用于保证数据库中的数据在逻辑上的一致性、正确性和可靠性。强制数据完整性可确保数据库中的数据质量。数据完整性一般包括三种类型：域完整性、实体完整性、参照完整性。

5.1.1 域完整性

域完整性又称列完整性，指给定列输入的有效性，即保证指定列的数据具有正确的数据类型、格式和有效的数据范围。实现域完整性可通过定义相应的 CHECK 约束、默认值约束、默认值对象、规则对象等方法来实现。另外，通过为表的列定义数据类型和 NOT NULL 也可以实现域完整性。

例如，KCXX 表中每门课程的学分应在 0~10 之间，为了对学分这一数据项输入的数据范围进行限制，可以在定义 KCXX 表结构的同时通过定义学分的 CHECK 约束来实现。

5.1.2 实体完整性

实体完整性又称行的完整性，用于保证数据表中每一个特定实体的记录都是唯一的。通过索引、UNIQUE 约束、PRIMARY KEY 约束或 IDENTITY 属性可以实现数据的实体完整性。

例如，对于 XSDA 表，学号作为主键，每一个学生的学号都能唯一地标识该学生对应的行记录信息，那么在输入数据时，就不能有相同学号的行记录，通过对学号字段建立 PRIMARY KEY 约束可以实现 XSDA 表的实体完整性。

5.1.3 参照完整性

当增加、修改或删除数据表中的记录时，可以借助参照完整性来保证相关联表之间数据的一致性。参照完整性可以保证主表中数据与从表中数据的一致性。在 SQL Server 2005 中，参照完整性是通过定义外键与主键之间或外键与唯一键之间的对应关系来实现的。参照完整性确保同一键值在所有表中一致。

例如，对于 XS 数据库中的 XSDA 表中的每个学生的学号，在 XSCJ 表中都有相关的课程成绩记录，将 XSDA 表作为主表，学号字段定义为主键，XSCJ 表作为从表，表中的学号字段定义为外键，从而建立主表和从表之间的联系实现参照完整性。

XSDA 表和 XSCJ 表的对应关系如表 5-1 和表 5-2 所示。

表 5-1　XSDA 表

学号（主键）	姓　名	性　别	系　名	总学分
200501	王红	女	信息	60
200502	刘林	男	信息	54

表 5-2　XSCJ 表

学号（外键）	课程编号	成　绩
200501	104	81
200501	108	77
200501	202	89
200501	207	90
200502	104	92
200502	108	95
200502	202	93
200502	207	90

如果定义了两个表之间的参照完整性，则要求：

（1）从表不能引用不存在的键值。例如：对于 XSCJ 表的行记录中出现的学号必须是 XSDA 表中已经存在的学号。

（2）如果主表中的键值更改了，那么在整个数据库中，对从表中该键值的所有引用要进行一致的更改。例如：如果 XSDA 表中的某一学号修改了，XSCJ 表中所有对应学号也要进行相应的修改。

（3）如果主表中没有关联的记录，则不能将记录添加到从表中。

（4）如果要删除主表中的某一记录，应先删除从表中与该记录匹配的相关记录。

5.2 域完整性的实现

SQL Server 提供了多种手段来实现不同类型的数据完整性，以保证数据的正确性、相容性和一致性。通过定义 CHECK 约束、规则、默认值约束、默认值对象等可以实现域完整性。

5.2.1 CHECK 约束

CHECK 约束实际上是字段输入内容的验证规则，表示一个字段的输入内容必须满足 CHECK 约束的条件，若不满足，则数据无法正常输入。

CHECK 约束可以作为表定义的一部分在创建表时创建，也可以添加到现有表中。表和列可以包含多个 CHECK 约束。允许修改或删除现有的 CHECK 约束。

1. 使用 SQL Server Management Studio 定义 CHECK 约束

在 XS 数据库的 XSCJ 表中，学生每门课程的成绩一般在 0~100 的范围内，如果对用户的输入数据要施加这一限制，可以按照如下步骤进行操作。

（1）启动 SQL Server Management Studio，打开 XSCJ 表的表设计器窗口，右击弹出图 5-1 所示的快捷菜单。

图 5-1 表设计器快捷菜单

（2）选择"CHECK 约束"命令，弹出如图 5-2 所示的"CHECK 约束"对话框。

图 5-2 "CHECK 约束"对话框 1

（3）单击"添加"按钮，弹出图 5-3 所示的"CHECK 约束"对话框，在"选定的 CHECK 约束"列表框中显示由系统分配的新约束名。名称以"CK_"开始，后跟表名，可以修改此约束名。在"表达式"框中，可以直接输入约束表达式"成绩>=0 and 成绩<=100"，如图 5-3 所示。也可以单击"表达式"框右侧的"浏览"按钮，弹出图 5-4 所示的"CHECK 约束表达式"对话框，可以在其中编辑表达式。

图 5-3 "CHECK 约束"对话框 2

图 5-4 "CHECK 约束表达式"对话框

（4）如果允许创建的约束用于强制 INSERT 和 UPDATE 及检查原有数据等情况，可以在图 5-3 所示对话框右下方的相应选项中选择"是"。最后，单击"关闭"按钮，则完成了 CHECK 约束的设置。

按上述步骤创建约束后，输入数据时如果成绩不在 0~100 的范围内，系统将报告错误。

如果要删除上述约束，只需进入图 5-3 所示的"CHECK 约束"对话框，在"选定的 CHECK 约束"列表框中选择要删除的约束，然后单击"删除"按钮即可。

注意：对于 TimeStamp 和 Identity 两种类型的字段不能定义 CHECK 约束。

2. 使用 T–SQL 语句在创建表时定义 CHECK 约束

使用 SQL 语句创建表结构时，可以定义 CHECK 约束。

语法格式：

```
CREATE TABLE table_name                 --指定表名
(column_name  datatype  NOT NULL | NULL    --定义列名、数据类型、是否空值
[[CONSTRAINT check_name] CHECK(logical_expression)][,…n])
                                        --定义 CHECK 约束
```

说明：关键字 CHECK 表示定义 CHECK 约束，其后的 logical_expression 是逻辑表达式，称为 CHECK 约束表达式。

【例 5-1】在 XS 数据库中创建学生信息表 XSXX 并定义 CHECK 约束。

```
USE XS
CREATE TABLE XSXX
(
学号 char(6),
姓名 char(8),
性别 char(2) CHECK(性别 IN('男','女')),      --定义 CHECK 约束
入学日期 datetime
)
GO
```

3. 使用 T–SQL 语句在修改表时定义 CHECK 约束

对于已经存在的表，也可以定义 CHECK 约束。在现有表中添加 CHECK 约束时，该约束可以仅作用于新数据，也可以同时作用于已有的数据。

语法格式：

```
ALTER TABLE table_name  [WITH CHECK | WITH NOCHECK]
ADD CONSTRAINT check_name CHECK(logical_expression)
```

说明：关键字 ADD CONSTRAINT 表示在已经定义的 table_name 表中增加一个约束定义，约束名由 check_name 指定，约束表达式为 logical_expression。WITH CHECK 选项表示 CHECK 约束同时作用于已有数据和新数据；当省略该选项取默认设置时，也表示 CHECK 约束同时作用于已有数据和新数据；WITH NOCHECK 选项表示 CHECK 约束仅作用于新数据，对已有数据不强制约束检查。

【例 5-2】通过修改 XS 数据库中的 XSCJ 表，增加成绩字段的 CHECK 约束。

```
USE XS
ALTER TABLE XSCJ
ADD CONSTRAINT CK_CJ CHECK(成绩>=0 and 成绩<=100)
GO
```

100

4. 使用 T-SQL 语句删除 CHECK 约束

语法格式：

```
ALTER TABLE table_name
DROP CONSTRAINT check_name
```

说明：在 table_name 指定的表中，删除名为 check_name 的约束。

【例 5-3】删除 XSCJ 表中的成绩字段的 CHECK 约束。

```
USE XS
ALTER TABLE XSCJ
DROP CONSTRAINT CK_CJ
GO
```

5.2.2 规则

规则是保证域完整性的主要手段，它类似于 CHECK 约束。与 CHECK 约束相比，其执行功能相同。CHECK 约束是使用 ALTER TABLE 或 CREATE TABLE 的 CHECK 关键字创建的，是对列中的值进行限制的首选标准方法（可以对一列或多列定义多个约束）。规则是一种数据库对象，可以绑定到一列或多个列上，还可以绑定到用户定义数据类型上，规则定义之后可以反复使用。

列或用户定义数据类型只能有一个绑定的规则。但是，列可以同时具有规则和多个 CHECK 约束。

规则作为独立的数据库对象，使用时要首先定义，规则定义后只有将其绑定到列或用户定义数据类型后才能生效；不需要时可以先解除绑定，然后删除规则。

1. 定义规则

规则只能利用 T-SQL 语句定义。

语法格式：

```
CREATE RULE rule AS condition_expression
```

说明：参数 rule 是定义的新规则名，规则名必须符合标识符命名规则；参数 condition_expression 是规则的条件表达式，该表达式可为 WHERE 子句中任何有效的表达式，但规则表达式中不能包含列或其他数据库对象，可以包含不引用数据库对象的内置函数，在 condition_expression 条件表达式中包含一个局部变量，使用 UPDATE 或 INSERT 语句修改或插入值时，该表达式用于对规则关联的列值进行约束。定义规则时，一般使用局部变量表示 UPDATE 或 INSERT 语句输入的值。另外有如下几点需要说明：

（1）定义的规则对先前已存在于数据库中的数据无效。

（2）在单个批处理中，CREATE RULE 语句不能与其他 T-SQL 语句组合使用。

（3）规则表达式的类型必须与列的数据类型兼容，不能将规则绑定到 text、image、timestamp 列。要用单引号将字符和日期常量括起来，在十六进制常量前加 0x。

（4）对于用户定义数据类型，当在该类型的数据列中插入值，或更新该类型的数据列时，绑定到该类型的规则才会激活。规则不检验变量，所以在向用户定义数据类型的变量赋值时，不能与列绑定的规则冲突。

（5）如果列同时有默认值和规则与之关联，则默认值必须满足规则的定义，与规则冲突的默认值不能插入列。

2. 绑定规则

规则定义之后，需要将其绑定到列或用户定义数据类型后才能起作用。当向绑定了规则的列或使用绑定规则的用户定义数据类型的所有列插入或更新数据时，新的数据必须符合规则。绑定规则一般是通过 T-SQL 语句实现，在 SQL Server Management Studio 下规则只能绑定到用户定义数据类型，方法类似于默认值的绑定，在此不再赘述。

语法格式：

```
sp_bindrule [@rulename=]'rule',
[@objname=]'object_name'
[,[@futureonly=]'futureonly_flag']
```

说明：参数 rule 为 CREATE RULE 语句创建的规则名，要用单引号括起来；参数 object_name 是绑定到规则的列或用户定义数据类型，如果 object_name 采用"表名.字段名"的格式，则认为绑定到表的列，否则绑定到用户定义数据类型；参数 futureonly_flag 仅当将规则绑定到用户定义数据类型时才使用。futureonly_flag 的默认值为 NULL，如果 futureonly_flag 为 NULL，那么新规则将绑定到用户定义数据类型的每一列，条件是此数据类型当前无规则或者使用用户定义数据类型的现有规则；如果 futureonly_flag 设置为' futureonly'，那么这个规则只可用于用户定义数据类型的新列，现有列将不继承新规则。

【例 5-4】定义一个规则，用以限制数据输入模式。例如：对于 KCXX 表的课程编号列，如果规定课程编号的第 1 位代表开课学期（输入时只能选 1~6），后 2 位代表课程序号（输入时只能选 0~9）。按此要求定义一个规则，并绑定到 KCXX 表的课程编号列，用于限制课程编号的输入。

```
USE XS
GO                    --此处加 GO 是因为 CREATE RULE 必须是批查询中的第一条语句
CREATE RULE kcbh_rule AS @range like '[1-6][0-9][0-9]'
GO
USE XS
EXEC sp_bindrule 'kcbh_rule','KCXX.课程编号'
GO
```

【例 5-5】定义一个规则，用以限制数据输入的范围。例如：对于 XSCJ 表的成绩列，规定成绩只能输入 0~100 之间的数。按此要求定义一个规则，并绑定到 XSCJ 表的成绩列，用于限制成绩的输入。

```
USE XS
GO
CREATE RULE cj_rule AS @score >=0 and  @score<=100
GO
USE XS
EXEC sp_bindrule 'cj_rule','XSCJ.成绩'
GO
```

【例 5-6】定义一个规则，用以限制输入到该规则所绑定的列中的值只能是该规则中列出的值。例如：对于 XSDA 表的系名列，规定系名只能输入"信息"、"管理"、"机械"、"电气"中的值。按此要求定义一个规则，并绑定到 XSDA 表的系名列，用于限制系名的输入。

```
USE XS
GO
CREATE RULE xm_rule AS @name IN('信息','管理','机械','电气')
```

```
GO
USE XS
EXEC sp_bindrule 'xm_rule','XSDA.系名'
GO
```

【**例 5-7**】如下程序定义一个用户定义数据类型 course_num，然后将前面定义的规则 kcbh_rule 绑定到该用户定义数据类型上，最后创建表 KCXX1，其课程编号的数据类型为 course_num。

```
USE XS
EXEC sp_addtype 'course_num','char(3)','NOT NULL'
EXEC sp_bindrule 'kcbh_rule','course_num'
GO
create table KCXX1
(
课程编号 course_num,
课程名称 char(16) not null,
学分 tinyint
)
GO
```

3. 解除绑定

如果要删除规则，首先应先解除规则与列或用户定义数据类型之间的绑定关系，然后才能删除规则。

（1）使用 SQL Server Management Studio 解除绑定。使用 SQL Server Management Studio 解除绑定的方法，类似于绑定操作。只适用于用户定义数据类型，方法如下：

① 打开 SQL Server Management Studio，依次展开 XS 数据库→"可编程性"→"类型"→"用户定义数据类型"结点。

② 选中要解除绑定的类型，右击并选择"属性"命令，进入"用户定义数据类型"界面，删除规则，单击"确定"按钮完成。

（2）使用 T-SQL 语句解除绑定。解除绑定主要使用 T-SQL 语句实现。

语法格式：

```
sp_unbindrule [@objname=]'object_name'
[,[@futureonly=]'futureonly_flag']
```

说明：参数 object_name 用于指定解除规则绑定的列或者用户定义数据类型名。如果 object_name 是"表名.字段名"格式，则 object_name 为表中的列，否则 object_name 为用户定义数据类型。为用户定义数据类型解除规则绑定时，所有属于该数据类型并具有相同规则的列也同时解除规则绑定。对属于该数据类型的列，如果其规则直接绑定到列上，则该列不受影响。参数 futureonly_flag 仅用于解除用户定义数据类型规则的绑定，当参数 futureonly_flag 取值为 futureonly 时，规则仍然对现有的属于该数据类型的列有效。

4. 删除规则

在解除列或用户定义数据类型与规则之间的绑定关系后，就可以删除规则了。

语法格式：

第5章 数据完整性

```
DROP RULE {rule}[,…n]
```

说明：参数 rule 指定删除的规则名，可以包含规则所有者名；参数 n 表示可以指定多个规则同时删除。

【例 5-8】 解除课程编号列与规则 kcbh_rule 之间的绑定关系。

```
USE XS
IF EXISTS(SELECT name
          FROM sysobjects
          WHERE name='kcbh_rule' AND type='R')
  BEGIN
    EXEC sp_unbindrule 'KCXX.课程编号'
  END
GO
```

【例 5-9】 解除用户定义数据类型 course_num 与规则 kcbh_rule 之间的绑定关系，并删除规则 kcbh_rule。

```
USE XS
IF EXISTS(SELECT name
          FROM sysobjects
          WHERE name='kcbh_rule' AND type='R')
  BEGIN
    EXEC sp_unbindrule 'course_num'
    DROP RULE kcbh_rule
  END
GO
```

执行 DROP RULE 命令时，如果规则没有绑定到列或用户定义数据类型，将显示命令成功完成信息；如果有绑定，则显示无法删除信息。解决方法是先解除绑定，再删除。可以通过对象资源管理器找到规则名，右击并选择"查看依赖关系"命令，即可看到有哪些列或用户定义数据类型绑定了规则。

5.2.3 默认值约束及默认值对象

对于某些字段，可以为其定义默认值，以方便用户的使用。一个字段的默认值的建立可通过如下两种方式实现：

（1）在创建表或修改表时，定义默认值约束。

（2）先定义默认值对象，然后将该对象绑定到表的相应字段或用户定义数据类型上。

1. 默认值约束的定义及删除

默认值约束是在用户未提供某些列的数据时，数据库系统为用户提供的默认值，从而简化应用程序代码和提高系统性能。

表的每一列都可包含一个默认值定义。可以修改或删除现有的默认值定义。默认值必须与默认定义适用的列的数据类型相一致，每一列只能定义一个默认值。

（1）定义默认值约束。在创建表或修改表时，可以定义一个字段的默认值约束。默认值约束的定义可以通过 SQL Server Management Studio 实现（前面的章节已经介绍过，这里不再赘述），也可以通过 T-SQL 语句来实现。下面介绍如何使用 T-SQL 语句定义一个字段的默认值约束。

① 在创建表时定义默认值约束

语法格式：

```
CREATE TABLE table_name                --指定表名
(column_name datatype NOT NULL | NULL --定义列名、数据类型、是否空值
[CONSTRAINT default_name][DEFAULT constraint_expression] [,…n])
                                       --定义默认值约束
```

说明：table_name 为创建的表名，column_name 为列名，datatype 为对应列的数据类型；DEFAULT 关键字表示其后的 constraint_expression 表达式为默认值约束表达式，此表达式只能是常量、系统函数或 NULL。对于 timestamp 或带 IDENTITY 属性的字段不能定义默认值约束。参数 n 表示可定义多个数据字段。

【例 5-10】在创建表时定义一个字段的默认值约束。

```
USE XS
CREATE TABLE XSDA1
(
学号 char(6) NOT NULL,
姓名 char(6) NOT NULL,
专业名 char(10) NULL,
性别 char(2) NOT NULL DEFAULT '男'
)
GO
```

下列程序实现的功能与上例相同，但在定义默认值约束的同时指定了约束名。

```
USE XS
CREATE TABLE XSDA1
(
学号 char(6) NOT NULL,
姓名 char(6) NOT NULL,
专业名 char(10) NULL,
性别 char(2) NOT NULL CONSTRAINT sexdflt DEFAULT '男'
)
GO
```

② 在修改表时定义默认值约束。在修改表时定义默认值约束有两种情况：一是对表中已存在的列添加默认值约束；二是对表增加新列时，定义新列的默认值约束。

语法格式 1：

```
ALTER TABLE table_name                 --指定表名
ADD[CONSTRAINT default_name][DEFAULT constraint_expression]FOR
column_name [,…n]                      --对已存在的列添加默认值约束
```

说明：此格式是对表中已存在的列添加默认值约束。

语法格式 2：

```
ALTER TABLE table_name                 --指定表名
```

```
ADD column_name datatype NOT NULL | NULL
                    --为增加的新列定义列名、数据类型、是否空值
[CONSTRAINT default_name][DEFAULT constraint_expression] [,…n]
                                    --定义默认值约束
```

说明：此格式是对表增加新列时定义默认值约束。

【例 5-11】在修改表时为 XSDA 表中已存在的列"民族"定义默认值约束"汉族"。

```
USE XS
ALTER TABLE XSDA
ADD DEFAULT '汉族' FOR 民族
GO
```

【例 5-12】在修改表时通过增加一个新字段，定义默认值约束。

```
USE XS
ALTER TABLE XSDA1
ADD 政治面貌 char(4) NOT NULL CONSTRAINT zzmmdflt DEFAULT '团员' WITH VALUES
GO
```

说明：WITH VALUES 仅用在对表添加新列的情况下。如果添加的新列允许空值，若使用了 WITH VALUES，则将为表中各现有行添加的新字段提供默认值；如果没有使用 WITH VALUES，那么每一行的新列中都将为 NULL 值；如果添加的新列不允许空值，则不论是否有 WITH VALUES 选项，那么表中各现有行添加的新字段都将取上述默认值。

（2）删除默认值约束。默认值约束可以在 SQL Server Management Studio 中删除。如果已知一个默认值约束的约束名，也可以通过 T-SQL 语句进行删除，其使用方法如下例所示。

【例 5-13】删除上例定义的默认值约束。

```
USE XS
ALTER TABLE XSDA1
DROP CONSTRAINT zzmmdflt
GO
```

2. 默认值对象的定义、使用及删除

默认值对象是一种数据库对象，可以被绑定到一个或多个列上，还可以绑定到用户定义数据类型上。当某个默认值对象定义后，可以反复使用。当向表中插入数据时，如果绑定有默认值的列或者用户定义数据类型没有明确提供值，那么就将以默认值指定的数据插入。定义的默认值必须与所绑定列的数据类型一致。

默认值对象的执行与前面所讲的默认值约束功能相同，默认值约束的定义和表存储在一起，当删除表时，将自动删除默认值约束。默认值约束是限制列数据的首选标准方法。然而，当在多个列中，特别是不同表中的列中多次使用默认值时，适合采用默认值对象技术。要使用默认值对象，首先要定义默认值对象，然后将其绑定到指定列或用户定义数据类型上。当取消默认值时，要先解除绑定，再删除默认值。

（1）定义默认值对象。默认值对象的定义只能通过 T-SQL 语句实现。

语法格式：

```
CREATE DEFAULT default
AS constant_expression
```

说明：CREATE DEFAULT 关键字表示创建一个名为 default 的默认值对象，默认值对象名必须符合标识符规则，可以包含默认值对象所有者名。约束表达式 constant_expression 只能是常量表达式（不能包含字段名或其他数据库对象的名称），可以含有常量、内置函数，字符和日期常量用单引号括起来；货币、整数和浮点常量不需要使用引号。十六进制数据必须以 0x 开头，货币数据必须以美元符号（$）开头。默认值对象必须与列数据类型兼容。

【例 5-14】定义默认值对象，设置其默认值为"汉族"。

```
USE XS
GO
CREATE DEFAULT mz_default AS '汉族'        --该语句必须是批查询中的第一条语句
GO
```

（2）绑定默认值对象。默认值对象定义之后，需要将其绑定到列或用户定义数据类型上才能生效。

① 使用 SQL Server Management Studio 绑定默认值对象。

将【例 5-14】定义的默认值对象 mz_default 绑定到 XSDA 表的"民族"字段上，方法如下：

- 启动 SQL Server Management Studio，打开 XS 数据库中要绑定默认值对象的 XSDA 表的表设计器。
- 选中要绑定的列"民族"，在列属性下的"默认值或绑定"对应设置下拉列表中选择默认值对象 dbo.mz_default，如图 5-5 所示。

图 5-5　绑定默认值对象到列

- 设置完毕后，单击"关闭"按钮，保存设置。

如果是绑定到用户定义数据类型，方法又有所不同。例如，将上述默认值对象 mz_default 绑定到用户定义数据类型 mz1 上。方法如下：

● 依次展开 XS 数据库→"可编程性"→"类型"→"用户定义数据类型"结点，如图 5-6 所示。

图 5-6 绑定默认值对象到用户定义数据类型

● 选中要绑定的用户定义数据类型，右击并选择"属性"命令，进入"用户定义数据类型"窗口，如图 5-7 所示；如果类型不存在，则选择"新建用户定义数据类型"命令。

图 5-7 用户定义数据类型

- 在"名称"文本框中显示要绑定的用户定义数据类型的名称，单击"默认值"右边的按钮，弹出"选择对象"对话框，如图 5-8 所示。

图 5-8　"选择对象"对话框

- 单击"浏览"按钮，弹出"查找对象"对话框，如图 5-9 所示。选择默认值对象。
- 单击"确定"按钮，返回图 5-8 所示对话框，再单击"确定"按钮，设置完毕。

当定义了绑定有默认值对象的用户定义数据类型后，再创建表时，如果某个列应用了该类型，默认值也将生效。

图 5-9　"查找对象"对话框

② 使用 T-SQL 语句绑定默认值对象。创建默认值对象后，要使其起作用，应使用 sp_bindefault 存储过程将其绑定到列或用户定义数据类型上。

语法格式：

```
sp_bindefault[@defname=]'default',
[@objname=]'object_name'
[,[@futureonly=]'futureonly_flag']
```

说明：参数 default 指定由 CREATE DEFAULT 语句创建的默认值对象名，要用单引号括起来；参数 object_name 指定准备绑定默认值对象的表的列名（格式为：表名.字段名）或用户定义的数据类型名，object_name 要用单引号括起来。不能将默认值对象绑定到 timestamp 数据类型的列、带 IDENTITY 属性的列或者已经有 DEFAULT 约束的列；参数 futureonly_flag

仅在将默认值对象绑定到用户定义数据类型时才使用，默认值为 NULL。当 futureonly_flag 的值为 futureonly 时，表示在此之前，该数据类型关联的列不继承该默认值对象的值；如果 futureonly_flag 为 NULL，那么新默认值将绑定到用户定义数据类型的任一列，条件是此数据类型当前无默认值或者使用用户定义数据类型的现有默认值。

【例 5-15】对于 XSDA 表中的"民族"字段通过定义默认值对象，实现默认值设置为"汉族"。

```
USE XS
GO
CREATE DEFAULT mz_default AS '汉族'
GO
USE XS
EXEC sp_bindefault 'mz_default1','XSDA.民族'
GO
```

【例 5-16】在 XS 数据库中创建名为 rxdate 的默认值对象（取值为当前系统日期），然后将其绑定到 XSXX 表（【例 5-1】中创建）的入学日期列。

```
USE XS
GO
CREATE DEFAULT rxdate AS getdate()
GO
USE XS
EXEC sp_bindefault 'rxdate','XSXX.入学日期'
GO
```

【例 5-17】在 XS 数据库中定义一个名为 sex 的用户定义数据类型，然后定义默认值对象 xb_default，并将其绑定到用户定义数据类型 sex 中。

```
--定义用户定义数据类型 sex
USE XS
EXEC sp_addtype sex,'char(2)','NULL'
GO
--定义默认值对象 xb_default
CREATE DEFAULT xb_default AS '男'
GO
--将默认值对象 xb_default 绑定到 sex 数据类型
USE XS
EXEC sp_bindefault 'xb_default','sex'
GO
```

在创建表时，所有指派了用户定义数据类型 sex 的列都将继承默认值对象的值，除非在列上直接绑定了默认值。绑定到列的默认值始终优先于绑定到数据类型的默认值。

（3）解除绑定。如果要删除一个默认值对象，首先应解除默认值对象与用户定义数据类型及表字段的绑定关系，然后才能删除该默认值对象。

绑定关系的解除可以在 SQL Server Management Studio 中实现，也可以通过 SQL 语句实现。

① 使用 SQL Server Management Studio 解除绑定关系。在 SQL Server Management Studio 中解除绑定的方法，类似于绑定的操作，如果是解除绑定列，方法如下：

- 启动 SQL Server Management Studio，打开数据库中绑定默认值对象的表的表设计器，如图 5-5 所示。
- 选中要解除绑定的列，在列属性下的"默认值或绑定列"对应设置下，删除所选默认值对象。单击"关闭"按钮，保存设置。

如果是解除绑定到用户定义数据类型的默认值对象，方法如下：

- 依次展开数据库→"可编程性"→"类型"→"用户定义数据类型"结点，选中要解除绑定的用户定义数据类型，如图 5-6 所示。
- 右击并选择"属性"命令，进入"用户定义数据类型"窗口，如图 5-7 所示。删除默认值对象，单击"确定"按钮。

② 使用 T-SQL 语句解除绑定关系。

语法格式：

```
sp_unbindefault [@objname=]'object_name'
[,[@futureonly=]'futureonly_flag']
```

说明：参数 object_name 为要解除默认值对象绑定关系的字段名（格式为：表名.字段名）或用户定义数据类型名。用户定义数据类型与默认值对象的绑定关系解除后，所有属于该类型的列也同时解除默认值绑定；参数 futureonly_flag 仅用于解除用户定义数据类型默认值的绑定。当参数 futureonly_flag 为 futureonly 时，现有的属于该数据类型的列默认值不变。

（4）删除默认值对象。解除默认值对象与用户定义数据类型及表字段的绑定关系后，即可删除默认值对象。

① 使用 SQL Server Management Studio 删除默认值对象。

- 启动 SQL Server Management Studio，依次展开数据库→"可编程性"→"默认值"结点，选中要删除的默认值对象名。
- 右击并选择"删除"命令，进入"删除对象"窗口，单击"确定"按钮即可。

② 使用 T-SQL 语句删除默认值对象。

语法格式：

```
DROP DEFAULT {default}[,…n]
```

说明：参数 default 为现有默认值对象名；参数 n 表示可以指定多个默认值对象同时删除。DROP DEFAULT 语句不适用于 DEFAULT 约束。

【例 5-18】解除默认值对象 xb_default 与用户定义数据类型 sex 的绑定关系，然后删除名为 xb_default 的默认值对象。

```
USE XS
IF EXISTS(SELECT name
          FROM sysobjects
          WHERE name='xb_default' AND type='D')
    BEGIN
        EXEC sp_unbindefault 'sex'
        DROP DEFAULT xb_default
```

第 5 章　数据完整性

```
    END
GO
```

默认值约束与默认值对象的区别：默认值约束是在一个表内针对某一个字段定义的，仅对该字段有效；默认值对象是数据库对象之一，在一个数据库内定义，可绑定到一个用户定义数据类型或库中某个表的字段。

5.3 实体完整性的实现

实体完整性可以通过索引、PRIMARY KEY 约束、UNIQUE 约束或 IDENTITY 属性来实现，下面主要讲述 PRIMARY KEY 约束和 UNIQUE 约束的使用。

5.3.1 PRIMARY KEY 约束

PRIMARY KEY 约束可以在表中定义一个主键，来唯一地标识表中的行。主键可以是一列或列组合，PRIMARY KEY 约束中的列不能取空值和重复值，如果 PRIMARY KEY 约束是由多列组合定义的，则某一列的值可以重复，但 PRIMARY KEY 约束定义中所有列的组合值必须唯一。一个表只能有一个 PRIMARY KEY 约束，而且每个表都应有一个主键。

由于 PRIMARY KEY 约束能确保数据的唯一，所以经常用来定义标识列。当为表定义 PRIMARY KEY 约束时，SQL Server 2005 为主键列创建唯一索引，实现数据的唯一性。在查询中使用主键时，该索引可用来对数据进行快速访问。

如果已有 PRIMARY KEY 约束，则可对其进行修改或删除。但要修改 PRIMARY KEY 约束，必须先删除现有的 PRIMARY KEY 约束，然后再用新定义重新创建。

当向表中的现有列添加 PRIMARY KEY 约束时，SQL Server 2005 检查列中现有的数据以确保现有数据遵从主键的规则（无空值和重复值）。如果 PRIMARY KEY 约束添加到具有空值或重复值的列上，SQL SERVER 将不执行该操作并返回错误信息。

当 PRIMARY KEY 约束由另一表的 FOREIGN KEY 约束引用时，不能删除被引用的 PRIMARY KEY 约束，要删除它，必须先删除引用的 FOREIGN KEY 约束。

另外，image、text 数据类型的字段不能设置为主键。

1. 使用 SQL Server Management Studio 定义和删除 PRIMARY KEY 约束

如果要对 XSDA 表按学号字段建立 PRIMARY KEY 约束，方法如下：

打开 XSDA 表的表设计器，选定"学号"对应的这一行，右击并在弹出的快捷菜单中选择"设置主键"命令，这时选定行的左边显示一个黄色的钥匙符号，表示已经设为主键，如图 5-10 所示。取消主键与设置主键的方法相同，这时在快捷菜单的相同位置上出现的是"移除主键"命令，选择"移除主键"命令即可。

如果主键由多列组成，可以先选中这些列，然后再设置主键图标。选择多列的方法是：按住 Ctrl 键再单击相应的列，如果列是连续的也可以按住 Shift 键单击第一列及最后列。

图 5-10　为 XSDA 表的学号列设置主键

2. 使用 T-SQL 语句定义和删除 PRIMARY KEY 约束

可以使用 T-SQL 语句定义和删除 PRIMARY KEY 约束。

（1）创建表时定义 PRIMARY KEY 约束。

语法格式：

```
CREATE TABLE table_name                    --指定表名
(column_name datatype NOT NULL| NULL       --定义列名、数据类型、是否空值
[CONSTRAINT constraint_name]               --指定约束名
PRIMARY KEY                                 --定义约束类型
[CLUSTERED | NONCLUSTERED]                  --定义约束的索引类型
```

【例 5-19】创建 XSDA2 表时对学号字段创建 PRIMARY KEY 约束。

```
USE XS
CREATE  TABLE  XSDA2
(
学号 char(6) NOT NULL CONSTRAINT xh_pk PRIMARY KEY,
姓名 char(8)  NOT  NULL,
性别 char(2) NOT NULL,
系名 char(10) NOT NULL,
出生日期 smalldatetime NOT NULL,
民族 char(4) NOT NULL
)
GO
```

（2）修改表时定义 PRIMARY KEY 约束。

语法格式：

```
ALTER TABLE table_name
ADD [CONSTRAINT constraint_name] PRIMARY KEY
```

```
[CLUSTERED | NONCLUSTERED]
（column）
```

说明：ADD CONSTRAINT 关键字用于说明对 table_name 表增加一个约束，约束名由 constraint_name 指定，约束类型为 PRIMARY KEY；索引字段由 column 参数指定。创建的索引类型由关键字 CLUSTERED、NONCLUSTERED 指定。

【例 5-20】假设已经在 XS 数据库中创建了 KCXX 表，然后通过修改表，对课程编号字段创建 PRIMARY KEY 约束。

```
USE XS
ALTER TABLE KCXX
ADD CONSTRAINT kcbh_pk PRIMARY KEY CLUSTERED(课程编号)
GO
```

（3）删除 PRIMARY KEY 约束。

语法格式：

```
ALTER TABLE table_name
DROP CONSTRAINT constraint_name[,…n]
```

【例 5-21】删除【例 5-20】中创建的 PRIMARY KEY 约束 kcbh_pk。

```
USE XS
ALTER TABLE KCXX
DROP CONSTRAINT kcbh_pk
GO
```

5.3.2　UNIQUE 约束

如果要确保一个表中的非主键列不输入重复值，应在该列上定义 UNIQUE 约束（唯一约束）。在允许空值的列上保证唯一性时，应使用 UNIQUE 约束而不是 PRIMARY KEY 约束，不过在该列中只允许有一个 NULL 值。FOREIGN KEY 约束也可引用 UNIQUE 约束。

PRIMARY KEY 约束与 UNIQUE 约束的主要区别如下：

（1）一个数据表只能定义一个 PRIMARY KEY 约束，但一个表中可根据需要对不同的列定义若干个 UNIQUE 约束。

（2）PRIMARY KEY 字段的值不允许为 NULL，而 UNIQUE 字段的值可取 NULL。

（3）一般创建 PRIMARY KEY 约束时，系统会自动产生索引，索引的默认类型为簇索引。创建 UNIQUE 约束时，系统会自动产生一个 UNIQUE 索引，索引的默认类型为非簇索引。

PRIMARY KEY 约束与 UNIQUE 约束的相同点在于：二者均不允许表中对应字段存在重复值。

1. 使用 SQL Server Management Studio 定义和删除 UNIQUE 约束

假设已经为 XSDA 表增加了一个字段：身份证号码　char(18)。并且已经为表中原有的记录输入了不同的身份证号码。要求对"身份证号码"列创建 UNIQUE 约束，以保证该列取值的唯一性，方法如下：

（1）启动 SQL Server Management Studio，打开 XSDA 表的表设计器，在表设计器中右击，弹出图 5-10 所示的快捷菜单。

（2）在快捷菜单中选择"索引/键"命令，弹出"索引/键"对话框，在此对话框中单击"添加"按钮，在"类型"下拉列表中选择"唯一键"，在"列"下拉列表中选择"身份证号码"，如图 5-11 所示，然后单击"关闭"按钮，完成指定列的唯一性约束设置。

图 5-11　在"索引/键"对话框中设置 UNIQUE 约束

若要删除刚才创建的 UNIQUE 约束，只需进入图 5-11 所示的"索引/键"对话框中，在"选定的主/唯一键或索引"列表框中选择要删除的 UNIQUE 约束的索引名，再单击"删除"按钮，即删除了指定的 UNIQUE 约束。

2. 使用 T-SQL 语句定义和删除 UNIQUE 约束

可以使用 T-SQL 语句定义和删除 UNIQUE 约束。

（1）创建表时定义 UNIQUE 约束。

语法格式：

```
CREATE TABLE table_name                --指定表名
(column_name datatype NOT NULL| NULL   --定义列名、数据类型、是否空值
[CONSTRAINT constraint_name]           --指定约束名
UNIQUE                                 --定义约束类型
[CLUSTERED | NONCLUSTERED]             --定义约束的索引类型
[,…n])                                 --n 表示可定义多个字段
```

【例 5-22】在创建 XSDA3 表时对身份证号码字段定义 UNIQUE 约束。

```
USE XS
CREATE  TABLE  XSDA3
(
学号 char(6) NOT NULL CONSTRAINT xh1_pk PRIMARY KEY,
姓名 char(8)  NOT  NULL,
性别 char(2) NOT NULL,
身份证号码 char(18) CONSTRAINT sfzhm_uk UNIQUE,
系名 char(10) NOT NULL,
出生日期 smalldatetime NOT NULL,
```

第 5 章　数据完整性

民族 char(4) NOT NULL
)
GO
（2）修改表时定义 UNIQUE 约束。

语法格式：

```
ALTER TABLE table_name
ADD [CONSTRAINT constraint_name] UNIQUE
[CLUSTERED | NONCLUSTERED]
（column[,…n]）
```

说明：各项参数的说明同上述的 PRIMARY KEY 约束。

【例 5-23】给 KCXX 表中的课程编号字段定义 UNIQUE 约束。

```
USE XS
ALTER TABLE KCXX
ADD CONSTRAINT kcbh_uk UNIQUE NONCLUSTERED （课程编号）
GO
```

（3）删除 UNIQUE 约束。

语法格式：

```
ALTER TABLE table_name
DROP CONSTRAINT constraint_name[,…n]
```

【例 5-24】删除【例 5-23】中创建的 UNIQUE 约束。

```
USE XS
ALTER TABLE KCXX
DROP CONSTRAINT kcbh_uk
GO
```

5.4 参照完整性的实现

对两个相关联的表（主表与从表）进行数据插入和删除时，通过参照完整性保证它们之间数据的一致性。

利用 FOREIGN KEY 定义从表的外键，利用 PRIMARY KEY 或 UNIQUE 约束定义主表的主键或唯一键（不允许为空），可实现主表与从表之间的参照完整性。

定义表间参照关系：先定义主表主键约束（或唯一键约束），再对从表定义外键约束。

1. 使用 SQL Server Management Studio 定义表间的参照关系

例如，要建立 XSDA 表与 XSCJ 表之间的参照关系，方法如下：

（1）首先定义主表的主键，在此定义 XSDA 表中学号字段为主键。

（2）依次展开 SQL Server Management Studio 目录树中的 XS 数据库→"数据库关系图"，右击弹出图 5-12 所示的快捷菜单。

（3）在快捷菜单中选择"新建数据库关系图"命令，弹出图 5-13 所示的"添加表"对话框，从可用表中选择要添加到关系图中的表，本例中选择了 XSDA 表与 XSCJ 表。

图 5-12 新建关系图的快捷菜单

图 5-13 "添加表"对话框

（4）单击"添加"按钮，然后单击"关闭"按钮，如图 5-14 所示的关系图界面。

（5）在关系图上，将鼠标指向主表的主键并拖动到从表。对于本例，将 XSDA 表中的学号字段拖动到从表 XSCJ，出现图 5-15 所示的"表和列"对话框，在此对话框中，选择主表中的主键及从表中的外键，然后单击"确定"按钮，进入图 5-16 所示的"外键关系" 对话框。

图 5-14 关系图界面

图 5-15 "表和列"对话框

图 5-16 "外键关系"对话框

（6）关闭图 5-16 所示的对话框，并根据提示，将关系图的有关信息存盘，即创建了主表与从表之间的参照关系。

读者可在主表和从表中插入或删除相关数据，验证它们之间的参照关系。

另外，在 SQL Server Management Studio 中，也可以右击主表或从表的表设计器，在快捷菜单中选择"关系"命令，单击"添加"按钮，然后通过单击"表和列规范"右侧的按钮，在弹出的"表和列"对话框中定义主表和从表之间的参照关系。

为了提高查询效率，在定义主表与从表间的参照关系前，可考虑先对从表的外键定义索引，然后再定义主表与从表间的参照关系。

2. 使用 SQL Server Management Studio 删除表间的参照关系

如果要删除前面建立的 XSDA 表与 XSCJ 表之间的参照关系，可按照以下步骤进行：

（1）打开 XSDA 表的表设计器，右击弹出快捷菜单如图 5-17 所示。

图 5-17　表设计器的快捷菜单

（2）在快捷菜单中选择"关系"命令，出现图 5-16 所示的"外键关系"对话框。

（3）在"外键关系"对话框的"选定的关系"列表框中选择要删除的关系，然后单击"删除"按钮，再单击"关闭"按钮。即可删除参照关系。

3. 使用 T-SQL 语句定义表间的参照关系

定义表间参照关系，需要先定义主表主键（或唯一键），再对从表定义外键约束。前面已经介绍了定义主键（PRIMARY KEY 约束）及唯一键（UNIQUE 约束）的方法，在此将介绍通过 SQL 命令定义外键的方法。

（1）创建表时定义外键约束。

语法格式：

```
CREATE TABLE table_name                  --指定表名
(column_name  datatype [CONSTRAINT constraint_name] [FOREIGN KEY]
```

```
REFERENCES ref_table (ref_column) [ON DELETE CASCADE|ON UPDATE CASCADE]
)
```

说明：参数 table_name 为所建从表的表名；column_name 为定义的字段名；字段类型由参数 datatype 指定；关键字 FOREIGN KEY 指明该字段为外键，并且该外键与参数 ref_table 指定的主表中的主键对应，主表中主键字段由参数 ref_column 指定。ON DELETE CASCADE 表示级联删除，当在主键表中删除外键引用的主键记录时，为防止孤立外键的产生，将同时删除外键表中引用它的外键记录；ON UPDATE CASCADE 表示级联更新，当在主键表中更新外键引用的主键记录时，外键表中引用它的外键记录也一起被更新。

【例 5-25】在 XS 数据库中创建主表 XSDA4，定义"XSDA4.学号"为主键，然后创建从表 XSCJ4，定义"XSCJ4.学号"为外键。

```
--定义主键
USE XS
CREATE  TABLE  XSDA4
(
学号 char(6) NOT NULL CONSTRAINT xh_pk PRIMARY KEY,
姓名 char(8)  NOT  NULL,
性别 char(2) NOT NULL,
系名 char(10) NOT NULL,
出生日期 smalldatetime NOT NULL,
民族 char(4) NOT NULL,
总学分 tinyint NULL,
备注 text NULL
)
GO
--定义外键
CREATE TABLE XSCJ4
(
学号 char(6) NOT NULL FOREIGN KEY REFERENCES XSDA4(学号) ON UPDATE CASCADE,
课程编号 char(3) NOT NULL,
成绩 tinyint
)
```

（2）修改表时定义外键约束。

语法格式：

```
ALTER TABLE table_name
ADD[CONSTRAINT constraint_name]
FOREIGN KEY(column[,…n])
REFERENCES ref_table(ref_column[,…n])
[ON DELETE CASCADE|ON UPDATE CASCADE]
```

说明：参数 table_name 指定被修改的从表名；column 为从表中外键的列名，当外键由多列组合时列之间用逗号分隔；ref_table 为主表的表名；ref_column 为主表中主键的列名，当主键由多列组合时，列名之间用逗号分隔；n 表示可指定多列。

第 5 章　数据完整性

119

【例 5-26】假设 XS 数据库中 KCXX 表为主表，"KCXX.课程编号"字段已经定义为主键，XSCJ 表为从表，要求将"XSCJ.课程编号"字段定义为外键。

```
USE XS
ALTER TABLE XSCJ
ADD CONSTRAINT kc_foreign
FOREIGN KEY(课程编号)
REFERENCES KCXX(课程编号)
GO
```

4. 使用 T-SQL 语句删除表间的参照关系

删除表间的参照关系，实际上删除从表的外键约束即可。语法格式与前面其他约束删除的格式相同。

【例 5-27】删除上例对"XSCJ.课程编号"字段定义的外键约束。

```
USE XS
ALTER TABLE XSCJ
DROP CONSTRAINT kc_foreign
GO
```

小 结

本章主要介绍了数据完整性技术，内容包括：数据完整性的概念、分类及域完整性、实体完整性、参照完整性的实现。需要掌握的主要内容如下：

（1）数据完整性的概念：数据完整性用于保证数据库中的数据在逻辑上的一致性、正确性和可靠性。强制数据完整性可确保数据库中的数据质量。

（2）数据完整性一般包括三种类型：域完整性、实体完整性、参照完整性。

（3）域完整性的实现：域完整性是指给定列输入的有效性，即保证指定列输入的数据具有正确的数据类型、格式和有效的数据范围。实现域完整性可通过定义相应的 CHECK 约束、默认值约束、默认值对象、规则对象等方法来实现。

① CHECK 约束：是字段输入内容的验证规则。通过 ALTER TABLE 或 CREATE TABLE 的 CHECK 关键字创建，是对列中的值进行限制的首选标准方法（可以对一列或多列定义多个约束）。

② 规则：规则是一种数据库对象，可以绑定到一列或多个列上，还可以绑定到用户定义数据类型上，规则定义之后可以反复使用。列或用户定义数据类型只能有一个绑定的规则。但是，列可以同时具有规则和多个 CHECK 约束。规则作为独立的数据库对象，使用它要首先定义，然后绑定到列或用户定义数据类型；不需要时要先解除绑定，然后删除规则。

③ 默认值约束：在创建表或修改表时，可以定义默认值约束。

④ 默认值对象：先定义默认值对象，然后将该默认值对象绑定到表的相应字段上或用户定义数据类型上。不需要时要先解除绑定，然后删除默认值对象。

（4）实体完整性的实现：实体完整性是用于保证数据表中每一个特定实体的记录都是唯一的。通过索引、UNIQUE 约束、PRIMARY KEY 约束或 IDENTITY 属性可以实现数据的实体完整性。

　　① PRIMARY KEY 约束：PRIMARY KEY 约束可以在表中定义一个主键，来唯一地标识表中的行。主键可以是一列或列组合，PRIMARY KEY 约束中的列不能取空值和重复值。一个表只能有一个 PRIMARY KEY 约束，而且每个表都应有一个主键。

　　② UNIQUE 约束：UNIQUE 约束可以确保一个表中的非主键列不输入重复值，在允许空值的列上保证唯一性时，应使用 UNIQUE 约束而不是 PRIMARY KEY 约束。

　　（5）参照完整性的实现：对两个相关联的表（主表与从表）进行数据更新和删除时，通过参照完整性保证它们之间数据的一致性。

　　先利用 PRIMARY KEY 或 UNIQUE 约束定义主表的主键或唯一键（不允许为空），再利用 FOREIGN KEY 定义从表的外键，可实现主表与从表之间的参照完整性。

习　题

一、填空题

1. _____完整性是指保证指定列的数据具有正确的数据类型、格式和有效的数据范围。
2. _____完整性用于保证数据库中数据表的每一个特定实体的记录都是唯一的。
3. 数据完整性分为_____完整性、_____完整性、_____完整性。
4. futureonly_flag 仅当将规则绑定到_____时才使用。
5. 定义约束时可以在创建表的同时定义，也可以在表创建好以后，通过_____表来实现。
6. 当向表中现有的列上添加主键约束时，必须确保该列数据无_____值和_____值。
7. 在现有列上添加 CHECK 约束，对现有数据不检查，则需要写 with_____。
8. 将规则绑定到列或用户定义数据类型的系统存储过程是_____。

二、判断题

1. 在一个表中如果定义了主键就不能再在任何列上定义唯一约束。
2. 规则必须使用一次就定义一次。
3. 如果规则当前绑定到某列或用户定义数据类型，不解除绑定，就不能直接删除规则。
4. 当增加、删除或修改数据库表中记录时，可以借助实体完整性来保证相关联表之间数据的一致性。

三、简答题

1. 说明数据完整性的含义及用途。
2. 什么是规则？它与 CHECK 约束的区别在哪里？
3. 为表中数据提供默认值有几种方法？
4. 定义好的规则和默认值对象使用什么方法对列或用户定义数据类型起作用？

四、设计题

使用 SQL Server Management Studio 或 T–SQL 语句，完成下面的操作。

1. 创建表 BOOK，BOOK 表中包括：书名、书号、类型、价格、入库时间等字段。给"入库时间"字段定义一个名为 min_time 的 CHECK 约束，使得入库时间在 2010–1–1 之后。
2. 创建一个名为 num_rule 的规则，并将其绑定到 BOOK 表的"书号"字段上，以限制书号

第 5 章　数据完整性

字段由六位字符组成：前两位由 A~Z 之间的大写字母组成，后四位由 0~9 之间的数字组成。

3. 删除 1、2 题中的约束和规则。

4. 对 BOOK 表的"书号"字段创建 PRIMARY KEY 约束。

5. 对 BOOK 表的"书名"字段创建 UNIQUE 约束。

6. 为 BOOK 表的"类型"字段设置一个默认值约束，默认值约束名为 booktype，默认值为 NEW BOOK。

7. 在 BOOK 表中删除上述约束。

8. 定义一个用户定义数据类型 today: smalldatetime , not null。定义默认值对象 day，取值为 getdate()，将默认值对象 day 绑定到用户定义数据类型 today 上。

第6章

➡ 数据库查询

案例引入

将学生数据库 XS 的数据表建立好后，就可以进行数据库的各种操作了。在数据库应用中，最常用的操作是查询，它是数据库的其他操作（统计、插入、修改、删除）的基础。在 SQL Server 2005 中，使用 SELECT 语句实现数据查询。SELECT 语句功能强大，使用灵活。用户通过 SELECT 语句可以从数据库中查找所需要的数据，也可以进行数据的统计汇总并将结果返回给用户。本章主要介绍利用 SELECT 语句对数据库进行各种查询的方法。

本章定位

数据库系统开发

学习目标

- 掌握 SELECT 语句的使用。
- 掌握如何使用 SELECT 语句进行简单查询。
- 掌握如何使用 SELECT 语句进行分组筛选和汇总计算。
- 掌握如何使用 SELECT 语句进行连接查询。
- 掌握如何使用 SELECT 语句进行子查询。

本章要点

- SELECT 语句的简单查询。
- SELECT 语句的分组筛选和汇总计算。
- SELECT 语句的连接查询。
- SELECT 语句的子查询。

6.1 SELECT 语句概述

在 SQL Server 2005 中，使用 SELECT 语句实现数据的查询。本节主要介绍 SELECT 语句的语法格式和执行方式。

6.1.1 SELECT 语句的语法格式

SELECT 语句的基本语法格式如下：

```
SELECT <select_list>
[INTO <new_table>]
FROM <table_source>
[WHERE <search_condition>]
[GROUP BY <group_by_expression>]
[HAVING <search_condition>]
[ORDER BY <order_expression>[ASC|DESC]]
```

说明：

（1）<select_list>用于指定要查询的字段，即查询结果中的字段名。

（2）INTO 子句用于创建一个新表，并将查询结果保存到这个新表中。

（3）FROM 子句用于指出所要进行查询的数据来源，即表或视图的名称。

（4）WHERE 子句用于指定查询条件。

（5）GROUP BY 子句用于指定分组表达式，并对查询结果分组。

（6）HAVING 子句用于指定分组统计条件。

（7）ORDER BY 子句用于指定排序表达式和顺序，并对查询结果排序。

SELECT 语句的功能：从 FROM 子句列出的数据源表中，找出满足 WHERE 查询条件的记录，按照 SELECT 子句指定的字段列表输出查询结果表，在查询结果表中可以进行分组和排序。

在 SELECT 语句中，SELECT 子句与 FROM 子句是必不可少的，其余的子句是可选的。

6.1.2 SELECT 语句的执行方式

使用 SELECT 语句进行数据查询，SQL Server 2005 提供了两种执行工具：SQL Server Management Studio 和查询编辑器。而在实际应用中大部分是将 SELECT 语句嵌入在前台编程语言中来执行的。

1. 使用 SQL Server Management Studio 执行 SELECT 语句

使用 SQL Server Management Studio 执行 SELECT 语句进行数据查询，方法如下。

（1）启动 SQL Server Management Studio，在左边窗格选中所要查询的表，右击并从弹出的快捷菜单中选择"打开表"命令，右击并从弹出的快捷菜单中选择"窗格"命令，可看到有四个窗格，分别是"关系图"、"条件"、"SQL"、"结果"，如图 6-1 所示。

图 6-1 "打开表"界面

（2）在关系图"窗格中，可以将已经设置关联的表显示出来。在"条件"窗格中选择
要查询的列、是否排序及查询条件等。在 SQL 窗格中自动生成 SELECT 语句，并可进行
编辑。单击工具栏中的▌按钮，执行查询，则在"结果"窗格中显示查询结果，如图 6-2
所示。

图 6-2 使用 SQL Server Management Studio 设计、执行查询

2. 使用查询编辑器执行 SELECT 语句

使用查询编辑器执行 SELECT 语句进行数据查询，方法如下：

（1）单击系统工具栏上的"新建查询"按钮或"数据库引擎查询"按钮▐；或者选择"文
件"→"新建"→"数据库引擎查询"命令；或者在"对象资源管理器"窗口中，右击服务
器或当前数据库并在弹出的快捷菜单中选择"新建查询"命令，均可打开"查询编辑器"，如
图 6-3 所示。

图 6-3 使用查询编辑器设计、执行查询

（2）在数据库下拉列表中，选择当前数据库，在编辑器区中输入、编辑 SELECT 语句，如图 6-3 所示。

（3）单击工具栏中的✔按钮，可以检查所选 SQL 语句的语法格式，如果没有选择语句，则检查编辑区中所有语句的语法。

（4）单击工具栏中的！按钮，或选择"查询"→"执行"命令，可以执行查询语句，并在查询结果栏中显示出查询执行结果，如图 6-3 所示。

6.2 简 单 查 询

简单查询是按照一定的查询条件在单表上查询数据，并对查询结果进行排序和保存。

6.2.1 SELECT 子句

SELECT 子句是对表中的列进行选择查询，也是 SELECT 语句最基本的使用，基本形式如下：

```
SELECT 列名1[,…列名 n]
```

在上述基本形式的基础上，通过加上不同的选项,可以实现多种形式的列选择查询，下面分别予以介绍。

1. 选取表中指定的列

使用 SELECT 语句选择一个表中的某些列进行查询，要在 SELECT 后写出要查询的字段名，并用逗号分隔，查询结果将按照 SELECT 语句中指定的列的顺序来显示这些列。

【例 6-1】查询 XS 数据库的 XSDA 表中所有学生的学号、姓名、总学分。

```
USE XS
SELECT 学号,姓名,总学分
FROM XSDA
GO
```

执行结果如图 6-4 所示。

如果需要选择表中的所有列进行查询显示，可在 SELECT 后用"*"表示所有字段，查询

结果将会按照用户创建表时指定的列的顺序来显示所有列。

【例6-2】查询 XSDA 表中所有学生的所有列的信息。

```
USE XS
SELECT *
FROM XSDA
GO
```

执行结果如图 6-5 所示。

图 6-4　在 XSDA 表中选择指定列查询

图 6-5　在 XSDA 表中选择所有列查询

2. 修改查询结果中的列标题

当希望查询结果中的某些列不显示表结构中规定的列标题，而使用用户自己另外选择的
列标题时，可以在列名之后使用 AS 子句来更改查询结果中的列标题名。

【例6-3】查询 KCXX 表中所有课程的课程编号、课程名称，查询结果中要求各列的标题
分别指定为 course_num 和 course_name。

```
USE XS
SELECT 课程编号 AS course_num,课程名称 AS course_name
FROM KCXX
GO
```

执行结果如图 6-6 所示。

修改查询结果中的列标题也可以使用以下形式：

```
USE XS
SELECT course_num=课程编号, course_name=课程名称
FROM KCXX
GO
```

上述语句的执行结果与上例完全相同。

注意：当自定义的列标题中含有空格时，必须使用单引号将标题括起来。例如：

```
USE XS
SELECT 'course num'=课程编号, 课程名称 AS 'course name'
```

```
FROM KCXX
GO
```

图 6-6 修改查询结果中的列标题

3. 计算列值

使用 SELECT 语句对列进行查询时，在结果中可以输出对列值计算后的值，即 SELECT 子句可使用表达式作为查询结果。格式如下：

```
SELECT expression[,expression]
```

【**例 6-4**】假设 XSCJ 表中提供的所有学生的成绩均为期末考试成绩，计算总成绩时，只占 80%，要求按照公式：期末成绩=成绩*0.8，换算成期末成绩显示出来。

```
USE XS
SELECT 学号,课程编号,期末成绩=成绩*0.8
FROM XSCJ
GO
```

执行结果如图 6-7 所示。

图 6-7 计算列值

4. 消除结果集中的重复行

对表只选择某些列时，可能会出现重复行，例如，若对 XSDA 表只选择系名，则会出现多行重复的情况。可以使用 DISTINCT 关键字消除结果集中的重复行。

语法格式：

```
SELECT DISTINCT column_name[,column_name…]
```

说明：关键字 DISTINCT 的含义是对结果集中的重复行只选择一个，保证行的唯一性。

【例 6-5】查询 XSDA 表中所有学生的系名，消除结果集中的重复行。

```
USE XS
SELECT DISTINCT 系名
FROM XSDA
GO
```

执行结果如图 6-8 所示。

图 6-8　消除结果集中的重复行

注意以下格式的使用：

```
SELECT ALL column_name[,column_name…]
```

与 DISTINCT 相反，当使用关键字 ALL 时，将保留结果集中的所有行。当 SELECT 语句中省略 ALL 与 DISTINCT 时，默认值为 ALL。

【例 6-6】查询 XSDA 表中所有学生的系名。

```
USE XS
SELECT ALL 系名
FROM XSDA
GO
```

或

```
USE XS
SELECT 系名
FROM XSDA
GO
```

执行结果如图 6-9 所示。

图 6-9　保留结果集中的重复行

5. 限制结果集返回行数

如果 SELECT 语句返回的结果集中的行数特别多，不利于信息的整理和统计，可以使用 TOP 选项限制其返回的行数。TOP 选项的基本格式为：

```
TOP n [PERCENT]
```

其中，n 是一个正整数，表示返回查询结果集的前 n 行。若带 PERCENT 关键字，则表示返回结果集的前 n%行。

【例 6-7】查询 XSCJ 表中所有学生的学号、课程编号和成绩，只返回结果集的前 10 行。

```
USE XS
SELECT TOP 10 学号,课程编号,成绩
FROM XSCJ
GO
```

执行结果如图 6-10 所示。

【例 6-8】查询 XSCJ 表中所有学生的学号、课程编号和成绩，只返回结果集的前 10%行。

```
USE XS
SELECT TOP 10 PERCENT 学号,课程编号,成绩
FROM XSCJ
GO
```

执行结果如图 6-11 所示。

图 6-10 返回结果集的前 10 行

图 6-11 返回结果集的前 10%行

6.2.2 WHERE 子句

WHERE 子句是对表中的行进行选择查询, 即通过在 SELECT 语句中使用 WHERE 子句可以从数据表中过滤出符合 WHERE 子句指定的选择条件的记录, 从而实现行的查询。WHERE 子句必须紧跟在 FROM 子句之后, 其基本格式为:

```
WHERE <search_condition>
```

其中, search_condition 为查询条件, 查询条件是一个逻辑表达式, 其中可以包含的运算符如表 6-1 所示。

表 6-1 查询条件中常用的运算符

运　算　符	用　　途
=, <>, >, >=, <, <=, !=, !<, !>	比较大小
AND, OR, NOT	设置多重条件
BETWEEN...AND	确定范围
IN, NOT IN, ANY｜SOME, ALL	确定集合或表示子查询
LIKE	字符匹配, 用于模糊查询
IS [NOT]NULL	测试空值

下面介绍各种查询条件的使用情况。

1. 比较表达式作查询条件

使用比较表达式作为查询条件的一般格式是:

```
expression 比较运算符 expression
```

说明: expression 是除 text、ntext、image 类型之外的表达式。比较运算符用于比较两个表达式的值, 共九个, 分别是: = (等于)、< (小于)、<= (小于等于)、> (大于)、>= (大于等于)、<> (不等于)、!= (不等于)、!< (不小于)、!> (不大于)。

当两个表达式的值均不为空值(NULL)时, 比较运算符返回逻辑值 TRUE(真)或 FALSE(假); 而当两个表达式值中有一个为空值或都为空值时, 比较运算符将返回 UNKNOWN。

【例 6-9】查询 XSDA 表中总学分大于 60 的学生。

```
USE XS
SELECT *
FROM XSDA
WHERE 总学分>60
GO
```

2. 逻辑表达式作查询条件

使用逻辑表达式作为查询条件的一般格式是：

expression AND expression 或 expression OR expression 或 NOT expression

【例 6-10】查询 XSDA 表中 1986 年以前（不含 1986 年）出生的男生的学号、姓名、性别、出生日期。

```
USE XS
SELECT 学号,姓名,性别,出生日期
FROM XSDA
WHERE 出生日期<'1986-1-1' AND 性别='男'
GO
```

执行结果如图 6-12 所示。

	学号	姓名	性别	出生日期
1	200503	曹红雷	男	1985-09-24 ...
2	200505	李伟强	男	1985-11-14 ...

图 6-12 比较和逻辑表达式作为查询条件

3. 模式匹配

使用 LIKE 关键字进行模式匹配，LIKE 用于指出一个字符串是否与指定的字符串相匹配，返回逻辑值 TRUE 或 FALSE。

语法格式：

string_expression [NOT] LIKE string_expression

【例 6-11】查询 XSDA 表中汉族学生的情况。

```
USE XS
SELECT *
FROM XSDA
WHERE 民族 LIKE '汉族'
GO
```

在实际应用中，用户不是总能够给出精确的查询条件。因此，经常需要根据一些不确切的线索来搜索信息，这就是模糊查询。使用 LIKE 进行模式匹配时，如果与通配符配合使用，即可进行模糊查询。SQL Server 提供了四种通配符供用户灵活实现复杂的查询条件，如表 6-2 所示。

需要注意的是，所有通配符都只有在 LIKE 子句中才有意义，否则通配符会被作为普通字符处理。

表 6-2　通配符列表

通　配　符	说　明
%（百分号）	表示 0 个或多个任意字符
_（下画线）	表示单个的任意字符
[ ]（封闭方括号）	表示指定范围（如[a-f]、[1-6]）或集合（如[abcdef]）中的任意单个字符
[ˆ]	表示不属于指定范围（如[ˆa-f]、[ˆ1-6]）或集合（如[ˆabcdef]）中的任意单个字符

【例 6-12】查询 XSDA 表中姓"李"的学生的情况。

```
USE XS
SELECT *
FROM XSDA
WHERE 姓名 LIKE '李%'
GO
```

执行结果如图 6-13 所示。

	学号	姓名	性别	系名	出生日期	民族	总学分	备注
1	200505	李伟强	男	信息	1985-11-14 ...	汉族	60	一门课不及格需补考
2	200607	李刚	男	管理	1988-05-20 ...	汉族	54	NULL

图 6-13　模式匹配（含通配符%）

【例 6-13】查询 XSDA 表中姓"王"或"李"并且单名的学生情况。

```
USE XS
SELECT *
FROM XSDA
WHERE 姓名 LIKE '[王李]_'
GO
```

执行结果如图 6-14 所示。

	学号	姓名	性别	系名	出生日期	民族	总学分	备注
1	200501	王红	女	信息	1986-02-14 ...	汉族	60	NULL
2	200604	王华	女	管理	1987-04-16 ...	汉族	60	NULL
3	200607	李刚	男	管理	1988-05-20 ...	汉族	54	NULL

图 6-14　模式匹配（含通配符[ ]和_）

4. 范围比较

用于范围比较的关键字有两个：BETWEEN 和 IN。

（1）BETWEEN 关键字。使用 BETWEEN 关键字可以方便地限制查询数据的范围。

语法格式：

```
expression [NOT] BETWEEN expression1 AND expression2
```

说明：当不使用 NOT 时，若表达式 expression 的值在表达式 expression1 与 expression2 之间（包括这两个值），则返回 TRUE，否则返回 FALSE；使用 NOT 时，返回值刚好相反。

注意：expression1 的值不能大于 expression2 的值。

第 6 章　数据库查询

【例 6-14】查询 XSDA 表中在 1988 年出生的学生的姓名、出生日期、总学分。

```
USE XS
SELECT 姓名,出生日期,总学分
FROM XSDA
WHERE 出生日期 BETWEEN '1988-1-1' AND '1988-12-31'
GO
```

（2）IN 关键字。使用 IN 关键字可以指定一个值表，值表中列出所有可能的值，当与值表中的任何一个值匹配时，即返回 TRUE，否则返回 FALSE。使用 NOT 时，返回值刚好相反。

语法格式：

```
expression [NOT] IN (expression[,…n])
```

【例 6-15】查询 KCXX 表中 2、3、4 学期开设的课程情况。

```
USE XS
SELECT *
FROM KCXX
WHERE 开课学期 IN(2,3,4)
GO
```

本例的语句与下列语句等价：

```
USE XS
SELECT *
FROM KCXX
WHERE 开课学期=2 OR 开课学期=3 OR 开课学期=4
GO
```

5. 空值比较

当需要判定一个表达式的值是否为空值时，使用 IS NULL 关键字，格式为：

```
expression IS [NOT] NULL
```

说明：当不使用 NOT 时，若表达式 expression 的值为空值，返回 TRUE，否则返回 FALSE；当使用 NOT 时，结果刚好相反。

【例 6-16】查询 XSDA 表中没有备注的学生情况。

```
USE XS
SELECT *
FROM XSDA
WHERE 备注 IS NULL
GO
```

6.2.3　ORDER BY 子句

在实际应用中经常要对查询的结果排序输出，如将学生成绩由高到低排序输出。在 SELECT 语句中，使用 ORDER BY 子句对查询结果进行排序。

语法格式：

```
ORDER BY {order_by_expression [ASC|DESC]}[,…n]
```

说明：order_by_expression 是排序表达式，可以是列名、表达式或一个正整数，当 order_by_expression 是一个正整数时，表示按表中的该位置上的列排序。当出现多个排序表达式时，各表达式在 ORDER BY 子句中的顺序决定了排序依据的优先级。

关键字 ASC 表示升序排列，DESC 表示降序排列，系统默认值为 ASC。

【例 6-17】将 XSDA 表中所有信息系学生按年龄从小到大的顺序排序输出。

```
USE XS
SELECT *
FROM XSDA
WHERE 系名='信息'
ORDER BY 出生日期 DESC
GO
```

执行结果如图 6-15 所示。

	学号	姓名	性别	系名	出生日期	民族	总学分	备注
1	200504	方平	女	信息	1987-08-11 ...	回族	52	三好学生
2	200507	王丽丽	女	信息	1987-06-03 ...	汉族	60	NULL
3	200502	刘林	男	信息	1986-05-20 ...	汉族	54	NULL
4	200501	王红	女	信息	1986-02-14 ...	汉族	60	NULL
5	200506	周新民	男	信息	1986-01-20 ...	回族	62	NULL
6	200505	李伟强	男	信息	1985-11-14 ...	汉族	60	一门课不及格需补考
7	200503	曹红雷	男	信息	1985-09-24 ...	汉族	50	NULL

图 6-15 查询结果排序输出

6.3 分 类 汇 总

对表数据进行检索时，经常需要对查询结果进行分类、汇总或计算。例如，在 XS 数据库中求某门课程的平均分、统计各分数段的人数等。本节将介绍 SELECT 语句中用于数据统计的子句及函数。

6.3.1 常用聚合函数

聚合函数用于计算表中的数据，返回单个计算结果。常用的聚合函数如表 6-3 所示。

表 6-3 聚合函数

函 数 名	功 能
SUM()	返回表达式中所有值的和
AVG()	返回表达式中所有值的平均值
MAX()	求最大值
MIN()	求最小值
COUNT()	用于统计组中满足条件的行数或总行数

下面详细介绍这五个函数的使用。

1. SUM 和 AVG

SUM 和 AVG 分别用于求表达式中所有值项的总和与平均值。

语法格式：

```
SUM/AVG([ALL | DISTINCT]expression )
```

说明：expression 可以是常量、列、函数或表达式，其数据类型只能是：int、smallint、tinyint、bigint、decimal、numeric、float、real、money、smallmoney。ALL 表示对所有值进行运算，DISTINCT 表示对去除重复值后的值进行运算，默认为 ALL。SUM/AVG 忽略 NULL 值。

【例 6-18】求学号为 200502 的学生选修课程的平均成绩。

```
USE XS
SELECT AVG(成绩) AS '200502号学生的平均分'
FROM XSCJ
WHERE 学号='200502'
GO
```

注意：使用聚合函数作为 SELECT 的选择列时，若不为其指定列标题，则系统将对该列输出标题"（无列名）"。

2. MAX 和 MIN

MAX 和 MIN 分别用于求表达式中所有值项的最大值与最小值。

语法格式：

```
MAX/MIN([ALL|DISTINCT]expression)
```

说明：expression 可以是常量、列、函数或表达式，其数据类型可以是数字、字符和日期时间类型。ALL 和 DISTINCT 的含义及默认值与 SUM/AVG 函数相同。MAX/MIN 忽略 NULL 值。

【例 6-19】求学号为 200502 的学生选修课程的最高分和最低分。

```
USE XS
SELECT MAX(成绩)AS '200502号学生的最高分',MIN(成绩) AS '200502号学生的最低分'
FROM XSCJ
WHERE 学号='200502'
GO
```

执行结果如图 6-16 所示。

图 6-16　MAX 和 MIN 函数的应用

3. COUNT

COUNT 用于统计组中满足条件的行数或总行数。

语法格式：

```
COUNT({[ALL | DISTINCT]expression}|*)
```

说明：expression 是一个表达式，其数据类型是除 uniqueidentifier、text、image、ntext 之外的任何类型。ALL 和 DISTINCT 的含义及默认值与 SUM/AVG 函数相同。选择*时将统计总行数。COUNT 忽略 NULL 值。

【例 6-20】求 XSDA 表中汉族学生的总人数。

```
USE XS
SELECT COUNT(*) AS '汉族学生总人数'
FROM XSDA
WHERE 民族='汉族'
GO
```

【例 6-21】求 XSCJ 表中选修了课程的学生的总人数。

```
USE XS
SELECT COUNT(DISTINCT 学号) AS '选修课程的学生总人数'
FROM XSCJ
GO
```

6.3.2 分组筛选

分组是按照某一列数据的值或某个列组合的值将查询出的行分成若干组，每组在指定列或列组合上具有相同的值。分组可通过使用 GROUP BY 子句来实现。

语法格式：

```
[GROUP BY group_by_expression[,…n]]
```

说明：group_by_expression 是用于分组的表达式，其中通常包含字段名。SELECT 子句的列表中只能包含在 GROUP BY 中指出的列或在聚合函数中指定的列。

1. 简单分组

【例 6-22】求 XSDA 表中男女生人数。

```
USE XS
SELECT 性别,COUNT(*) AS '人数'
FROM XSDA
GROUP BY 性别
GO
```

执行结果如图 6-17 所示。

图 6-17　简单分组

【例 6-23】求 XSDA 表中各系的男、女生各自的总学分的平均值。

```
USE XS
SELECT 系名,性别, AVG(总学分) AS '总学分的平均值'
FROM XSDA
GROUP BY 系名,性别
GO
```

2. 使用 HAVING 筛选结果

使用 GROUP BY 子句和聚合函数对数据进行分组后,还可以使用 HAVING 子句对分组数据进一步筛选。

语法格式：

```
[HAVING <search_condition>]
```

说明：search_condition 为查询条件,与 WHERE 子句的查询条件类似,并且可以使用聚合函数。

【例 6-24】查找 XSCJ 表中平均成绩在 90 分以上的学生的学号和平均分。

```
USE XS
SELECT 学号, AVG(成绩) AS '平均分'
FROM XSCJ
GROUP BY 学号
```

```
HAVING AVG(成绩)>=90
GO
```

说明：在 SELECT 语句中，当 WHERE，GROUP BY 与 HAVING 子句同时被使用时，要注意它们的作用和执行顺序。WHERE 用于筛选由 FROM 指定的数据对象，即从 FROM 指定的基表或视图中检索满足条件的记录；GROUP BY 用于对 WHERE 的筛选结果进行分组；HAVING 则是对使用 GROUP BY 分组以后的数据进行过滤。

【例 6-25】查找选修课程超过 3 门，并且成绩都在 90 分以上的学生的学号。

```
USE XS
SELECT 学号
FROM XSCJ
WHERE 成绩>=90
GROUP BY 学号
HAVING COUNT(*)>3
GO
```

说明：本查询首先将 XSCJ 表中成绩大于 90 分的记录筛选出来，然后按学号分组，再对每组记录统计个数，选出记录数大于 3 的各组的学号值形成结果表。

6.3.3 计算与汇总

计算与汇总是生成合计作为附加的汇总行出现在结果集的最后，使用 COMPUTE BY 子句实现。

语法格式：

```
[COMPUTE {聚合函数名(expression)}[,…n][BY expression[,…n]]]
```

说明：聚合函数如表 6-3 所示，expression 是列名，COMPUTE 将产生额外的汇总行。

【例 6-26】查找信息系所有男生的学号、姓名、性别，系名，并产生一个学生总人数行。

```
USE XS
SELECT 学号,姓名,性别,系名
FROM XSDA
WHERE 系名='信息' AND 性别='男'
COMPUTE COUNT(学号)
GO
```

执行结果如图 6-18 所示。从图中可以看出，COMPUTE 子句产生附加的汇总行，其列标题是系统自定的，对于 COUNT 函数为 cnt，对于 AVG 函数为 avg，对于 SUM 函数为 sum，等等。

【例 6-27】将 XSDA 表中的学生按系名排序，并汇总各系的人数和总学分的平均值。

```
USE XS
SELECT 学号,姓名,系名,总学分
FROM XSDA
ORDER BY 系名
COMPUTE COUNT(学号), AVG(总学分) BY 系名
GO
```

执行结果如图 6-19 所示。

图 6-18 执行带 COMPUTE 子句的
SELECT 语句

图 6-19 执行带 COMPUTE BY 子句的
SELECT 语句

说明：

（1）COMPUTE 或 COMPUTE BY 子句中的表达式，必须出现在选择列表中，并且必须将其指定为与选择列表中的某个表达式完全一样，不能使用在选择列表中指定的列的别名。

（2）在 COMPUTE 或 COMPUTE BY 子句中，不能指定为 ntext、text、image 数据类型。

（3）如果使用 COMPUTE BY，则必须也使用 ORDER BY 子句。表达式必须与在 ORDER BY 后列出的子句相同或是其子集，并且必须按相同的序列。例如，如果 ORDER BY 子句是：

```
ORDER BY a,b,c
```

则 COMPUTE 子句可以是下面的任意一个（或全部）：

```
COMPUTE BY a,b,c
COMPUTE BY a,b
COMPUTE BY a
```

（4）在 SELECT INTO 语句中不能使用 COMPUTE。因此，任何由 COMPUTE 生成的计算结果不出现在用 SELECT INTO 语句创建的新表内。

6.4 连接查询

前面介绍的所有查询都是针对一个表进行的，而在实际应用中，我们查询的内容往往涉及多个表，这时就需要进行多个表之间的连接查询。

连接查询是关系数据库中最主要的查询方式，连接查询的目的是通过加载连接字段条件将多个表连接起来，以便从多个表中检索用户所需要的数据。例如，在 XS 数据库中需要查

第6章 数据库查询

找选修了数据结构课程的学生的姓名和成绩，就需要将 XSDA、KCXX、XSCJ 三个表进行连接，才能查找到结果。

在 SQL Server 中，连接查询有两类表示形式，一类是符合 SQL 标准连接谓词的表示形式，在 WHERE 子句中使用比较运算符给出连接条件，对表进行连接，这是早期 SQL Server 连接的语法形式；另一类是 T–SQL 扩展的使用关键字 JOIN 指定连接的表示形式，在 FROM 子句中使用 JOIN ON 关键字，连接条件写在 ON 之后，从而实现表的连接。SQL Server 2005 推荐使用 JOIN 形式的连接。

在 SQL Server 中，连接查询分为内连接、外连接、交叉连接和自连接。

6.4.1　内连接

内连接是将两个表中满足连接条件的行组合起来，返回满足条件的行。

语法格式：

`FROM <table_source> [INNER] JOIN <table_source> ON <search_condition>`

说明：<table_source>为需要连接的表，ON 用于指定连接条件，<search_condition>为连接条件。INNER 表示内连接。

【例 6-28】查找 XS 数据库中每个学生的情况以及选修的课程情况。

```
USE XS
SELECT *
FROM XSDA INNER JOIN XSCJ ON XSDA.学号=XSCJ.学号
GO
```

执行结果如图 6-20 所示（仅列出部分记录）。

	学号	姓名	性别	系名	出生日期	民族	总学分	备注	学号	课程编号	成绩
1	200501	王红	女	信息	1986-02-14...	汉族	60	NULL	200501	104	81
2	200501	王红	女	信息	1986-02-14...	汉族	60	NULL	200501	108	77
3	200501	王红	女	信息	1986-02-14...	汉族	60	NULL	200501	202	89
4	200501	王红	女	信息	1986-02-14...	汉族	60	NULL	200501	207	90
5	200502	刘林	男	信息	1986-05-20...	汉族	54	NULL	200502	104	92
6	200502	刘林	男	信息	1986-05-20...	汉族	54	NULL	200502	108	95
7	200502	刘林	男	信息	1986-05-20...	汉族	54	NULL	200502	202	93
8	200502	刘林	男	信息	1986-05-20...	汉族	54	NULL	200502	207	90
9	200503	曹红雷	男	信息	1985-09-24...	汉族	50	NULL	200503	104	65
10	200503	曹红雷	男	信息	1985-09-24...	汉族	50	NULL	200503	108	60
11	200503	曹红雷	男	信息	1985-09-24...	汉族	50	NULL	200503	202	69

图 6-20　等值连接的查询结果

注意：执行结果中包含 XSDA 表和 XSCJ 表的所有字段（含重复字段——学号）。

连接条件中的两个字段称为连接字段，它们必须是可比的。例如【例 6-28】的连接条件中的两个字段分别是 XSDA 表和 XSCJ 表中的学号字段。

连接条件中的比较运算符可以是<、<=、=、>、>=、!= 、<>、!< 、!>，当比较运算符是 "=" 时，就是等值连接。若在等值连接结果集的目标列中去除相同的字段名，则为自然连接。

【例 6-29】对【例 6-28】进行自然连接查询。

```
USE XS
SELECT XSDA.*,XSCJ.课程编号,XSCJ.成绩
FROM XSDA INNER JOIN XSCJ ON XSDA.学号=XSCJ.学号
```

```
GO
```
执行结果如图 6-21 所示。

图 6-21　自然连接的查询结果

注意：本例所得的结果表中去除了重复字段（学号）。

若选择的字段名在各个表中是唯一的，则可以省略字段名前的表名。例如，【例 6-29】中的 SELECT 子句也可写为：

```
USE XS
SELECT XSDA.*,课程编号,成绩
FROM XSDA INNER JOIN XSCJ ON XSDA.学号=XSCJ.学号
GO
```

内连接是系统默认的，可以省略 INNER 关键字。使用内连接后仍可使用 WHERE 子句指定条件。

【例 6-30】查找选修了 202 号课程并且成绩优秀的学生的姓名及成绩。

```
USE XS
SELECT 姓名,成绩
FROM XSDA JOIN XSCJ ON XSDA.学号=XSCJ.
学号
WHERE 课程编号='202' AND 成绩>=90
GO
```

执行结果如图 6-22 所示。

内连接还可以使用以下连接谓词的形式实现，执行结果相同：

图 6-22　带 WHERE 子句的内连接的查询结果

```
USE XS
SELECT 姓名,成绩
FROM XSDA,XSCJ
WHERE XSDA.学号=XSCJ.学号 AND 课程编号='202' AND 成绩>=90
GO
```

有时用户需要检索的字段来自两个以上的表，那么就要对两个以上的表进行连接，称为多表连接。

【例 6-31】查找选修了"计算机文化基础"课程并且成绩优秀的学生的学号、姓名、课程名称及成绩。

```
USE XS
SELECT XSDA.学号,姓名,课程名称,成绩
```

```
FROM XSDA JOIN XSCJ JOIN KCXX ON XSCJ.
课程编号=KCXX.课程编号  ON  XSDA.学号
=XSCJ.学号
WHERE 课程名称='计算机文化基础' AND 成绩
>=90
GO
```

	学号	姓名	课程名称	成绩
1	200502	刘林	计算机文化基础	92
2	200506	周新民	计算机文化基础	94
3	200603	孔祥林	计算机文化基础	90
4	200607	李刚	计算机文化基础	90

执行结果如图 6-23 所示。

图 6-23　多表连接的查询结果

说明：使用 JOIN 进行多表连接时，连接采用递归形式。例如，【例 6-31】中的三个表连接过程如下：首先将 XSCJ 表和 KCXX 表按照 "XSCJ.课程编号=KCXX.课程编号" 进行连接，假设形成结果表 1，然后再将 XSDA 表和刚才形成的结果表 1 按照 "XSDA.学号=XSCJ.学号" 进行连接，形成最终的结果表。

为了更好地说明多表连接，在下面的例题中补充了 "考生名单（KSMD）" 和 "录取学校（LQXX）" 两个表，表结构和数据见附录 B。

【例 6-32】查找所有被录取考生的录取情况。

```
USE XS
SELECT KSMD.*,LQXX.*
FROM KSMD JOIN LQXX ON KSMD.考号=LQXX.
考号
GO
```

	考号	姓名	考号	录取学校
1	1	王杰	1	山东大学
2	2	赵悦	2	济南大学

执行结果如图 6-24 所示。

图 6-24　内连接的查询结果

6.4.2　外连接

外连接的结果表中不但包含满足连接条件的行，还包括相应表中的所有行。外连接包括以下三种。

1. 左外连接

左外连接的结果表中除了包括满足连接条件的行外，还包括左表的所有行。

语法格式：

```
FROM <table_source> LEFT [OUTER] JOIN <table_source> ON <search_condition>
```

【例 6-33】查找所有被录取考生的录取情况，所有未被录取的考生也要显示其考号和姓名，并在 LQXX 表的相应列中显示 NULL。

```
USE XS
SELECT KSMD.*,LQXX.*
FROM KSMD LEFT JOIN LQXX ON KSMD.考
号=LQXX.考号
GO
```

	考号	姓名	考号	录取学校
1	1	王杰	1	山东大学
2	2	赵悦	2	济南大学
3	3	崔茹婷	NULL	NULL
4	4	耿晓雯	NULL	NULL

执行结果如图 6-25 所示。

图 6-25　KSMD 表与 LQXX 表左外连接的查询结果

【例 6-34】查找 XS 数据库中所有学生的情况以及他们选修课程的课程编号和成绩，若学生未选修任何课，也要包括其情况。

```
USE XS
SELECT XSDA.*,课程编号,成绩
FROM XSDA LEFT OUTER JOIN XSCJ ON XSDA.学号=XSCJ.学号
GO
```

说明：本例执行时，若有学生未选任何课程，则结果表中相应行的课程编号字段和成绩字段的值均为 NULL。

2. 右外连接

右外连接的结果表中除了包括满足连接条件的行外，还包括右表的所有行。

语法格式：

```
FROM <table_source> RIGHT [OUTER] JOIN <table_source> ON <search_ condition>
```

【例 6-35】查找所有被录取考生的录取情况，所有没有录取考生的学校的信息也要显示，并在 KSMD 表的相应列中显示 NULL。

```
USE XS
SELECT KSMD.*,LQXX.*
FROM KSMD RIGHT JOIN LQXX ON KSMD.考号=LQXX.考号
GO
```

执行结果如图 6-26 所示。

	考号	姓名	考号	录取学校
1	1	王杰	1	山东大学
2	2	赵悦	2	济南大学
3	NULL	NULL	5	同济大学
4	NULL	NULL	6	青岛大学

图 6-26　KSMD 表与 LQXX 表右外连接的查询结果

【例 6-36】查找 XS 数据库中被选修了的课程的选修情况和所有开设的课程名称。

```
USE XS
SELECT XSCJ.*,课程名称
FROM XSCJ RIGHT OUTER JOIN KCXX ON XSCJ.课程编号=KCXX.课程编号
GO
```

说明：本例执行时，若某课程未被选修，则结果表中相应行的学号、课程编号和成绩字段值均为 NULL。

3. 完全外连接

完全外连接的结果表中除了包括满足连接条件的行外，还包括两个表的所有行。

语法格式：

```
FROM <table_source> FULL [OUTER] JOIN <table_source> ON <search_condition>
```

【例 6-37】查找所有考生的姓名及所有录取学校的情况，考生姓名与录取学校对应的则对应给出，否则在对应的列上显示 NULL。

```
USE XS
SELECT KSMD.*,LQXX.*
FROM KSMD FULL JOIN LQXX ON KSMD.考号=LQXX.考号
GO
```

执行结果如图 6-27 所示。

第 6 章　数据库查询

图 6-27　KSMD 表与 LQXX 表完全外连接的查询结果

说明：外连接只能对两个表进行，其中的 OUTER 关键字均可以省略。

6.4.3　交叉连接

交叉连接实际上是将两个表进行笛卡儿积运算，结果表是由第一个表的每行与第二个表的每一行拼接后形成的表，因此结果表的行数等于两个表行数之积。

语法格式：

```
FROM <table_source> CROSS JOIN <table_source>
```

【例 6-38】列出所有考生所有可能的录取情况。

```
USE XS
SELECT KSMD.*,LQXX.*
FROM KSMD CROSS JOIN LQXX
GO
```

执行结果如图 6-28 所示。

	考号	姓名	考号	录取学校
1	1	王杰	1	山东大学
2	2	赵悦	1	山东大学
3	3	崔茹婷	1	山东大学
4	4	耿晓雯	1	山东大学
5	1	王杰	2	济南大学
6	2	赵悦	2	济南大学
7	3	崔茹婷	2	济南大学
8	4	耿晓雯	2	济南大学
9	1	王杰	5	同济大学
10	2	赵悦	5	同济大学
11	3	崔茹婷	5	同济大学
12	4	耿晓雯	5	同济大学
13	1	王杰	6	青岛大学
14	2	赵悦	6	青岛大学
15	3	崔茹婷	6	青岛大学
16	4	耿晓雯	6	青岛大学

图 6-28　KSMD 表与 LQXX 表交叉连接的查询结果

【例 6-39】列出所有学生所有可能的选课情况。

```
USE XS
SELECT 学号,姓名,课程编号,课程名称
FROM XSDA CROSS JOIN KCXX
```

```
GO
```
注意：交叉连接不能有条件，且不能带 WHERE 子句。

6.4.4 自连接

连接操作不仅可以在不同的表上进行，也可以在同一张表内进行自身连接，即将同一个表的不同行连接起来。自连接可以看作一张表的两个副本之间的连接。若要在一个表中查找具有相同列值的行，则可以使用自连接。使用自连接时需要为表指定两个别名，使之在逻辑上成为两张表。对所有列的引用均要用别名限定。

【例 6-40】在 XSDA 表中查找同名学生的学号、姓名。

```
USE XS
SELECT XSDA1.姓名, XSDA1.学号, XSDA2.学
号
FROM XSDA AS XSDA1 JOIN XSDA AS XSDA2 ON
XSDA1.姓名= XSDA2.姓名
WHERE XSDA1.学号<> XSDA2.学号
GO
```

执行结果如图 6-29 所示。

	姓名	学号	学号
1	刘林	200605	200502
2	刘林	200502	200605

图 6-29　XSDA 表的自连接的查询结果

6.5　子　查　询

子查询是指在 SELECT 语句的 WHERE 或 HAVING 子句中嵌套另一条 SELECT 语句。外层的 SELECT 语句称为外查询，内层的 SELECT 语句称为内查询（或子查询）。子查询必须使用括号括起来。子查询通常与 IN、EXIST 谓词及比较运算符结合使用。

1. IN 子查询

IN 子查询用于进行一个给定值是否在子查询结果集中的判断。

语法格式：
```
expression [NOT] IN (subquery)
```
说明：subquery 是子查询。当表达式 expression 与子查询 subquery 的结果表中的某个值相等时，IN 谓词返回 TRUE，否则返回 FALSE；若使用了 NOT，则返回的值刚好相反。

【例 6-41】查找选修了 108 号课程的学生的学号、姓名、性别、系名。
```
USE XS
SELECT 学号,姓名,性别,系名
FROM XSDA
WHERE 学号 IN
  (
  SELECT 学号
  FROM XSCJ
  WHERE 课程编号='108'
  )
GO
```
在执行包含子查询的 SELECT 语句时，系统先执行子查询，产生一个结果表，再执行外层查询。在本例中，先执行子查询：
```
SELECT 学号
```

```
FROM XSCJ
WHERE 课程编号='108'
```

得到一个只含有学号列的表，XSCJ 表中的每一个课程编号列值为'108'的行在结果表中都有一行，即得到一个所有选修 108 号课程的学生的学号列表。再执行外查询，若 XSDA 表中某行的学号列值等于子查询结果表中的任一个值，则该行就被选择。执行结果如图 6-30 所示。

注意：IN 和 NOT IN 子查询只能返回一列数据。对于较复杂的查询，可以使用嵌套的子查询。

【例 6-42】查找未选修数据结构课程的学生的学号、姓名、性别、系名、总学分。

```
USE XS
SELECT 学号,姓名,性别,系名,总学分
FROM XSDA
WHERE 学号 NOT IN
    (
    SELECT 学号
    FROM XSCJ
    WHERE 课程编号 IN
        (
        SELECT 课程编号
        FROM KCXX
        WHERE 课程名称='数据结构'
        )
    )
GO
```

执行结果如图 6-31 所示。

	学号	姓名	性别	系名
1	200501	王红	女	信息
2	200502	刘林	男	信息
3	200503	曹红雷	男	信息
4	200504	方平	女	信息
5	200505	李伟强	男	信息
6	200506	周新民	男	信息
7	200507	王丽丽	女	信息

图 6-30　IN 子查询的查询结果

	学号	姓名	性别	系名	总学分
1	200601	孙燕	女	管理	54
2	200602	罗德敏	男	管理	64
3	200603	孔祥林	男	管理	54
4	200604	王华	女	管理	60
5	200605	刘林	男	管理	54
6	200606	陈希	女	管理	60
7	200607	李刚	男	管理	54

图 6-31　嵌套的 IN 子查询的查询结果

2. 比较子查询

比较子查询可以认为是 IN 子查询的扩展，它使表达式的值与子查询的结果进行比较运算。语法格式：

```
expression{<|<=|=|>|>=|!=|<>|!<|!>}{ALL|SOME|ANY}(subquery)
```

说明：expression 为要进行比较的表达式，subquery 是子查询。ALL、SOME 和 ANY 说明对比较运算的限制。ALL 指定表达式要与子查询结果集中的每个值都进行比较，当表达式与每个值都满足比较的关系时，才返回 TRUE，否则返回 FALSE。SOME 或 ANY 表示表达式只要与子查询结果集中的某个值满足比较的关系时，就返回 TRUE，否则返回 FALSE。

【例 6-43】查找高于所有女生的总学分的学生的情况。

```
USE XS
```

```
SELECT *
FROM XSDA
WHERE 总学分 >ALL
    (
    SELECT 总学分
    FROM XSDA
    WHERE 性别='女'
    )
GO
```
执行结果如图 6-32 所示。

	学号	姓名	性别	系名	出生日期	民族	总学分	备注
1	200506	周新民	男	信息	1986-01-20...	回族	62	NULL
2	200602	罗德敏	男	管理	1988-07-18...	汉族	64	获得一等奖学金

图 6-32　ALL 比较子查询的查询结果

【例 6-44】查找选修 202 号课程的成绩不低于所有选修 104 号课程的学生的最低成绩的学生的学号。

```
USE XS
SELECT 学号
FROM XSCJ
WHERE 课程编号='202' AND 成绩!<ANY
    (
    SELECT 成绩
    FROM XSCJ
    WHERE 课程编号='104'
    )
GO
```
执行结果如图 6-33 所示。

连接查询和子查询可能都要涉及两个或多个表，要注意连接查询和子查询的区别：连接查询可以合并两个或多个表中的数据，而带子查询的 SELECT 语句的结果只能来自一个表，子查询的结果是用来作为选择结果数据时进行参照的。

	学号
1	200501
2	200502
3	200503
4	200504
5	200505
6	200506
7	200507

图 6-33　ANY 比较子查询的查询结果

有的查询既可以使用子查询来表示，也可以使用连接查询表示。通常使用子查询表示时，可以将一个复杂的查询分解为一系列的逻辑步骤，条理清晰；而使用连接查询表示有执行速度快的优点。因此，应尽量使用连接查询。

6.6　查询结果保存

SELECT 语句提供了两个子句来保存、处理查询结果，分别是 INTO 子句和 UNION 子句，下面分别予以介绍。

1. INTO 子句

使用 INTO 子句可以将 SELECT 查询所得的结果保存到一个新建的表中。

语法格式：

```
[INTO new_table]
```

说明：new_table 是要创建的新表名。包含 INTO 子句的 SELECT 语句执行后所创建的表的结构由 SELECT 所选择的列决定。新创建的表中的记录由 SELECT 的查询结果决定。若 SELECT 的查询结果为空，则创建一个只有结构而没有记录的空表。

【例 6-45】由 XSDA 表创建"信息系学生表"，包括学号、姓名、系名、总学分。

```
USE XS
SELECT 学号,姓名,系名,总学分
INTO 信息系学生表
FROM XSDA
WHERE 系名='信息'
GO
```

本例所创建的"信息系学生表"包括四个字段：学号、姓名、系名、总学分。其数据类型与 XSDA 表中的同名字段相同。

注意：INTO 子句不能与 COMPUTE 子句一起使用。

2. UNION 子句

使用 UNION 子句可以将两个或多个 SELECT 查询的结果合并成一个结果集。

语法格式：

```
{<query specification>|(<query expression>)} UNION [ALL] <query specif
ication>|(<query expression>)
```

说明：query specification 和 query expression 都是 SELECT 查询语句。关键字 ALL 表示合并的结果中包括所有行，不去除重复行，不使用 ALL 则在合并的结果中去除重复行，含有 UNION 的 SELECT 查询又称联合查询，若不指定 INTO 子句，结果将合并到第一个表中。

【例 6-46】假设在 XS 数据库中已经建立了两个表：电气系学生表、轨道系学生表，表结构与 XSDA 表相同，这两个表分别存储电气系和轨道系的学生档案情况，要求将这两个表的数据合并到 XSDA 表中。

```
USE XS
SELECT *
FROM XSDA
UNION ALL
SELECT *
FROM 电气系学生表
UNION ALL
SELECT *
FROM 轨道系学生表
GO
```

说明：

（1）联合查询是将两个表（结果集）顺序连接。

（2）UNION 中的每一个查询所涉及的列必须具有相同的列数、相同位置的列的数据类型要相同。若长度不同，以最长的字段作为输出字段的长度。

（3）最后结果集中的列名来自第一个 SELECT 语句。

（4）最后一个 SELECT 查询可以带 ORDER BY 子句，对整个 UNION 操作结果集起作用。且只能用第一个 SELECT 查询中的字段作排序列。

（5）系统自动删除结果集中重复的记录，除非使用 ALL 关键字。

小 结

本章主要介绍利用 SELECT 语句对数据库进行各种查询的方法。通过 SELECT 语句可以从数据库中查找所需要的数据，也可以进行数据的统计汇总并将结果返回用户。本章内容是本课程教学的重点内容，需要掌握的主要内容如下：

（1）简单查询：包括用 SELECT 子句选取字段，用 WHERE 子句选取记录并进行简单的条件查询，用 ORDER BY 子句对查询结果进行排序。

（2）分类汇总：包括五个聚合函数（SUM 和 AVG、MAX 和 MIN、COUNT）的使用，用 GROUP BY 子句和 HAVING 子句进行分组筛选，用 COMPUTE 子句和聚合函数进行汇总、计算。

（3）连接查询：连接查询包括四种类型：内连接、外连接、交叉连接、自连接。

内连接：将两个表中满足连接条件的行组合起来，返回满足条件的行。

外连接包括三种：左外连接的结果表中除了包括满足连接条件的行外，还包括左表的所有行；右外连接的结果表中除了包括满足连接条件的行外，还包括右表的所有行；完全外连接的结果表中除了包括满足连接条件的行外，还包括两个表的所有行。

交叉连接：将两个表进行笛卡儿积运算，结果表是由第一个表的每行与第二个表的每一行拼接后形成的表，因此结果表的行数等于两个表行数之积。交叉连接不能有条件，且不能带 WHERE 子句。

自连接：将同一个表的不同行连接起来。自连接可以看作一张表的两个副本之间的连接。若要在一个表中查找具有相同列值的行，则可以使用自连接。使用自连接时需要为表指定两个别名，使之在逻辑上成为两张表。对所有列的引用均要用别名限定。

要求重点掌握内连接。

（4）子查询：包括 IN 子查询和比较子查询。

IN 子查询用于进行一个给定值是否在子查询结果集中的判断，IN 和 NOT IN 子查询只能返回一列数据。对于较复杂的查询，可以使用嵌套的子查询。

比较子查询可以认为是 IN 子查询的扩展，它使表达式的值与子查询的结果进行比较运算。其中语法格式中的 ALL 指定表达式要与子查询结果集中的每个值进行比较，当表达式与每个值都满足比较的关系时，才返回 TRUE，否则返回 FALSE；SOME 或 ANY 表示表达式只要与子查询结果集中的某个值满足比较的关系时，就返回 TRUE，否则返回 FALSE。

（5）查询结果的保存：使用 INTO 子句可以将 SELECT 查询所得的结果保存到一个新建的表中，使用 UNION 子句可以将两个或多个 SELECT 查询的结果合并成一个结果集。

习 题

一、选择题

1. 在 SQL 中，条件"总学分 BETWEEN 40 AND 60"表示总学分在 40 ~ 60 之间，且（ ）。
   A. 包括 40 和 60　　　　　　　　B. 不包括 40 和 60

第 6 章 数据库查询

C. 包括 40 但不包括 60　　　　D. 包括 60 但不包括 40

2. 在 SQL 中，对分组后的数据进行筛选的命令是(　　)。

A. GROUP BY　　　　　　　B. COMPUTE

C. HAVING　　　　　　　　D. WHERE

3. 查找 LIKE'_a%'，下面（　　　）是可能的。

A. afgh　　　B. bak　　　C. hha　　　D. ddajk

4. 下列聚合函数使用正确的是（　　　）。

A. SUM(*)　　B. MAX(*)　　C. COUNT(*)　　D. AVG(*)

二、填空题

1. 在 SELECT 查询语句中：

_____子句用于指定查询结果中的字段列表。

_____子句用于创建一个新表，并将查询结果保存到这个新表中。

_____子句用于指出所要进行查询的数据来源，即表或视图的名称。

_____子句用于对查询结果分组。

_____子句用于对查询结果排序。

2. JOIN 关键字指定的连接有三种类型，分别是：_____、_____、_____。

三、简答题

1. HAVING 子句与 WHERE 子句有何异同。

2. 常用的聚合函数有哪些？

3. 比较连接查询和子查询的异同。

4. 对 SELECT 语句的查询结果有几种保存方法？

四、设计题

使用 T-SQL 语句，完成下面的操作。

1. 查询 XSDA 表中 50<总学分<60 的学生的姓名、性别、总学分，结果中各列的标题分别指定为 xm、xb、zxf。

2. 对 XSDA 表查询输出姓名和部分学分。其中：部分学分=总学分-10。

3. 对 KCXX 表查询输出课程名称、学分，只返回结果集的前 30%行。

4. 查询 KCXX 表中以"数据"开头的课程信息。

5. 查询 XSCJ 表中选修 104 号课程并且成绩>=90 的学生的学号、姓名、课程编号、成绩，结果按成绩降序排序。

6. 求各学期开设的课程的总学分。

7. 查找在前两个学期选修课程的学生的学号、姓名及选修的课程名称。

8. 查找选修了"数据结构"课程且学分取得 5 分的学生的姓名、课程名称及学分、成绩。

9. 查找选修了 108 号课程并且成绩低于所有选修 207 号课程的学生的最低成绩的学生的学号。

→ 视 图

案例引入

在数据库应用中，最主要的操作就是查询。为了增强查询的灵活性，就需要在表上创建视图，满足用户复杂的查询需要。例如，一个学生一学期要上多门课程，这些课程的成绩存储在多张表中，要想了解每个学生的成绩需要打开一张张数据表来看，非常不方便。而视图能将存储在多张表中的数据汇总到一张新"表"中，而这个"表"无须新建并存储。

SQL server 2005 为我们提供了视图这一类数据库对象。视图是关系数据库系统提供给用户以多种角度观察数据库中数据的重要机制。用户通过视图可以多角度地查询数据库中的数据，还可以通过视图修改、删除原基本表中的数据。

本章主要介绍有关视图的基本知识与视图操作的基本方法。

本章定位

数据库系统开发

学习目标

● 深入理解视图的定义。
● 掌握视图的作用。
● 掌握视图的使用。

本章要点

● 视图的定义。
● 视图的作用。
● 创建、修改、删除视图的操作。

7.1 视 图 概 述

视图（View）作为一种数据库对象，为用户提供了一种检索数据表数据的方式。用户通过视图来浏览数据表中感兴趣的部分或全部数据，而数据的物理存放位置仍然在表中。本章将介绍视图的概念、作用，以及创建、修改和删除视图的方法。

视图是一个虚拟表。虚拟表的含义包含两部分。一方面这个虚拟表没有表结构，不实际存储在数据库中，数据库中只存放视图的定义，而不存储视图对应的数据；另一方面视图中的数据来自于"基表"，是在视图被引用的时候动态生成的。打开视图时看到的记录实际仍存储在基表中。

视图一旦定义好，就可以像一个基本表一样进行查询、删除与修改等操作。正因为视图中的数据仍存放在基表中，所以，视图中的数据与基表中的数据必定同步，即对视图的数据进行操作时，系统根据视图的定义去操作与视图相关联的基表。

数据库系统表 sysobjects 中保存每个视图的相关信息，它的类型为 V。视图作为一类数据库对象，它的使用有如下作用：

（1）数据保密。对不同的用户定义不同的视图，使用户只能看到与自己有关的数据。

（2）简化查询操作，为复杂的查询建立一个视图，用户不必键入复杂的查询语句，只需针对此视图做简单的查询即可。

（3）保证数据的逻辑独立性。对于视图的操作，例如查询，只依赖于视图的定义。当构成视图的基本表要修改时，只需修改视图定义中的子查询部分，而基于视图的查询不用改变。

7.2 创 建 视 图

视图的创建可以在 SQL Server Management Studio 中完成，也可以使用 T-SQL 的 CREATE VIEW 语句创建。

7.2.1 使用 SQL Server Management Studio 创建视图

要创建视图必须拥有创建视图的权限，如果使用架构绑定创建视图，必须对视图定义中所引用的表或视图具有适当的权限。

下面以在 XS 数据库中创建 GL_XS(管理系学生)视图为例，说明在 SQL Server Management Studio 中创建视图的过程。

（1）打开 SQL Server Management Studio，展开数据库 XS，右击"视图"，在弹出的快捷菜单中选择"新建视图"命令，如图 7-1 所示。也可以在右边的窗格中右击"视图"对象，在弹出的快捷菜单中选择"新建视图"命令。

图 7-1　创建视图

（2）在出现的图 7-2 所示的对话框中添加表。选择与视图相关的基本表 XSDA，单击"添加"按钮，选择完毕后，单击"关闭"按钮返回，如图 7-3 所示。

图 7-2　选择"添加表"

（3）在图 7-3 所示窗口的第二个窗格中选择所需的字段，根据需要指定列的别名、排序方式和规则等，如图 7-4 所示。

第 7 章　视图

图 7-3　选择视图所需字段

图 7-4　选择列

　　注意：当视图中需要一个与原字段名不同的字段或视图中包含计算列时，必须指定别名。

　　（4）单击"保存"按钮，出现图 7-5 所示的"选择名称"对话框，输入视图名，单击"确定"按钮退出。

图 7-5　保存视图

7.2.2　使用 T–SQL 语句创建视图

在 T-SQL 中，创建视图使用 CREATE VIEW 语句。

语法格式：

```
CREATE  VIEW[<owner>.]view_name[(column_name[,…])]
AS select_statement
```

说明：

（1）view_name 是需要创建的视图的名字，应符合 T-SQL 标识符的命名规则，并且不能与其他的数据库对象同名。可以选择是否指定视图所有者名称。

（2）column_name 是视图中的列名，它是视图中包含的列名。当视图中使用与源表（或视图）相同的列名时，不必给出 column_name。但在以下情况时必须指定列名：当列是从算术表达式、函数或常量派生的；两个或更多的列可能会具有相同的名称（通常是因为联接）；视图中的某列被赋予了不同于派生来源列的名称时。列名也可以在 SELECT 语句中通过别名指派。

（3）select_statement 是定义视图的 SELECT 语句，可在 SELECT 语句中查询多个表或视图，以表明新创建的视图所参照的表或视图。

注意：

① 创建视图的用户必须对所参照的表或视图有查询权限，即可以执行 SELECT 语句。

② 创建视图时，不能使用 COMPUTE、COMPUTE BY、INTO 子句。也不能使用 ORDER BY 子句，除非在 SELECT 语句的选择列表中包含有一个 TOP 子句。

③ 不能在临时表或表变量上创建视图。

④ 不能为视图定义全文索引。

⑤ 可以在其他视图的基础上创建视图，SQL Server 2005 允许嵌套视图，但嵌套层次不得超过 32 层。

⑥ 不能将 AFTER 触发器与视图相关联，只有 INSTEAD OF 触发器可以与之相关联。

【例 7-1】创建 SSMZ_VIEW，内容包括所有非"汉族"的学生。

```
USE XS
GO
CREATE VIEW SSMZ_VIEW
AS
SELECT *
FROM XSDA
WHERE 民族<>'汉族'
```

【例 7-2】创建学生成绩视图 XSCJ_VIEW ，包括所有学生的学号、姓名及其所学课程的课程编号、课程名称和成绩。

```
USE XS
GO
CREATE VIEW xscj_view
AS
SELECT XSDA.学号,姓名,KCXX.课程编号,课程名称,成绩
FROM XSDA,XSCJ,KCXX
WHERE XSDA.学号=XSCJ.学号 AND KCXX.课程编号=XSCJ.课程编号
```

创建视图时，所基于的源也可以是一个或多个视图。

【例 7-3】创建学生平均成绩视图 avg_view，内容包括学生的学号、姓名、平均成绩。注意视图列名的指定。

```
CREATE VIEW avg_view
AS
SELECT 学号,姓名,AVG(成绩) AS 平均成绩
FROM XSCJ_VIEW
GROUP BY 学号,姓名
```

也可以使用下列命令：

```
CREATE VIEW avg_view(学号,姓名,平均成绩)
AS
SELECT 学号,姓名,AVG(成绩)
FROM XSCJ_VIEW
GROUP BY 学号,姓名
```

以下是一个不能成功创建视图的例子，请大家思考。

```
CREATE VIEW ASC_view
AS
SELECT 学号,姓名,平均成绩
FROM AVG_VIEW
order by 平均成绩
```

以上语句执行完毕后系统提示错误信息如下：

消息 1033，级别 15，状态 1，过程 ASC_view，第 3 行

除非另外还指定了 TOP 或 FOR XML，否则，ORDER BY 子句在视图、内联函数、派生表、子查询和公用表表达式中无效。

7.3 修改视图

视图作为数据库的一个对象，它的修改包含两个方面的内容，其一是修改视图的名称，另外就是修改视图的定义。视图的名称可以通过系统存储过程 SP_RENAME 来修改。在本节中，主要讨论视图定义的修改，修改视图特指视图定义的修改。

7.3.1 使用 SQL Server Management Studio 修改视图

前面已经讲过，视图是一个虚表，视图的很多操作可以看做表一样。在 SQL Server Management Studio 中完成视图的修改。

下面将 GL_XS 视图内容修改为管理系学生的全部档案，视图修改的步骤如下：

（1）在 SQL Server Management Studio 中，展开 XS 数据库，选中视图，该数据库中所有

的视图对象出现在右边的窗格中,如图 7-6 所示。

图 7-6　选中视图对象

(2)选中 GL_XS,右击并在弹出的快捷菜单中选择"修改"命令,弹出图 7-7 所示的窗口。

图 7-7　设计视图

(3)下面的操作与创建视图类似,可以根据需要,在第一个窗格中添加或删除表,在第二个窗格进行列的选择与指定列的别名、排序方式和规则等。在这里,将 XSDA 中其他列添加到视图中,还可以根据需要,调整各列的排列顺序,如图 7-8 所示。

（4）修改完毕后，单击"保存"按钮保存，退出即可。

图 7-8 修改视图

7.3.2 使用 T-SQL 语句修改视图

视图的修改不仅可以通过 SQL Server Management Studio 实现，也可以通过 T-SQL 的 ALTER VIEW 命令来完成。

语法格式：

```
ALTER VIEW[<owner>.]view_name[(column_name[,…])]
AS select_statement
```

说明：

（1）view_name 是需要修改视图的名字，它必须是一个已存在于数据库中的视图名称，此名称在修改视图操作中是不能改变的。

（2）column_name 是需要修改视图中的列名，这部分内容可以根据需要进行修改。

（3）select_statement 是定义视图的 SELECT 语句，这是修改视图定义的主要内容。修改视图绝大部分操作就在于修改定义视图的 SELECT 语句。

【例 7-4】将 GL_XS 视图修改为只包含管理系学生的学号、姓名与总学分。

```
USE XS
GO
ALTER VIEW GL_XS
AS SELECT 学号,姓名,总学分
FROM XSDA
WHERE 系名='管理'
GO
```

【例 7-5】修改 AVG_VIEW 视图，将该视图内容修改为课程名及每门课程的平均分。

```
ALTER VIEW avg_view(课程名,平均成绩)
AS
SELECT 课程名称,AVG(成绩)
FROM XSCJ,KCXX
WHERE KCXX.课程编号=XSCJ.课程编号
GROUP BY 课程名称
```
打开视图后的结果如图 7-9 所示。

课程名	平均成绩
▶ 语言程序设计	77
计算机文化基...	77
数据结构	84
数据库信息管...	86
* NULL	NULL

图 7-9 AVG_VIEW 视图

7.4 删 除 视 图

当一个视图所基于的基本表或视图不存在时，这个视图不再可用，但这个视图在数据库中还存在着。删除视图是指将视图从数据库中去除，数据库中不再存储这个对象，除非重新创建它。当一个视图不再需要时，应该将其删除。删除视图既可以在 SQL Server Management Studio 中完成，也可以使用 Transact-SQL 命令。

7.4.1 使用 SQL Server Management Studio 删除视图

在 SQL Server Management Studio 中删除视图的操作方法如下：

（1）展开数据库与视图，出现图 7-10 所示窗口。

（2）在需要删除的视图上右击，在弹出的快捷菜单中选择"删除"命令，出现图 7-10 所示的窗口，选中指定的视图，单击"确定"按钮即可。

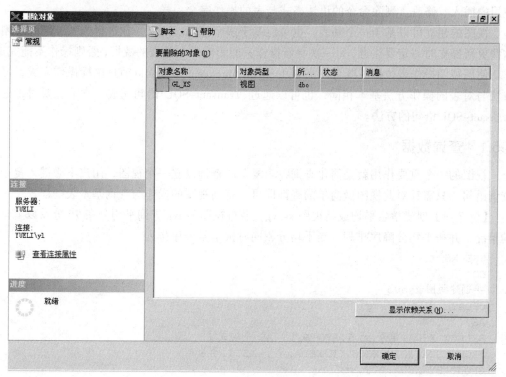

图 7-10 删除视图

7.4.2 使用 T-SQL 语句删除视图

使用 T-SQL 语句命令删除视图的语法格式如下：

```
DROP VIEW view_name[,…n]
```

其中，view_name 是需要删除视图的名字，当一次删除多个视图时，视图名之间用逗号隔开。

【例 7-6】删除【例 7-1】中创建的少数民族视图 SSMZ_VIEW。

```
USE XS
GO
DROP VIEW SSMZ_VIEW
```

【例 7-7】删除【例 7-3】中创建的平均成绩视图 AVG_VIEW。

当不能确认所操作的数据库对象一定存在时，可以首先使用条件判断。

```
IF EXISTS (SELECT * FROM sysobjects WHERE NAME='avg_view' AND TYPE='V')
DROP VIEW avg_view
```

说明：系统视图 sysobjects 中记录了用户创建的每一个数据库对象，关于 sysobjects 视图的结构可参考联机丛书。

7.5 使用视图操作表数据

视图是一个虚拟表。视图定义过后作为一个数据库对象存在，对视图可以像对基表一样进行操作。基表的操作包括查询、插入、修改与删除，视图同样可以进行这些操作，并且所使用的插入、修改、删除命令的语法格式与表的操作完全一样。

视图的建立可以基于一个基表，也可能基于多个基表。所以，在进行插入、修改与删除这些更新操作时一定要注意，每一次更新操作只能影响一个基表的数据，否则操作不能完成。

使用视图操作表数据，既可以在 SQL Server Management Studio 通过鼠标操作完成，操作方法与对表的操作方法基本相同，也可以通过 Transact-SQL 语句完成。本节主要讨论通过 Transact-SQL 语句的方法。

7.5.1 查询数据

视图的一个重要作用就是简化查询，为复杂的查询建立一个视图，用户不必键入复杂的查询语句。只需针对此视图做简单的查询即可。查询视图的操作与查询基本表一样。

【例 7-8】创建学生平均成绩视图 xsavg，通过视图 xsavg 查询平均分在 70 分及以上学生的情况，并按平均分降序排列，当平均分相同时按学号升序排列。

```
USE XS
GO
--创建视图 xsavg
CREATE VIEW xsavg
AS
SELECT XSDA.学号,姓名,AVG(成绩) AS 平均成绩
FROM XSDA JOIN XSCJ ON XSDA.学号=XSCJ.学号
GROUP BY XSDA.学号,姓名
GO
--按要求查询视图
```

```
SELECT *
FROM  xsavg
WHERE 平均成绩>=70
ORDER BY 平均成绩 DESC,学号
```
查询结果如图 7-11 所示。

【例 7-9】创建每门课程的平均成绩视图 kcavg，通过视图 kcavg 查询平均分在 75 分及以上的课程情况，并按平均分降序排列。

```
USE XS
GO
--创建视图 kcavg
CREATE VIEW kcavg
AS
SELECT KCXX.课程编号,课程名称,AVG(成绩) AS 平均成绩
FROM KCXX JOIN XSCJ ON KCXX.课程编号=XSCJ.课程编号
GROUP BY KCXX.课程编号,课程名称
GO
--按要求查询视图
SELECT *
FROM  kcavg
WHERE 平均成绩>=75
ORDER BY 平均成绩 DESC
```
查询结果如图 7-12 所示。

	学号	姓名	平均成绩
1	200502	刘林	92
2	200506	周新民	91
3	200603	孔祥林	90
4	200607	李刚	90
5	200501	王红	84
6	200504	方平	84
7	200507	王丽丽	83
8	200505	李伟强	75
9	200601	孙燕	75
10	200606	陈希	75
11	200602	罗德敏	70

图 7-11　视图 xsavg 的查询结果

	课程编号	课程名称	平均成绩
1	207	数据库信息管理系统	86
2	202	数据结构	84
3	104	计算机文化基础	77
4	108	C语言程序设计	77

图 7-12　视图 kcavg 的查询结果

7.5.2　插入数据

向视图插入数据时，使用 INSERT 语句命令。语法格式与表操作一致。

【例 7-10】向视图 SSMZ_VIEW（少数民族视图）插入一条新记录，各列的值分别为 200599、白云、女、信息管理、1986-10-20、苗族、58。

```
USE XS
GO
INSERT INTO SSMZ_VIEW
VALUES('200599','白云','女','信息','1986-10-20','苗族',58,NULL)
```
查询输入记录后视图和基本表的结果：
```
--查询视图
```

```
SELECT *
FROM SSMZ_VIEW
GO
--查询原基本表
SELECT *
FROM XSDA
GO
```

得到结果如图 7-13 所示。

	学号	姓名	性...	系名	出生日期	民族	总学...	备注
1	200504	方平	女	信息	1987-08-11 00:00:00	回族	52	三好学生
2	200506	周新民	男	信息	1986-01-20 00:00:00	回族	62	NULL
3	200599	白云	女	信息	1986-10-20 00:00:00	苗族	58	NULL
4	200605	刘林	男	管理	1986-05-20 00:00:00	回族	54	NULL

	学号	姓名	性...	系名	出生日期	民族	总学...	备注
1	200501	王红	女	信息	1986-02-14 00:00:00	汉族	60	NULL
2	200502	刘林	男	信息	1986-05-20 00:00:00	汉族	54	NULL
3	200503	曹红雷	男	信息	1985-09-24 00:00:00	汉族	50	NULL
4	200504	方平	女	信息	1987-08-11 00:00:00	回族	52	三好学生
5	200505	李伟强	男	信息	1985-11-14 00:00:00	汉族	60	一门课不及格需补考
6	200506	周新民	男	信息	1986-01-20 00:00:00	回族	62	NULL
7	200507	王丽丽	女	信息	1987-06-03 00:00:00	汉族	60	NULL
8	200599	白云	女	信息	1986-10-20 00:00:00	苗族	58	NULL
9	200601	孙燕	女	管理	1907-05-20 00:00:00	汉族	54	NULL
10	200602	罗德敏	男	管理	1988-07-18 00:00:00	汉族	64	获得一等奖学金
11	200603	孔祥林	男	管理	1986-05-20 00:00:00	汉族	54	NULL
12	200604	王华	女	管理	1987-04-16 00:00:00	汉族	60	NULL
13	200605	刘林	男	管理	1986-05-20 00:00:00	回族	54	NULL
14	200606	陈希	女	管理	1987-03-22 00:00:00	汉族	60	转专业
15	200607	李刚	男	管理	1988-05-20 00:00:00	汉族	54	NULL

图 7-13　查询 SSMZ_VIEW 视图的结果与查询 XSDA 基本表的结果比较

通过查询后的结果比较可以看出，向视图插入记录其真正影响的是基本表，原因就是视图是一个虚表，视图中的数据不存储。

注意：当视图所依赖的基本表有多个时，不能向该视图插入数据。

【**例 7-11**】向学生成绩视图 XSCJ_VIEW 中插入新记录，XSCJ_VIEW 视图中包括学生的学号、姓名及其所学课程的课程编号、课程名称和成绩。新记录各列的值分别为 200588、江涛、104、计算机文化基础、65。

```
--视图 XSCJ_VIEW 中的列分别来自两个表 XSDA 和 XSCJ
USE XS
GO
INSERT INTO XSCJ_VIEW
VALUES('200588','江涛','男','104','计算机文化基础',65)
```

执行后系统提示错误信息如下：

消息 4405,级别 16,状态 1,第 1 行

视图或函数 XSCJ_VIEW 不可更新，因为修改会影响多个基表。

7.5.3 修改数据

使用 UPDATE 语句可以通过视图修改基表中的数据。语法格式与表操作一致。

【例 7-12】通过 SSMZ_VIEW 视图将学号为 200599 学生的姓名改为"白小云"，民族改为"满族"。

```
USE XS
GO
UPDATE SSMZ_VIEW
SET 姓名='白小云',民族='满族'
WHERE 学号='200599'
--查询结果
SELECT * FROM SSMZ_VIEW
```

【例 7-13】通过学生成绩视图 XSCJ_VIEW 将所有学生 C 语言程序设计的成绩减去 2 分。

```
USE XS
SELECT *
FROM XSCJ_VIEW
WHERE 课程名称='C 语言程序设计'
--修改数据记录
UPDATE XSCJ_VIEW
SET 成绩=成绩-2
WHERE 课程名称='C 语言程序设计'
--查询结果
SELECT *
FROM  XSCJ_VIEW
WHERE 课程名称='C 语言程序设计'
```

本例题中对 XSCJ_VIEW 视图中成绩列的修改实际仍作用于基本表 XSDA。当对视图的修改涉及一个基本表时该修改能够成功执行，当修改涉及多个基本表时则修改失败。

思考：通过学生成绩视图 XSCJ_VIEW，将学号 200501 改为 200500，观察 XSDA 表及 XSCJ_VIEW 视图中相关数据的变化。该修改将导致数据库中 XSDA 表与 XSCJ 表中学号字段的不一致。关于表间数据的一致性可通过参照完整性实现。若用外键在 XSDA 表和 XSCJ 表上定义了参照完整性，这种修改不成功。

7.5.4 删除数据

使用 DELETE 语句可以通过视图修改基本表的数据。语法格式与表操作一致。

【例 7-14】通过视图 SSMZ_VIEW 删除姓名为"白小云"的记录。

```
USE XS
SELECT *
FROM XSDA
--删除数据记录
DELETE SSMZ_VIEW WHERE 姓名='白小云'
--查询结果
SELECT * FROM  XSDA
```

对视图删除数据时涉及多个基本表，删除操作不成功。

小　　结

　　本章主要讨论了视图的概念，视图的创建、修改与删除，以及通过视图来查询、插入、修改与删除表数据。

　　（1）视图是数据库的一个独立的对象，视图是一个虚拟表。

　　（2）视图所有的操作都可以通过 SQL Server Management Studio 或 T-SQL 语句来完成。T-SQL 语句是学习的重点与难点。

　　（3）视图的定义操作涉及的 T-SQL 命令有：

　　创建：`CREATE VIEW  [< owner > .] view_name [(column_name[,…])]`
　　　　　　`AS select_statement`

　　修改：`ALTER VIEW  [< owner > .] view_name [(column_name[,…])]`
　　　　　　`AS select_statement`

　　删除：`DROP  VIEW  view_name[,…n]`

　　（4）使用视图进行数据操作的方法与表操作所使用的命令语句基本相同，只需要在语句中将表名改为视图名就可以了。但一定要注意，在进行插入、修改与删除操作时，每一次新操作只能影响一个基表中的数据。

习　　题

一、选择题

1. 建立视图用的 T-SQL 命令是 （　　　　）。
　　A．CREATE SCHEMA　　　　　　B．CREATE TABLE
　　C．CREATE VIEW　　　　　　　　D．CREATE INDEX

2. 视图是从（　　　　）中导出的。
　　A．基本表　　　　　B．视图　　　　　C．基本表或视图　　　　D．数据库

3. 在视图上不能完成的操作是（　　　　）
　　A．更新视图数据　　　　　　　　B．查询
　　C．在视图上定义新的基本表　　　D．在视图上定义新视图

4. 创建视图时，能使用的子句是（　　　　）。
　　A．GROUP BY　　　　　　　　　B．ORDER BY
　　C．COMPUTE BY　　　　　　　　D．INTO

5. 关于视图的下列说法错误的是（　　　　）。
　　A．视图是一个虚拟表　　　　　　B．视图中也保存有数据
　　C．视图也可由视图派生出来　　　D．视图就是保存 SELECT 查询的结果集

二、判断题

1. 因为通过视图可以插入、修改或删除数据，因此视图也是一个实在表，SQL server 2005 将它保存在 syscommens 系统视图中。

2. 视图是从一个或多个表（视图）中导出的虚表，当它所基于的表（视图）被删除后，该视图也随之删除。

3. 通过视图可以修改表数据，但当视图是从多个表导出的时，不允许做修改数据操作。

4. 视图本身没有保存数据，而是保存视图的定义。

5. 视图与它所基于的基本表的数据是同步的，所以当基本表增加或减少字段时，视图也会随之同步增加或减少。

三、简答题

1. 什么是视图？它和表有何区别？

2. 使用视图的优势有哪些？

四、设计题

使用 T-SQL 命令，完成下面的操作。

1. 创建学生成绩视图（学号，姓名，课程编号，课程名称，成绩）。

2. 创建信息系学生视图（学号，姓名，性别，系名，出生日期，民族，总学分，备注）。

3. 创建优秀学生视图（学号，姓名，平均成绩），优秀学生的标准是平均成绩在 80 分以上，且没有不及格科目。

4. 从学生成绩视图中查询各科成绩最高分（课程名称，最高成绩）。

5. 修改优秀学生视图，将标准改为平均成绩在 80 分以上，且单科成绩在 75 分以上。

6. 使用信息系学生视图，插入一条记录（200700，高强，1，信息，1988-10-20，苗族，50）。

7. 使用信息系学生视图，将所有信息系学生的备注内容修改为"对日外包"。

8. 使用少数民族视图，删除姓名为"高强"的记录。

9. 删除上面创建的视图。

第8章

→ Transact-SQL 程序设计

案例引入

SQL（Structure Query Language）语言是用于数据库查询的结构化语言。1982 年美国国家标准化组织 ANSI 确认 SQL 为数据库系统的工业标准。目前，许多关系型数据库管理系统都支持 SQL 语言，如 Access、Oracle、Sybase、DB2 等。

T-SQL（Transact-SQL）在支持标准 SQL 的同时，还对其进行了扩充，引入了变量定义、流程控制和自定义存储过程等语句，极大地扩展了 SQL Server 2005 的功能。

使用数据库的客户或应用程序都是通过 T-SQL 语言来操作数据库的，本章主要介绍 T-SQL 程序设计基础知识。

本章定位

学习目标

- 掌握 T-SQL 的表达式和基本流程控制语句的使用。
- 掌握各种常用的系统内置函数的使用。
- 掌握用户定义函数的定义与调用。
- 掌握游标的使用。

本章要点

- T-SQL 的常量、变量、表达式。
- 基本流程控制语句。
- 常用的系统内置函数。
- 用户定义函数。
- 游标。

8.1 Transact-SQL 语言基础

在 SQL Server 数据库中，T-SQL 语言由以下几部分组成：

（1）数据定义语言（DDL）。数据定义语言用于执行数据库的任务，对数据库及数据库中的各种对象进行创建、删除、修改等操作，主要包括 CREATE、ALTER、DROP 等语句。

（2）数据操纵语言（DML）。数据操纵语言用于操纵数据库中各种对象，检索和修改数据，主要包括 SELECT、INSERT、UPDATE、DELETE 等语句。

（3）数据控制语言（DCL）。数据控制语言用于安全管理，确定哪些用户可以查看或修改数据库中的数据，主要包括 CRANT、REVOKE、DENY 等语句。

（4）T-SQL 增加的语言元素。微软为了用户编程的方便增加了一些语言元素，包括变量、运算符、函数、流程控制语句和注释。这些 T-SQL 语句都可以在 SQL Server Management Studio 的查询编辑器中运行，也可以存储在数据库服务器上运行。本章将介绍这部分增加的语言元素。

8.1.1 标识符与注释

1. 标识符

数据库对象的名称被看成是该对象的标识符。在 SQL Server 中标识符可以分成两类：常规标识符与分隔标识符。由于分隔标识符不常用，我们只介绍常规标识符的使用。

常规标识符应符合如下规则：

（1）第一个字符必须是下列字符之一：ASCII 字符、Unicode 字符、下画线 _ 、@或#。在 SQL Server 中，某些处于标识符开始位置的符号具有特殊意义，以@开始的标识符表示局部变量或参数，以一个数字符号开始的标识符表示临时表或过程，以##开始的标识符表示全局临时对象。

（2）后续字符可以是：ASCII 字符、Unicode 字符、下画线 _ 、@、美元符号 $ 或数字符号。

（3）标识符不能是 T-SQL 的保留字。

（4）不允许嵌入空格或其他特殊字符。

2. 注释

注释是为 SQL 语句加上解释和说明，以说明该代码的含义，增加代码的可读性。T-SQL 支持以下两种类型的注释：

（1）多行注释。使用"/*"和"*/"将注释括起来可以连续书写多行的注释语句，例如：

```
/*使用 GROUP BY 子句和聚合函数对数据进行分组后，
再使用 HAVING 子句对分组数据进一步筛选*/
```

（2）单行注释。使用"--"表示书写单行注释语句，例如：

```
--声明局部变量
```

8.1.2 常量

常量是指在程序运行过程中其值不变的量。常量又称标量值。根据常量值的不同类型，常量分为字符串常量、整型常量、实型常量、日期时间常量、货币常量、唯一标识常量。常量的格式取决于它所表示的值的数据类型，如表 8-1 所示。

表 8-1　SQL 常量类型表

数据类型		说　　明	例　　如
字符串常量	ASCII 字符串常量	用单引号括起来，由 ASCII 字符构成的符号串，每个字符用 1 字节存储	'山东', 'this is database', 'R''abc'（可使用两个单引号表示嵌入的单引号）
	Unicode 字符串常量	前缀是大写字母 N 后面同 ASCII 字符串常量格式，每个字符用 2 字节存储	N'山东', N'How are you!'
整型常量	二进制	表示为数字 0 或 1，若使用一个大于 1 的数，则被转换为 1	0x54E（十六进制） 35，−83（十进制）
	十六进制	前缀 0x 后跟十六进制数字串	
	十进制	不带小数点的十进制数	
实型常量		定点表示	12.8，−92.5（定点）
		浮点表示	+174E-2，−27E3（浮点）
日期时间常量		用单引号将表示日期时间的字符串括起来	'3/8/09', '11−11−06', '19491001', '11:13:45 PM', '13:22:34', '11−11−06 13:20:44'
money 常量		以 "$" 作为前缀的整型或实型常量	$50，$47.2，−$45.9
uniqueidentifier 常量		用于表示全局唯一标识符（GUID）值的字符串，可以使用字符（用单引号括起来）或十六进制格式（前缀 0x）指定	'6F9619FF-8B86-D011-B42D-00C04FC964FF' 0x6F9619FF8B86D011B42D00C04FC964FF

8.1.3　变量

变量是指在程序运行过程中其值可以改变的量。变量有名字和数据类型两个属性，变量名用于标识该变量，必须是合法的标识符。变量的数据类型确定了该变量存放值的格式及允许的运算。变量可分为局部变量和全局变量。

1. 局部变量

局部变量是用户定义的变量，用于保存单个数据值。局部变量常用于保存程序运行的中间结果或作为循环变量使用。

（1）局部变量的定义。局部变量必须用 DECLARE 语句声明后才可以使用，所有局部变量在声明后均初始化为 NULL。

语法格式：

```
DECLARE{@local_variable  data_type}[,…n]
```

说明：

① local_variable：局部变量名，应为常规标识符。局部变量名必须以@开头。

② data_type：数据类型，用于定义局部变量的类型，可为系统类型或自定义类型。

③ n：表示可定义多个变量，各变量间用 "," 隔开。

④ 局部变量的作用范围从声明该局部变量的地方开始，到声明的批处理或存储过程的

结尾。批处理或存储过程结束后，存储在局部变量中的信息将丢失。

（2）局部变量的赋值。当局部变量声明之后，可用 SET 或 SELECT 语句给其赋值。

① 使用 SET 语句赋值。

语法格式：

```
SET @local_variable=expression
```

说明：

- local_variable：除 cursor、text、ntext、image 外的任何类型变量。
- expression：是任何有效的 SQL Server 表达式。
- 一条 SET 语句一次只能给一个局部变量赋值。

【例 8-1】创建局部变量@var1、@var2，并赋值，然后输出变量的值。

```
DECLARE  @var1 varchar(10),@var2 varchar(20)
SET @var1='山东'
SET @var2=@var1 +'职业学院'
SELECT  @var1,@var2
GO
```

【例 8-2】创建一个名为 xm 的局部变量，并在 SELECT 语句中使用该局部变量查找表 XSDA 中所有管理系学生的姓名、总学分。

```
USE XS
DECLARE  @xm char(10)
SET  @xm='管理'
SELECT  姓名,总学分
FROM XSDA
WHERE 系名=@xm
GO
```

【例 8-3】使用查询给变量赋值。

```
USE XS
DECLARE  @name char(8)
SET @name=(SELECT top 1 姓名 FROM XSDA)
SELECT @name
GO
```

② 使用 SELECT 语句赋值。

语法格式：

```
SELECT{@local_variable=expression}[,…n]
```

说明：

- local_variable：除 cursor、text、ntext、image 外的任何类型变量。
- expression：是任何有效的 SQL Server 表达式。
- n：表示可给多个变量赋值。
- SELECT 通常用于将单个值返回到变量中，当 expression 为表的列名时，可使用子查询功能从表中一次返回多个值，此时将返回的最后一个值赋给变量。如果子查询没有返回值，则将变量设为 NULL。
- 如果省略了赋值号及后面的表达式，则可以将局部变量的值显示出来，起到输出显示局部变量值的作用。

【例 8-4】创建局部变量@var1、@var2，并赋值，然后输出变量的值。

```
DECLARE  @var1 varchar(10),@var2 varchar(20)
SELECT @var1='山东'
SELECT @var2=@var1 +'职业学院'
SELECT  @var1,@var2
GO
```

运行结果与【例 8-1】相同。

【例 8-5】使用查询给变量赋值。

```
USE XS
DECLARE @name char(8)
SELECT  @name=姓名
FROM  XSDA
SELECT @name
GO
```

注意：本例的子查询结果返回 XSDA 表中所有学生的姓名，@name 中保存的是最后一个学生的姓名。

2. 全局变量

全局变量是由系统提供并赋值，而且预先声明的用来保存 SQL Server 系统运行状态数据值的变量。用户不能定义全局变量，也不能用 SET 语句和 SELECT 语句修改全局变量的值。通常可以将全局变量的值赋给局部变量，以便保存和处理。全局变量名以"@@"开头。事实上，在 SQL Server 中，全局变量是一组特定的函数，不需要任何参数，在调用时无须在函数名后面加括号，这些函数又称无参数函数。

全局变量分为两类：一是与 SQL Server 连接有关的全局变量，如@@rowcount 表示受最近一个语句影响的行数；二是与系统内部信息有关的全局变量，如@@version 表示 SQL Server 的版本号。SQL Server 提供了 30 多个全局变量，表 8-2 介绍几个常用的全局变量。

表 8-2　SQL 常用的全局变量表

名　称	说　明
@@connections	返回当前服务器的连接数目
@@rowcount	返回上一条 T-SQL 语句影响的数据行数
@@error	返回上一条 T-SQL 语句执行后的错误号
@@procid	返回当前存储过程的 ID 号
@@remserver	返回登录记录中远程服务器的名字
@@servername	返回运行 SQL Server 的本地服务器名称
@@version	返回当前 SQL Server 服务器的版本和处理器类型
@@language	返回当前 SQL Server 服务器的语言
@@max_connections	返回 SQL Server 允许的用户同时连接的最大数

【例 8-6】利用全局变量查看 SQL Server 版本和当前使用的语言。

```
SELECT @@version as 版本
SELECT @@language as 语言
```

8.1.4 运算符与表达式

SQL Server2005 提供的常用运算符有算术运算符、字符串连接运算符、比较运算符、逻辑运算符四种，本节介绍这些常用的运算符。有关一元运算符、位运算符、赋值运算符的使用请查阅联机帮助。

通过运算符连接运算量构成表达式。

1. 算术运算符

算术运算符包括：+（加）、-（减）、*（乘）、/（除）和%（求模)，参与运算的数据是数值类型数据，其运算结果也是数值类型数据。加、减运算符也可用于对日期型数据进行运算，还可用于对数字字符数据与数值类型数据进行运算。

【例 8-7】算术运算符的使用。

```
SELECT 3+5,8-3,5/4,5.0/4,7%3
SELECT GETDATE()-20
SELECT '125' - 15,'125' + 15
```

2. 字符串连接运算符

字符串连接运算符用"+"表示，可以实现字符串之间的连接。参与字符串连接运算的数据只能是字符数据类型：char、varchar、nchar、nvarchar、text、ntext，其运算结果也是字符数据类型。

【例 8-8】字符串连接运算符的使用。

```
SELECT '信息系'+'软件专业'
SELECT '信息系'+'  '+'软件专业'
```

3. 比较运算符

比较运算符（又称关系运算符）如表 8-3 所示，用来对两个相同类型表达式的顺序、大小、相同与否进行比较。除了 text、ntext 或 image 数据类型的表达式外，比较运算符可以用于所有的表达式，即用于数值大小的比较、字符串排列顺序的前后比较、日期数据前后比较。

比较运算结果有三种值：TRUE（正确）、FALSE（错误）、UNKNOWN（未知）。

比较表达式用于 IF 语句和 WHILE 语句的条件、WHERE 子句和 HAVING 子句的条件。

表 8-3　比较运算符

运 算 符	含 义
=	相等
>	大于
<	小于
>=	大于等于
<=	小于等于
<>、!=	不等于
!<	不小于
!>	不大于

【例 8-9】比较运算符的使用。

```
-- 比较数值大小
IF 67>40
```

```
    PRINT '67>40 正确!'
ELSE
    PRINT '67>40 错误!'
-- 比较字符串顺序
IF 'asd'>'abd'
    PRINT 'asd>abd 正确!'
ELSE
    PRINT 'asd>abd 错误!'
-- 比较日期顺序
IF GETDATE()>'2011-1-1'
    PRINT 'Yes'
ELSE
    PRINT 'No'
```

4. 逻辑运算符

逻辑运算符用于对某个条件进行测试，如表 8-4 所示。逻辑运算符和比较运算符一样，返回带有 TRUE 或 FALSE 值的布尔数据类型。

逻辑表达式用于 IF 语句和 WHILE 语句的条件、WHERE 子句和 HAVING 子句的条件。

表 8-4 逻辑运算符

运　算　符	运　算　规　则
AND	如果两个操作数值都为 TRUE，运算结果为 TRUE
OR	如果两个操作数中有一个为 TRUE，运算结果为 TRUE
NOT	若一个操作数值为 TRUE，运算结果为 FALSE；否则为 TRUE
ALL	如果每个操作数值都为 TRUE，运算结果为 TRUE
ANY	在一系列操作数中只要有一个为 TRUE，运算结果为 TRUE
BETWEEN	如果操作数在指定的范围内，运算结果为 TRUE
EXISTS	如果子查询包含一些行，运算结果为 TRUE
IN	若操作数值等于表达式列表中的一个，运算结果为 TRUE
LIKE	若操作数与一种模式相匹配，运算结果为 TRUE
SOME	如果在一系列操作数中，有些值为 TRUE，运算结果为 TRUE

ANY、SOME、ALL 一般用于比较子查询，这种查询可以认为是 IN 子查询的扩展，它使表达式的值与子查询的结果进行比较运算。

语法格式：

```
expression{<|<=|=|>|>=|<>|!=|!<|!>}{ALL|SOME|ANY}(subquery)
```

说明：

（1）expression 是要进行比较的表达式。

（2）{ = | <> | != | > | >= | !> | < | <= | !< }是比较运算符。

（3）subquery 是返回单列结果集的子查询。返回列的数据类型必须与 expression 的数据类型相同。

（4）ALL：当表达式与子查询结果集中的每个值都满足比较的关系时，返回 TRUE，否则返回 FALSE。

（5）SOME、ANY：当表达式与子查询结果集中的某个值满足比较的关系时，返回 TRUE，否则返回 FALSE。

（6）>ALL：表示大于每一个值，即大于最大值。例如，>ALL（1, 2, 3）表示大于 3，因此，使用>ALL 的子查询也可用 MAX 函数实现。

（7）>ANY：表示至少大于一个值，即大于最小值。例如，>ANY（1, 2, 3）表示大于 1，因此，使用>ANY 的子查询也可用 MIN 函数实现。

（8）=ANY：与 IN 等效。

（9）<>ALL：与 NOT IN 等效。

【例 8-10】查询比信息系所有学生的年龄都小的学生的学号、姓名及出生日期。

分析：

（1）先求出信息系所有学生的出生日期。

（2）>ALL，大于信息系所有学生出生日期（即大于最大日期，用子查询来实现）。

（3）找出满足条件的记录结果（学号、姓名、出生日期）。

```
USE XS
SELECT 学号,姓名, 出生日期
FROM XSDA
WHERE 出生日期>ALL
(
SELECT 出生日期
FROM XSDA
WHERE 系名='信息'
)
GO
```

【例 8-11】查询成绩高于方平最低成绩的学生姓名、课程名称及成绩。

分析：

（1）先求出方平的所有成绩。

（2）>ANY，至少大于方平的一门课程成绩（即高于最低成绩，用子查询来实现）。

（3）找出满足条件的记录结果（姓名、课程名称、成绩，用连接查询实现）。

```
USE XS
SELECT DISTINCT 姓名,课程名称,成绩
FROM XSDA JOIN XSCJ ON XSDA.学号=XSCJ.学号
JOIN KCXX ON XSCJ.课程编号=KCXX.课程编号
WHERE 成绩>ANY
(
SELECT  成绩
FROM XSDA,XSCJ
WHERE XSDA.学号=XSCJ.学号 AND 姓名='方平'
) AND 姓名<>'方平'
GO
```

5. 运算符的优先级

当一个复杂的表达式中包含多个运算符时，运算符优先级将决定执行运算的先后次序。执行的顺序会影响所得到的运算结果。

运算符优先级如表 8-5 所示。在一个表达式中按先高（优先级数字小）后低（优先级数字大）的顺序进行运算。

表 8-5 运算符优先级

运　算　符	优　先　级
+（正）、-（负）、~（按位 NOT）	1
*（乘）、/（除）、%（模）	2
+（加）、+（串联）、-（减）	3
=、>、<、>=、<=、<>、!=、!>、!<	4
^（位异或）、&（位与）、|（位或）	5
NOT	6
AND	7
ALL、ANY、BETWEEN、IN、LIKE、OR、SOME	8
=（赋值）	9

当一个表达式中的两个运算符有相同的优先级时，根据它们在表达式中的位置，一般而言，一元运算符按从右向左的顺序运算，二元运算符对其从左到右进行运算。

表达式中可用括号改变运算符的优先级，先对括号内的表达式求值，然后对括号外的运算符进行运算。

若表达式中有嵌套的括号，则首先对嵌套最深的表达式求值。

8.2　批处理与流程控制语句

SQL Server 服务器端的程序通常使用 SQL 语句来编写。当任务不能由单独的 T-SQL 语句来完成时，SQL Server 通常使用批处理来组织多条 T-SQL 语句完成任务。一般而言，一个服务器端的程序是由以下一些成分组成：批、注释、变量、流程控制语句、消息处理等。

8.2.1　批处理

批处理是由一条或多条 T-SQL 语句组成的，应用程序将这些语句作为一个单元一次性地发送到 SQL Server 服务器执行。批处理结束的标志是 GO。

使用批处理时应遵循以下规则：

（1）CREATE DEFAULT、CREATE PROCEDURE、CREATE RULE、CREATE TRIGGER 和 CREATE VIEW 语句不能在批处理中与其他语句组合使用。批处理必须以 CREATE 语句开始，所有跟在 CREATE 后的其他语句将被解释为第一个 CREATE 语句定义的一部分。

（2）不能把规则和默认值绑定到表字段或用户定义数据类型之后，在同一个批处理中使用它们。

（3）不能在给表字段定义了一个 CHECK 约束后，在同一个批处理中使用该约束。

（4）在同一个批处理中不能删除一个数据库对象又重建它。

（5）不能在修改表的字段名后，在同一个批处理中引用该新字段名。

（6）调用存储过程时，若它不是批处理中的第一条语句，那么在它前面必须加上 EXECUTE（或 EXEC）。

8.2.2 流程控制语句

设计程序时，常常需要利用各种流程控制语句，改变计算机的执行流程以满足程序设计的需要。SQL Server 中提供的主要流程控制语句如下：

1. BEGIN...END 语句

BEGIN...END 语句用于将多条 T–SQL 语句组合成一个语句块，并将它们视为一个单一语句使用。多用于条件语句和循环语句中。

语法格式：

```
BEGIN
    sql_statement              --是任何有效的 T-SQL 语句
    […n]
END
```

说明：BEGIN...END 语句块允许嵌套使用，BEGIN 和 END 语句必须成对使用。

2. PRINT 语句

PRINT 语句将用户定义的消息返回客户端。

语法格式：

```
PRINT 'any ASCII text' | @local_variable | @@FUNCTION | string_expression
```

说明：

（1）'any ASCII text'：一个文本字符串。

（2）@local_variable：任意有效的字符数据类型变量。

（3）@@FUNCTION：返回字符串结果的函数。

（4）string_expression：返回字符串的表达式。

（5）PRINT 语句向客户端返回一个字符类型表达式的值，最长为 255 个字符。

3. IF...ELSE 语句

在程序中如果要对给定的条件进行判定，当条件为真或假时分别执行不同的 T–SQL 语句，可用 IF...ELSE 语句实现。

语法格式：

```
IF boolean_expression              --条件表达式
    {sql_statement|statement_block}     --条件表达式为真时执行的 T-SQL 语句或语句块
[ELSE
    {sql_statement|statement_block}]   --条件表达式为假时执行的 T-SQL 语句或语句块
```

说明：boolean_expression 是条件表达式，运算结果为 TRUE（真）或 FALSE（假）。如果条件表达式中含有 SELECT 语句，必须用圆括号将 SELECT 语句括起来。

【例 8-12】如果王红的平均成绩高于 90 分，则显示"平均成绩优秀"；否则显示"平均成绩非优秀"。

```
USE XS
DECLARE @text1  char(20)
SET @text1='平均成绩非优秀'
IF(SELECT AVG(成绩)
   FROM  XSDA,XSCJ
   WHERE  XSDA.学号=XSCJ.学号 AND 姓名='王红'
   )>=90
```

```
    BEGIN
      SET @text1='平均成绩优秀'
      SELECT  @text1
    END
ELSE
      SELECT  @text1
```

4. 循环语句（WHILE）、BREAK 语句和 CONTINUE 语句

（1）WHILE 循环语句。如果需要重复执行程序中的一部分语句，可使用 WHILE 循环语句实现。

语法格式：

```
WHILE boolean_expression
{sql_statement|statement_block}     --T-SQL语句或语句块构成的循环体
```

说明：boolean_expression 是条件表达式，运算结果为 TRUE（真）或 FALSE（假）。如果条件表达式中含有 SELECT 语句，必须用圆括号将 SELECT 语句括起来。

【例 8-13】求 10!。

```
DECLARE @i int,@t int
SET @t=1
SET @i=1
WHILE @i<=10
    BEGIN
      SET @t=@t*@i
      SET @i=@i+1
    END
PRINT '10!='+STR(@t)
```

（2）BREAK 语句。一般用在循环语句中，用于退出本层循环。当程序中有多层循环嵌套时，使用 BREAK 语句只能退出其所在的这一层循环。

语法格式：

```
BREAK
```

（3）CONTINUE 语句。一般用在循环语句中，结束本次循环，重新转到下一次循环条件的判断。

语法格式：

```
CONTINUE
```

5. RETURN 语句

用于从过程、批处理或语句块中无条件退出，不执行位于 RETURN 之后的语句。

语法格式：

```
RETURN[integer_expression]
```

说明：

（1）integer_expression 是将整型表达式的值返回。存储过程可以给调用过程或应用程序返回整型值。

（2）除非特别指明，所有系统存储过程返回 0 值表示成功，返回非 0 值则表示失败。

（3）当用于存储过程时，RETURN 不能返回空值。

6. WAITFOR 语句

WAITFOR 语句指定触发语句块、存储过程、事务执行的时刻或需等待的时间间隔。

语法格式：

```
WAITFOR {DELAY'time'|TIME'time'}
```

说明：

（1）DELAY'time'：用于指定 SQL Server 必须等待的时间，最长可达 24 h。time 可以 datetime 数据格式指定，用单引号括起来，但在值中不允许有日期部分，也可以用局部变量指定参数。

（2）TIME'time'：指定 SQL Server 等待到某一时刻，time 值的指定同上。

（3）执行 WAITFOR 语句后，在到达指定时间之前将无法启用与 SQL Server 的连接。若要查看活动的进程和正在等待的进程，使用 sp_who。

【例 8-14】如下语句设定在早上 8 时执行存储过程 Manager。

```
BEGIN
    WAITFOR TIME'8:00'
    EXECUTE sp_addrole 'Manager'
END
```

8.3　系统内置函数

函数是 T-SQL 语言提供的用以完成某种特定功能的程序。在 T-SQL 编程语言中函数可分为系统内置函数和用户定义函数。本节主要介绍系统内置函数中常用的数学函数、字符串函数、日期和时间函数、聚合函数、系统函数。

8.3.1　数学函数

数学函数用于对数字表达式进行数学运算并返回运算结果。组成数字表达式的数据类型有 decimal、integer、float、real、money、smallmoney、smallint 和 tinyint。在此介绍几个常用的数学函数。

1. ABS 函数

语法格式：

```
ABS(numeric_expression)
```

说明：返回给定数字表达式的绝对值。参数 numeric_expression 为数字型表达式（bit 数据类型除外），返回值类型与 numeric_expression 相同。

2. ROUND 函数

语法格式：

```
ROUND(numeric_expression,length)
```

说明：返回数字表达式并四舍五入为指定的长度或精度。参数 numeric_expression 为数字型表达式（bit 数据类型除外）；length 是 numeric_expression 将要四舍五入的精度，length 必须是 tinyint、smallint 或 int，当 length 为正数时，numeric_expression 四舍五入为 length 所指定的小数位数，当 length 为负数时，numeric_expression 则按 length 所指定的在小数点的左边四舍五入。返回值类型与 numeric_expression 相同。

3. RAND 函数

语法格式：

```
RAND([seed])
```

说明：返回 0～1 之间的随机 float 值。参数 seed 是给出种子值或起始值的整型表达式（tinyint、smallint 或 int）。返回值类型为 float。

【例 8-15】使用 SELECT 语句查询数学函数。

```
SELECT ABS(-5),ABS(0.0),ABS(6.0)
SELECT ROUND(123.456,2),ROUND(123.456,-2)
SELECT RAND(),RAND(6)
```

8.3.2　字符串函数

字符串函数用于对字符串进行操作，并返回一个字符串或数字值。在此介绍几个常用的字符串函数。

1. ASCII 函数

语法格式：

```
ASCII(character_expression)
```

说明：返回字符表达式最左端字符的 ASCII 码值。参数 character_expression 是类型为字符型的表达式。返回值类型为整型。

2. CHAR 函数

语法格式：

```
CHAR(integer_expression)
```

说明：将 ASCII 码转换为字符。参数 integer_expression 是介于 0~255 之间的整数，返回值类型为字符型；如果整数表达式不在此范围内，将返回 NULL 值。

【例 8-16】使用 SELECT 语句查询字符串函数。

```
SELECT ASCII('A'),ASCII('a'),ASCII('数据'),ASCII('5')
SELECT CHAR(65),CHAR(97)
```

3. LEFT 函数

语法格式：

```
LEFT(character_expression,integer_expression)
```

说明：返回从字符串左边开始指定个数的字符。参数 character_expression 为字符表达式；integer_expression 为整型表达式，表示字符个数。返回值类型为 varchar 型。

4. RIGHT 函数

语法格式：

```
RIGHT(character_expression,integer_expression)
```

说明：返回从字符串右边开始指定个数的字符。参数 character_expression 为字符表达式；integer_expression 为整型表达式，表示字符个数。返回值类型为 varchar 型。

5. SUBSTRING 函数

语法格式：

```
SUBSTRING(expression,start,length)
```

说明：返回 expression 中指定的部分数据。参数 expression 可为字符串、二进制串、text、image 字段或表达式；start 是一个整数，指定子串的开始位置；length 是一个整数，指定子串的长度（要返回的字符数或字节数）。如果 expression 是字符类型和 binary 数据类型，则返回值类型与 expression 的类型相同。

【例 8-17】使用 SELECT 语句查询字符串函数。

```
SELECT LEFT('山东职业学院',2)
SELECT RIGHT('山东职业学院',3)
SELECT SUBSTRING('山东职业学院',3,2)
```

6. REPLACE 函数

语法格式：

```
REPLACE('string_expression1','string_expression2','string_expression3')
```

说明：用第三个字符串表达式替换第一个字符串表达式中包含的所有第二个字符串表达式，并返回替换后的表达式。参数'string_expression1'、'string_expression2'、'string_expression3'均为字符串表达式。返回值类型为字符型。

7. STR 函数

语法格式：

```
STR(float_expression[,length[,decimal]])
```

说明：将数字数据转换为字符数据。参数 float_expression 为 float 类型的表达式；length 用于指定总长度，包括小数点、符号、数字或空格，默认值为 10；decimal 指定小数点右边的位数。Length，decimal 必须均为正整型。返回值类型为 char。

8. LEN 函数

语法格式：

```
LEN(string_expression)
```

说明：返回给定字符串表达式 string_expression 的字符（而不是字节）个数，不计算尾部空格。返回值类型为 int 型。

【例 8-18】使用 SELECT 语句查询字符串函数。

```
SELECT REPLACE('计算机软件专业','软件','应用')
SELECT STR(5.392,6,1),STR(48.2685,5,3),STR(-7.513,4,2)
SELECT LEN('信息工程系')
```

8.3.3 日期和时间函数

1. GETDATE 函数

语法格式：

```
GETDATE()
```

说明：按 datetime 值的 SQL Server 标准内部格式返回当前系统日期和时间。返回值类型为 datetime。

2. DAY 函数

语法格式：

```
DAY(date)
```

说明：返回指定日期的天数。参数 date 为 datetime 或 smalldatetime 类型的表达式。返回值类型为 int。

3. MONTH 函数

语法格式：

```
MONTH(date)
```

说明：返回指定日期的月份。参数 date 是 datetime 或 smalldatetime 类型的表达式。返回值类型为 int。

4. YARE 函数

语法格式：

```
YEAR(date)
```

说明：返回指定日期的年份。参数 date 是 datetime 或 smalldatetime 类型的表达式。返回值类型为 int。

【例 8-19】使用 SELECT 语句查询日期和时间函数。

```
SELECT GETDATE() as '当前系统日期时间'
SELECT YEAR('2011-5-1')
SELECT MONTH('2011-5-1')
SELECT DAY('2011-5-1')
```

8.3.4 聚合函数

聚合函数用于计算表中的数据，返回单个计算结果。常用的聚合函数包括：MAX、MIN、SUM、AVG、COUNT，在第 6 章数据库查询已做介绍，用法见表 6-3，此处不再赘述。

8.3.5 系统函数

系统函数用于对 SQL Server 中的值、对象和设置进行操作并返回有关信息。

1. CASE 函数

CASE 函数有两种使用形式，一种是简单的 CASE 函数，另一种是搜索型的 CASE 函数。

（1）简单的 CASE 函数。

语法格式：

```
CASE  input_expression
    WHEN  when_expression  THEN  result_expression
    [...n]
    [ELSE  else_result_expression]
END
```

说明：计算 input_expression 表达式的值，并与每一个 when_expression 表达式的值比较，若相等，则返回对应的 result_expression 表达式的值；否则返回 else_result_expression 表达式的值。参数 input_expression 和 when_expression 的数据类型必须相同（或可以隐性转换）。n 表示可以使用多个 WHEN when_expression THEN result_expression 子句。

【例 8-20】查询 XSDA 表中所有学生的学号和性别，要求使用简单 CASE 函数将性别列的值由"男"、"女"替换成"男生"、"女生"进行显示，性别列的标题为 sex。

```
USE  XS
SELECT  学号,sex=
    CASE  性别
      WHEN '男'  THEN '男生'
      WHEN '女'  THEN '女生'
    END
FROM  XSDA
GO
```

（2）搜索型 CASE 函数。

语法格式：

```
CASE
    WHEN Boolean_expression THEN result_expression
    [...n]
    [ELSE else_result_expression]
END
```

说明：按指定顺序为每个 WHEN 子句的 Boolean_expression 表达式求值。返回第一个取值为 TRUE 的 Boolean_expression 表达式对应的 result_expression 表达式的值；如果没有取值为 TRUE 的 Boolean_expression 表达式，则当指定 ELSE 子句时，返回 else_result_expression 的值；若没有指定 ELSE 子句，则返回 NULL。

【例 8-21】使用搜索型 CASE 函数求解上题，以此对比两种 CASE 函数的用法。

```
USE XS
SELECT  学号,sex=
    CASE
        WHEN  性别='男'  THEN '男生'
        WHEN  性别='女'  THEN '女生'
        ELSE '性别错误'
    END
FROM  XSDA
GO
```

2. CAST 函数

语法格式：

```
CAST(expression AS data_type)
```

说明：将 expression 表达式的类型转换为 data_type 所指定的类型。参数 expression 可为任何有效的表达式；data_type 可为系统提供的基本类型，不能是用户自定义类型，如果 data_type 为 nchar、nvarchar、char、varchar、binary、varbinary 等数据类型时，通过 length 参数指定长度。

3. CONVERT 函数

语法格式：

```
CONVERT(data_type[(length)],expression[,style])
```

说明：将 expression 表达式的类型转换为 data_type 所指定的类型。各参数的说明同 CAST 函数。参数 style 一般取默认值，详细用法请参阅联机帮助。

【例 8-22】使用 SELECT 语句查询系统函数。

```
DECLARE @StringTest char(14),@IntTest int
SET @StringTest='数据结构成绩='
SET @IntTest=80
SELECT  @StringTest+CAST(@IntTest AS char(4)) AS 考试成绩
SELECT  @StringTest+CONVERT(char(4),@IntTest) AS 考试成绩
```

8.4 用户定义函数

在 SQL Server 中，除了系统提供的内置函数外，用户还可以根据需要在数据库中自己定

义函数。用户定义函数是由一个或多个 T-SQL 语句组成的子程序，可以反复调用。SQL Server 2005 根据用户定义函数返回值的类型，将用户定义函数分为标量函数、内嵌表值函数和多语句表值函数三种，本书只介绍最常用的前两种，且语法格式只给出常用的，完整语法格式请参阅 SQL Server 联机帮助。

8.4.1　定义与调用用户定义函数

1. 标量函数

若用户定义函数的返回值为标量值，则该函数称为标量函数。

（1）定义标量函数。

语法格式：

```
CREATE FUNCTION [owner_name.]function_name              --函数名部分
([{@parameter_name [AS] scalar_parameter_data_type [=default]}[,…n]])
                                                        --形参定义部分
RETURNS scalar_return_data_type                         --返回值类型
[AS]
BEGIN
    function_body                                       --函数体部分
    RETURN scalar_expression                            --返回语句
END
```

说明：

① owner_name：数据库所有者名。

② function_name：用户定义函数名。函数名必须符合标识符的规则，对其所有者来说，该名在数据库中必须是唯一的。

③ @parameter_name：用户定义函数的形参名。可以声明一个或多个参数，用@符号作为第一个字符来指定形参名，每个函数的参数局部于该函数。

④ scalar_parameter_data_type：参数的数据类型。可为系统支持的基本标量类型，不能为 timestamp 类型、用户定义数据类型、非标量类型（如 cursor 和 table）。

⑤ scalar_return_data_type：返回值类型。可以是 SQL Server 支持的基本标量类型，但 text、ntext、image 和 timestamp 除外；函数返回 scalar_expression 表达式的值。

⑥ function_body：由 T-SQL 语句序列构成的函数体。

【例 8-23】求某学生选修的所有课程的平均成绩。

```
USE XS
GO
CREATE FUNCTION average(@num char(6))
RETURNS int
AS
BEGIN
    DECLARE @aver int
    SELECT @aver=avg(成绩)
    FROM XSCJ
    WHERE 学号=@num
    RETURN @aver
END
```

```
GO
```
（2）调用标量函数。当调用用户定义的标量函数时，必须提供至少由两部分组成的名称（所有者名.函数名）。可用以下两种方式调用标量函数：

① 利用 SELECT 语句调用标量函数。

语法格式：

所有者名.函数名（实参1,…,实参n）

说明：实参可为已赋值的局部变量或表达式。

【例8-24】用 SELECT 语句调用【例8-23】定义的函数，求学号为200501的学生的平均成绩。

```
USE XS
DECLARE  @num1 char(6)
DECLARE  @aver1 int
SELECT  @num1='200501'
SELECT  @aver1=dbo.average(@num1)
SELECT @aver1  AS '学号为200501的学生的平均成绩'
GO
```

② 利用 EXECUTE 语句调用标量函数。

语法格式：

所有者名.函数名 实参1,…,实参n

或

所有者名.函数名 形参名1=实参1,…,形参名n=实参n

说明：前者实参顺序应与函数定义的形参顺序一致，后者参数顺序可以与函数定义的形参顺序不一致。

【例8-25】用 EXECUTE 语句调用【例8-23】定义的函数，求学号为200501的学生的平均成绩。

```
USE  XS
DECLARE  @num1 char(6)
DECLARE  @aver1 int
SELECT  @num1='200501'
EXEC @aver1=dbo.average  @num= @num1
SELECT @aver1  AS '学号为200501的学生的平均成绩'
GO
```

2. 内嵌表值函数

若用户定义函数包含单个 SELECT 语句且该语句可更新，则该函数返回的表也可更新，这样的函数称为内嵌表值函数。内嵌表值函数可用于实现参数化的视图。例如，有如下视图：

```
CREATE VIEW View1
AS
SELECT 学号,姓名
FROM  XS.dbo.XSDA
WHERE 系名='信息'
```

若希望设计更通用的程序，让用户能指定感兴趣的查询内容，可将 WHERE 子句改写为 WHERE 系名=@para， @para 用于传递参数。但视图不支持在 WHERE 子句中指定搜索条件参数，为解决这一问题，可使用内嵌用户定义函数，如下：

```
USE XS
GO
--内嵌表值函数的定义
CREATE  FUNCTION  fn_View1(@Para varchar(10))
RETURNS  table
AS
RETURN
(
SELECT 学号,姓名,系名
FROM  XS.dbo.XSDA
WHERE 系名=@para
)
GO
--内嵌表值函数的调用
SELECT  *
FROM  fn_View1('信息')
GO
```

（1）定义内嵌表值函数。

语法格式：

```
CREATE  FUNCTION [owner_name.]function_name              --定义函数名部分
(@parameter_name  scalar_parameter_data_type[,…n])      --定义形参部分
RETURNS TABLE                                            --返回值为表类型
AS  RETURN
SELECT 语句                                              --通过 SELECT 语句返回内嵌表
```

说明：RETURNS 子句仅包含关键字 TABLE，表示此函数返回一个表。内嵌表值函数的函数体仅有一个 RETURN 语句，并通过 SELECT 语句返回内嵌表值。语法格式中的其他参数项同标量函数的定义。

【例 8-26】对于 XS 数据库，为了让学生每学期查询其各科成绩及学分，可以利用 XSDA、KCXX、XSCJ 三个表创建视图。

```
USE XS
GO
CREATE  VIEW  ST_VIEW
AS
SELECT  dbo.XSDA.学号,dbo.XSDA.姓名,dbo.KCXX.课程名称,dbo.XSCJ.成绩
FROM  KCXX  JOIN  XSCJ  ON  KCXX.课程编号=XSCJ.课程编号
JOIN  XSDA  ON  XSCJ.学号=XSDA.学号
GO
```

然后在此基础上定义如下内嵌表值函数：

```
CREATE  FUNCTION  st_score(@student_ID  char(6))
RETURNS  table
AS
RETURN
(
SELECT *
FROM  ST_VIEW
WHERE  ST_VIEW.学号=@student_ID
)
GO
```

（2）调用内嵌表值函数。内嵌表值函数只能通过 SELECT 语句调用。内嵌表值函数调用时，可以仅使用函数名。

【例 8-27】调用 st_score 函数，查询学号为 200501 学生的各科成绩。

```
SELECT  *
FROM  st_score('200501')
GO
```

3. 使用 SQL Server Management Studio 创建用户定义函数

用户定义函数的建立可利用查询编辑器完成，也可以利用 SQL Server Management Studio 完成，方法如下：

（1）启动 SQL Server Management Studio。

（2）在对象资源管理器中展开要创建用户定义函数的数据库，如 XS。

（3）依次展开 XS 数据库下的"可编程性"→"函数"→"标量值函数"结点。

（4）右击"标量值函数"，选择"新建标量值函数"命令，如图 8-1 所示。

图 8-1　使用 SQL Server Management Studio 创建用户定义函数

（5）在随后打开的通用模板中已经给出了创建标量函数的所需的语句的基本格式，根据需要修改其中的语句。

（6）单击"分析"按钮，检查语法是否正确。

（7）单击"执行"按钮，执行代码。

8.4.2　删除用户定义函数

对于一个已创建的用户定义函数，可用两种方法删除。

1. 使用 SQL Server Management Studio 删除用户定义函数

（1）启动 SQL Server Management Studio。

（2）在对象资源管理器中展开要创建用户定义函数的数据库，如"XS"。

（3）依次展开 XS 数据库下的"可编程性"→"函数"→"表值函数"或"标量值函数"结点。

（4）找到要删除的函数，并在函数名上右击，在快捷菜单中选择"删除"命令，并在弹出的"删除对象"窗口中单击"确定"按钮即可。

2. 使用 T-SQL 语句删除用户定义函数

语法格式：

第 8 章　Transact-SQL 程序设计

```
DROP FUNCTION{[owner_name.]function_name}[,…n]
```
说明：

（1）owner_name：所有者名。

（2）function_name：要删除的用户定义的函数名称。

（3）n：表示可以指定多个用户定义的函数予以删除。

【例 8-28】删除 average 函数。

```
DROP FUNCTION average
```

8.5 游　标

关系数据库中的操作会对整个行集产生影响。使用 SELECT 语句能返回所有满足条件的行，这一完整的行集称为结果集。但是在实际开发应用程序时，往往需要每次处理结果集中的一行或一部分行。游标是提供这种机制的结果集扩展。

游标支持以下功能：

（1）定位在结果集的特定行。

（2）从结果集的当前位置检索一行或多行。

（3）支持对结果集中当前位置的行进行数据修改。

（4）为由其他用户对显示在结果集中的数据库数据所做的更改提供不同级别的可见性支持。

（5）提供脚本、存储过程和触发器中使用的访问结果集中的数据的 T-SQL 语句。

为了使用一个游标，需要以下几个步骤：声明游标、打开游标、数据处理、关闭游标、释放游标。

8.5.1　声明游标

在 T-SQL 中声明游标使用 DECLARE CURSOR 语句，语法格式如下：

语法格式：

```
DECLARE cursor_name CURSOR
[LOCAL|GLOBAL]                               --游标作用域
[FORWARD_ONLY|SCROLL]                        --游标移动方向
[STATIC|KEYSET|DYNAMIC|FAST_FORWARD]         --游标类型
[READ_ONLY|SCROLL_LOCKS|OPTIMISTIC]          --访问属性
[TYPE_WARNING]                               --类型转换警告信息
FOR select_statement                         --SELECT 查询语句
[FOR UPDATE[OF column_name [,…n]]]           --可修改的列
```

说明：

（1）cursor_name：游标名。

（2）LOCAL 和 GLOBAL：说明游标的作用域。LOCAL 说明所声明的游标是局部游标，其作用域为创建它的批处理、存储过程或触发器，该游标名称仅在这个作用域内有效。GLOBAL 说明所声明的游标是全局游标，它在由连接执行的任何存储过程或批处理中都可以使用，在连接释放时游标自动释放。若两者均未指定，则默认值由 default to local cursor 数据库选项的设置控制。

（3）FORWARD_ONLY 和 SCROLL：说明游标的移动方向。FORWARD_ONLY 表示游标

只能从第一行滚动到最后一行,即该游标只能支持 FETCH 的 NEXT 提取选项。SCROLL 说明所声明的游标可以前滚、后滚,可使用所有的提取选项(FIRST、LAST、PRIOR、NEXT、RELATIVE、ABSOLUTE)。如果省略 SCROLL,则只能使用 NEXT 提取选项。

(4)STATIC|KEYSET|DYNAMIC|FAST_FORWARD:用于定义游标的类型,T-SQL 扩展游标有以下四种类型:

① 静态游标:关键字 STATIC 指定游标为静态游标。静态游标的完整结果集在游标打开时建立在 tempdb 中,一旦打开后,就不再变化。数据库中所做的任何影响结果集成员的更改都不会反映到游标中,新的数据值不会显示在静态游标中。静态游标只能是只读的。

② 动态游标:关键字 DYNAMIC 指定游标为动态游标。动态游标能够反映对结果集中所做的更改。结果集中的行数据值、顺序和成员在每次提取时都会改变。所有用户做的全部 UPDATE、INSERT 和 DELETE 语句均通过游标反映出来,并且如果使用 WHERE CURRENT OF 子句通过游标进行更新,则它们也立即在游标中反映出来,而在游标外部所做的更新直到提交时才可见。动态游标不支持 ABSOLUTE 提取选项。

③ 只进游标:关键字 FAST_FORWARD 指定游标为快速只进游标。只进游标只支持游标从头到尾顺序提取数据。对所有由当前用户发出或由其他用户提交、并影响结果集中的行的 INSERT、UPDATE、DELECT 语句对数据的修改在从游标中提取时是可立即反映出来的。但因只进游标不能向后滚动,所以在行提取后对行所做的更改对游标是不可见的。

④ 键集驱动游标:关键字 KEYSET 指定游标为键集驱动游标。键集驱动游标是由称为键的列或列的组合控制的。打开键集驱动游标时,其中的成员和行顺序是固定的。键集驱动游标中数据行的键值在游标打开时建立在 tempdb 中。可以通过键集驱动游标修改基本表中的非关键字列的值,但不可插入数据。

(5)READ_ONLY|SCROLL_LOCKS|OPTIMISTIC:说明游标或基表的访问属性。READ_ONLY 说明所声明的游标是只读的,不能通过该游标更新数据。SCROLL_LOCKS 说明通过游标完成的定位更新或定位删除可以成功。如果声明中已指定了 FAST_FORWARD,则不能指定 SCROLL_LOCKS。OPTIMISTIC 说明如果行自从被读入游标以来已得到更新,则通过游标进行的定位更新或定位删除不成功。如果声明中已指定了 FAST_FORWARD,则不能指定 OPTIMISTIC。

(6)游标类型与移动方向之间的具体关系请参阅联机帮助。

(7)TYPE_WARNING:指定若游标从所请求的类型隐性转换为另一种类型,则给客户端发送警告消息。

(8)select_statement:SELECT 查询语句,由该查询产生与所声明的游标相关联的结果集。该 SELECT 语句中不能出现 COMPUTE、COMPUTE BY、INTO、FOR BROWSE 关键字。

(9)FOR UPDATE:指出游标中可以更新的列,若有参数 OF column_name[,…n],则只能修改给出的这些列,若在 UPDATE 中未指出列,则可以修改所有列。

【例 8-29】声明一个名为 XS_CUR1 的动态游标,可前后滚动,对总学分列进行修改。

```
DECLARE XS_CUR1 CURSOR
DYNAMIC
FOR
SELECT 学号,姓名,总学分
FROM XSDA
```

```
WHERE 系名='信息'
FOR UPDATE OF 总学分
```

8.5.2 打开游标

声明游标后，要使用游标从中提取数据，就必须先打开游标。

语法格式：

```
OPEN{{[GLOBAL]cursor_name}|cursor_variable_name}
```

说明：

（1）cursor_name：要打开的游标名。

（2）cursor_variable_name：游标变量名。

（3）GLOBAL：说明打开的是全局游标，否则打开局部游标。

（4）OPEN 语句打开游标，然后通过执行在 DECLARE CURSOR(SET cursor_variable)语句中指定的 T-SQL 语句填充游标（即生成与游标相关联的结果集）。

（5）打开游标后，可以通过全局变量@@CURSOR_ROWS 获取游标中的记录行数。@@CURSOR_ROWS 有以下几种取值（其中 m 为正整数）：

① -m：游标采用异步方式填充，m 为当前键集中已填充的行数。

② -1：游标为动态游标，游标中的行数是动态变化的，因此不能确定。

③ 0：指定的游标没有被打开，或是打开的游标已被关闭或释放。

④ m：游标已被完全填充，m 为游标中的数据行数。

可见，如果需要知道游标中记录的行数，则游标类型一定要是 STATIC 或 KEYSET。

【例 8-30】使用游标的@@CURSOR_ROWS 变量，统计 XSDA 表中的学生人数。

```
USE XS
DECLARE XS_CUR2 CURSOR
STATIC
FOR
SELECT *
FROM XSDA
OPEN XS_CUR2
PRINT '学生总数为: '+CONVERT(CHAR(3),@@CURSOR_ROWS)
```

8.5.3 数据处理

1. 读取数据

游标打开后，就可以使用 FETCH 语句从结果集中读取数据了。

语法格式：

```
FETCH [[NEXT|PRIOR|FIRST|LAST|ABSOLUTE{n|@nvar}|RELATIVE{n|@nvar}]
FROM] {[GLOBAL] cursor_name}
[INTO @variable_name[,…n]]
```

说明：使用 FETCH 语句从结果集中读取单行数据，并将每列中的数据移至指定的变量中，以便其他 T-SQL 语句引用这些变量来访问读取的数据值，根据需要，可以对游标中当前位置的行执行修改操作（更新或删除）。其中各参数含义如下：

（1）cursor_name：要从中读取数据的游标名。

（2）NEXT|PRIOR|FIRST|LAST|ABSOLUTE|RELATIVE：用于说明读取数据的位置。

（3）NEXT：说明读取当前行的下一行，并且使其置为当前行。如果 FETCH NEXT 是对游标的第一次提取操作，则读取的是结果集的第一行。NEXT 为默认的游标提取选项。

（4）PRIOR：说明读取当前行的前一行，并且使其置为当前行，如果 FETCH PRIOR 是对游标的第一次提取操作，则无值返回且游标置于第一行之前。

（5）FIRST：读取游标中的第一行并将其作为当前行。

（6）LAST：读取游标中的最后一行并将其作为当前行。

（7）ABSOLUTE{n|@nvar}|RELATIVE{n|@nvar}：给出读取数据的位置与游标头或当前位置的关系，其中 n 必须为整型常量，变量@nvar 必须为 smallint、tinyint 或 int 类型。

（8）ABSOLUTE{n|@nvar}：若 n 或@nvar 为正数，则读取从游标头开始的第 n 行并将读取的行变成新的当前行；若 n 或@nvar 为负数，则读取游标尾之前的第 n 行并将读取的行变成新的当前行；若 n 或@nvar 为 0，则没有返回行。

（9）RELATIVE{n|@nvar}：若 n 或@nvar 为正数，则读取当前行之后的第 n 行并将读取的行变成新的当前行；若 n 或@nvar 为负数，则读取当前行之前的第 n 行并将读取的行变成新的当前行；若 n 或@nvar 为 0，则读取当前行。如果对游标的第一次读取操作时将 FETCH RELATIVE 中的 n 或@nvar 指定为负数或 0，则没有返回行。

（10）INTO：说明将读取的游标数据存放到指定的变量中。

（11）GLOBAL：全局游标。

【例 8-31】从游标 XS_CUR1 中提取数据，设该游标已经打开。

```
FETCH FIRST FROM XS_CUR1
```
--读取游标第一行（该语句执行完后，当前行为第一行），执行结果如图 8-2 所示。
```
FETCH NEXT FROM XS_CUR1
```
--读取下一行（该语句执行完后，当前行为第二行），执行结果如图 8-3 所示。

图 8-2　读取游标中第一行数据　　　　图 8-3　读取游标中当前行的下一行数据

```
FETCH PRIOR FROM XS_CUR1
```
--读取上一行（该语句执行完后，当前行为第一行），执行结果如图 8-4 所示。
```
FETCH LAST FROM XS_CUR1
```
--读取最后一行（该语句执行完后，当前行为最后一行），执行结果如图 8-5 所示。

图 8-4　读取游标中当前行的上一行数据　　图 8-5　读取游标中最后一行数据

```
FETCH RELATIVE-2 FROM XS_CUR1
```
--读取当前行的上二行（该语句执行完后，当前行为倒数第三行），执行结果如图 8-6 所示。

分析：XS_CUR1 是动态游标，可以前滚、后滚，可以使用 FETCH 语句中的除 ABSOLUTE 以外的提取选项。FETCH 语句的执行状态保存在全局变量@@FETCH_STATUS 中，其值为 0，表示上一个 FETCH 执行成功；为-1，表示所要读取的行不在结果集中；为-2，表示被提取的行已不存在（已被删除）。

【例8-32】接着上例从游标 XS_CUR1 中提取数据。

```
FETCH RELATIVE 3 FROM XS_CUR1
--读取当前行之后的第三行（执行该语句前当前行为倒数第三行）
SELECT 'FETCH执行情况'=@@FETCH_STATUS
--执行结果如图8-7所示。
```

图 8-6 读取游标中当前行的上二行数据　　图 8-7 读取游标中当前行之后的第三行数据

2. 修改数据

如果游标没有声明为只读游标，就可以利用游标修改游标基表中当前行的字段值。用于游标时，一个 UPDATE 语句只能修改一行游标基表中的数据。

语法格式：

```
UPDATE table_name
SET column_name=expression
WHERE CURRENT OF cursor_name
```

【例8-33】使用游标更新 XSDA1 表中第 2 条总学分小于 60 的记录，将总学分修改为 40。

```
USE XS
SELECT 学号, 姓名,系名,总学分 INTO XSDA1 FROM
XSDA
DECLARE XGZXF_CUR CURSOR FOR SELECT * FROM
XSDA1 WHERE 总学分<60
OPEN XGZXF_CUR
FETCH NEXT FROM XGZXF_CUR
FETCH NEXT FROM XGZXF_CUR
UPDATE XSDA1 SET 总学分=40 WHERE CURRENT OF
XGZXF_CUR
CLOSE XGZXF_CUR
DEALLOCATE XGZXF_CUR
SELECT * FROM XSDA1 WHERE 总学分<60
DROP TABLE XSDA1
--执行结果如图8-8所示。
```

学号	姓名	系名	总学分
1	200502	刘林	信息	54

学号	姓名	系名	总学分
1	200503	曹红雷	信息	50

	学号	姓名	系名	总学分
1	200502	刘林	信息	54
2	200503	曹红雷	信息	40
3	200504	方平	信息	52
4	200601	孙燕	管理	54
5	200603	孔祥林	管理	54
6	200605	刘林	管理	54
7	200607	李刚	管理	54

图 8-8 使用游标修改数据

3. 删除数据

如果游标没有声明为只读游标，也可以利用游标删除游标基表中当前行。用于游标时，一个 DELETE 语句只能删除一个游标基表中的数据。

语法格式：

```
DELETE FROM table_name
WHERE CURRENT OF cursor_name
```

【例8-34】使用游标删除 XSDA1 表中第 2 条总学分小于 60 的记录。

```
USE XS
SELECT 学号, 姓名,系名,总学分 INTO XSDA1 FROM XSDA
```

```
SELECT * FROM XSDA1 WHERE 总学分<60
DECLARE SCZXF_CUR CURSOR FOR SELECT * FROM XSDA1 WHERE 总学分<60
OPEN SCZXF_CUR
FETCH NEXT FROM SCZXF_CUR
FETCH NEXT FROM SCZXF_CUR
DELETE FROM XSDA1 WHERE CURRENT OF SCZXF_CUR
CLOSE SCZXF_CUR
DEALLOCATE SCZXF_CUR
SELECT * FROM XSDA1 WHERE 总学分<60
DROP TABLE XSDA1
--执行结果如图 8-9 所示。
```

	学号	姓名	系名	总学分
1	200502	刘林	信息	54
2	200503	曹红雷	信息	50
3	200504	方平	信息	52
4	200601	孙燕	管理	54
5	200603	孔祥林	管理	54
6	200605	刘林	管理	54
7	200607	李刚	管理	54

	学号	姓名	系名	总学分
1	200502	刘林	信息	54

	学号	姓名	系名	总学分
1	200503	曹红雷	信息	50

	学号	姓名	系名	总学分
1	200502	刘林	信息	54
2	200504	方平	信息	52
3	200601	孙燕	管理	54
4	200603	孔祥林	管理	54
5	200605	刘林	管理	54
6	200607	李刚	管理	54

图 8-9 使用游标删除数据

8.5.4 关闭游标

游标使用完以后，要及时关闭。关闭游标使用 CLOSE 语句。

语法格式：

```
CLOSE {[GLOBAL] cursor_name}
```

说明：语法格式中各参数的含义与 OPEN 语句相同。

【例 8-35】关闭游标 XS_CUR1。

```
CLOSE XS_CUR1
```

8.5.5 释放游标

游标关闭后，其定义仍在，需要时可用 OPEN 语句打开它再使用。若确认游标不再需要，就要释放其定义占用的系统空间，即删除游标。游标释放之后不可以用 OPEN 语句重新打开，必须使用 DECLARE 语句重建游标。

语法格式：

```
DEALLOCATE {[GLOBAL] cursor_name}
```

说明：语法格式中各参数的含义与 OPEN 语句相同。

第 8 章 Transact-SQL 程序设计

小　结

本章主要讲述了 T-SQL 的标识符、常量、变量、运算符和表达式，批处理与程序流程控制语句，系统内置函数与用户定义函数，游标的使用。本章是读者学习 SQL 语言的基础，只有理解和掌握它们的用法，才能正确编写 SQL 程序和深入理解 SQL 语言。需要掌握的主要内容如下：

（1）数据库对象的名称被看成是该对象的标识符。标识符分为常规标识符和分隔标识符。

（2）根据常量值的不同类型，常量分为字符串常量、整型常量、实型常量、日期时间常量、money 常量、uniqueidentifier 常量。

（3）变量可分为局部变量和全局变量。局部变量是用户定义的变量，用于保存单个数据值。局部变量常用保存程序运行的中间结果或作为循环变量使用。全局变量是由系统提供且预先声明的用来保存 SQL Server 系统运行状态数据值的变量。

① 在批处理或存储过程中用 DECLARE 语句声明局部变量，名字由"@"符号开始。当声明局部变量后，可用 SET 或 SELECT 语句给其赋值。

② 全局变量是由 SQL Server 系统提供并赋值的变量，名字由"@@"符号开始。用户不能建立全局变量，也不能使用 SET 语句去修改全局变量的值。

（4）批处理是由一条或多条 T-SQL 语句组成的，应用程序将这些语句作为一个单元一次性地发送到 SQL server 服务器执行。批处理结束的标志是 GO。

（5）设计程序时，常常需要利用各种流程控制语句，改变计算机的执行流程以满足程序设计的需要。SQL Server 中提供的主要流程控制语句如下：复合语句、PRINT 语句、判断语句（IF…ELSE）、循环语句（WHILE）、BREAK 语句、CONTINUE 语句、RETURN 语句和WAITFOR 语句。

（6）在 T-SQL 编程语言中函数可分为系统内置函数和用户定义函数，系统内置函数主要包括：数学函数、字符串函数、日期和时间函数、聚合函数、系统函数。

① 数学函数对数字表达式进行数学运算并返回运算结果。常用的数学函数有：ABS 函数、ROUND 函数和 RAND 函数。

② 字符串函数是对字符串输入值执行操作，并返回一个字符串或数字值。常用的字符串函数有：ASCII 函数、CHAR 函数、LEFT 函数、RIGHT 函数、SUBSTRING 函数、REPLACE 函数、STR 函数和 LEN 函数。

③ 常用的日期和时间函数有：GETDATE 函数、DAY 函数、MONTH 函数和 YEAR 函数。

④ 系统函数用于对 SQL Server 中的值、对象和设置进行操作并返回有关信息。常用的系统函数有 CASE 函数、CAST 函数和 CONVERT 函数。

（7）根据用户定义函数返回值的类型，可将用户定义函数分为标量函数、内嵌表值函数和多语句表值函数三种，只要求掌握前两种。

① 标量函数返回一个确定类型的标量值，其返回值类型为除了 TEXT、NTEXT、IMAGE、CURSE、TIMESTAMP 和 TABLE 类型外的其他数据类型。函数体语句定义在 BEGIN…END 语句内。可在 SELECT 语句中调用用户定义标量函数，也可利用 T-SQL 的 EXECUTE 语句调用用户定义标量函数。

② 内嵌表值函数返回可更新表，没有由 BEGIN…END 语句括起来的函数体。内嵌表值函数可用于实现参数化的视图。内嵌表值函数只能通过 SELECT 语句调用。

（8）使用一个游标，需要以下几个步骤：声明游标、打开游标、数据处理、关闭游标、释放游标。

习　题

一、填空题

1. 在 SQL Server 2005 中，局部变量名以_____开头，而全局变量名以_____开头。
2. 在 SQL Server 2005 中，字符串常量用_____引起来，日期型常量用_____引起来。
3. 函数 ROUND(17.8361,2)、ABS(−15.76)的值是：_____、_____。
4. 函数 LEN('I am a student')、RIGHT('chinese',5)、SUBSTRING('chinese',3,2)、LEFT('chinese',2)的值是：_____、_____、_____、_____。
5. 函数 REPLACE('计算机软件技术专业','软件','网络')、STR(2.347,6,1)、STR(12.3765,5,3)的值是：_____、_____和_____。
6. 函数 YEAR ('1941−7−6')、MONTH('1941−7−6')、DAY ('1941−7−6')的值是：_____、_____和_____。
7. 语句 SELECT 15/2、15/2.、17%4、'1000' − 15、'2000' + 15　的执行结果是：_____、_____、_____、_____和_____。
8. 语句 SELECT (4+5)*2−17/(4−(5−3))+18%4 的执行结果是：_____。
9. 对于多行注释，必须使用_____进行注释。

二、简答题

1. 在 T−SQL 语言中，什么是全局变量？什么是局部变量？
2. 什么是批处理？批处理的结束标志是什么？
3. 使用游标读取数据需要哪几个步骤？
4. 自定义内嵌表值函数与视图的使用有什么不同？

三、设计题

1. 设学位代码与学位名称如下表，用 CASE 函数编写学位代码转换为名称的程序。

代　码	名　　称
1	博士
2	硕士
3	学士

2. 用 WHILE 循环语句编程求 1～100 间自然数之和。
3. 编写一个自定义函数，根据 XSDA 表中的"出生日期"列，计算某个学生的年龄。

第9章

➡ 存储过程和触发器

案例引入

在学生数据库 XS 的实际应用中，常需要重复执行一些数据操作。例如，要查询某个系的学生情况，也存在如某学生新增加一门课程的及格成绩时，在学生档案 XSDA 表中自动在总学分中增加该课程的学分等。为了方便用户，也为了提高执行效率，SQL Server 2005 中的用户自定义函数、存储过程、触发器可以用来满足这些应用需求。它们是 SQL Server 程序设计的灵魂，掌握和使用好它们对数据库的开发与应用非常重要。本章主要介绍存储过程和触发器的使用。

本章定位

数据库系统开发

学习目标

- 掌握存储过程和触发器的概念与分类。
- 掌握存储过程创建、执行、修改与删除。
- 掌握触发器的定义、修改与删除。

本章要点

- 存储过程的概念与分类。
- 存储过程的创建、执行、修改与删除。
- 触发器的概念与分类。
- 触发器的定义、修改与删除。

9.1 存 储 过 程

为了理解什么是存储过程，先看下面的例子。为了查询 XS 数据库中信息系的学生所修总学分信息，可以使用下列查询：

```
USE XS
SELECT 学号,姓名,系名,总学分 FROM XSDA
WHERE 系名='信息'
ORDER BY 总学分 DESC
```

尽管这个查询不大，只有四行文本，但如果网络上有 5000 个用户执行同一查询，则从客户机通过网络向服务器发送这个查询需要增加大量网络通信流，可能造成拥塞。要避免拥塞，让网络全速运行，应减少从客户机通过网络向服务器发送的代码量，从而减少网络通信流。为此，最好将代码以一定的形式存放在服务器中，而不是在客户机上。若将上面的这段代码存放在服务器上，并取名为 EX，那么执行该查询时，只需发送 EXEC EX 就可以了。

9.1.1 存储过程概述

1. 存储过程的概念

存储过程就是在 SQL Server 数据库中存放的查询，是存储在服务器中的一组预编译过的 T-SQL 语句，而不是在客户机上的前端代码中存放的查询。

存储过程除减少网络通信流之外，还有如下优点：

（1）存储过程在服务器端运行，执行速度快。存储过程是预编译过的，当第一次调用以后，就驻留在内存中，以后调用时不必再进行编译，因此它的运行速度比独立运行同样的程序要快。

（2）简化数据库管理。例如，如果需要修改现有查询，而查询存放在用户机器上，则要在所有的用户机器上进行修改。而如果在服务器中集中存放查询并作为存储过程，则只需要在服务器上改变一次。

（3）提供安全机制，增强数据库安全性。通过授予对存储过程的执行权限而不是授予数据库对象的访问权限，可以限制对数据库对象的访问，在保证用户通过存储过程操纵数据库中数据的同时，可以保证用户不能直接访问存储过程中涉及的表及其他数据库对象，从而保证数据库数据的安全性。另外，由于存储过程的调用过程隐藏了访问数据库的细节，也提高了数据库中的数据安全性。

（4）减少网络流量。如果直接使用 T-SQL 语句完成一个模块的功能，那么每次执行程序时都需要通过网络传输全部 T-SQL。若将其组织成存储过程，这样用户仅仅发送一个单独的语句就实现了一个复杂的操作，则需要通过网络传输的数据量将大大减少。

2. 存储过程的分类

在 SQL Server 中存储过程主要分为两类：系统存储过程和用户自定义存储过程。

系统存储过程主要存储在 master 数据库中并以 sp_为前缀，在任何数据库中都可以调用，在调用时不必在存储过程前加上数据库名。

用户自定义存储过程由用户自己根据需要而创建，是用来完成某项特定任务的存储过程。

9.1.2 创建存储过程

简单的存储过程类似于给一组 SQL 语句起个名字，然后就可以在需要时反复调用；复杂一些的则需要输入和输出参数。

创建存储过程前，应注意下列几个事项：

（1）存储过程只能定义在当前数据库中。

第 9 章 存储过程和触发器

（2）存储过程的名称必须遵循标识符的命名规则。

（3）不要创建任何使用 sp_作为前缀的存储过程。

语法格式：

```
CREATE PROC[EDURE] procedure_name
[@parameter  data_type [=default][OUTPUT]][,…]
AS sql_statement
```

说明：

（1）procedure_name：存储过程的名称，在当前数据库结构中必须唯一。

（2）@parameter：存储过程的形参名，必须以@开头，参数名必须符合标识符的规则，data_type 用于说明形参的数据类型。

（3）default：存储过程输入参数的默认值。如果定义了 default 值，则无须指定此参数值，即可执行存储过程。默认值必须是常量或 NULL。如果存储过程使用带 LIKE 关键字的参数，则可包含通配符：%、_、[]和[^]。

（4）OUTPUT：指定输出参数。此选项的值可以返回给调用 EXECUTE 的语句。

（5）sql_statement：要包含在存储过程中的任意数量的 T-SQL 语句。

1. 创建简单的存储过程

【例 9-1】创建一个存储过程 stu_inf，从 XSDA 表中查询管理系总学分大于 55 分的学生信息。

```
USE XS
GO
CREATE PROCEDURE stu_inf
AS
SELECT  *  FROM   XSDA WHERE 系名='管理' AND 总学分>55
GO
```

2. 使用输入参数

在上面的例子中，该存储过程只能查询管理系，为了提高程序的灵活性，可使用输入参数。

【例 9-2】使用输入参数，创建存储过程 stu_per，根据学生姓名查询该生的个人信息。

```
USE XS
GO
CREATE PROCEDURE stu_per @name char(8)
AS
SELECT * FROM XSDA
WHERE 姓名=@name
GO
```

3. 使用带默认值的输入参数

【例 9-3】创建一个存储过程 xscj_inf，查询指定学生的学号、姓名、所选课程名称及该课程的成绩。默认为查询王姓学生的学习情况。

```
CREATE PROCEDURE xscj_inf
@name varchar(8) ='王%'
AS
SELECT xsda.学号,姓名,课程名称,成绩 FROM XSDA,XSCJ,KCXX
 WHERE XSDA.学号=XSCJ.学号 AND XSCJ.课程编号=KCXX.课程编号 AND 姓名 LIKE @name
GO
```

说明：当在创建存储过程时预设了默认值，则当在该调用存储过程时，可以不赋值。

4. 使用输出参数

输出参数用于在存储工程中返回值，使用 OUTPUT 声明输出参数。

【例 9-4】创建一个存储过程 kc_avg 查询所有学生所学指定课程的平均成绩，并将该平均成绩返回。

```
CREATE PROCEDURE kc_avg
@kcname char(20),@kcavg decimal(3,1) output
AS
SELECT @kcavg=avg(成绩) FROM XSCJ JOIN KCXX ON XSCJ.课程编号=KCXX.课程编号
WHERE   课程名称=@kcname
GO
```

9.1.3 执行存储过程

存储过程创建成功后，保存在数据库中。在 SQL Server 中可以使用 EXECUTE 命令来直接执行存储过程。

语法格式：

```
[EXEC[UTE]] procedure_name  [value|@variable OUTPUT][,…]
```

说明：

（1）EXECUTE：执行存储过程的命令关键字，如果此语句是批处理的第一条语句，可以省略此关键字。

（2）procedure_name：指定存储过程的名称。

（3）value 为输入参数提供实值，@variable 为一个已定义的变量，OUTPUT 紧跟在变量后，说明该变量用于保存输出参数返回的值。

（4）当有多个参数时，彼此用逗号分隔。

【例 9-5】执行【例 9-1】创建的存储过程 stu_inf。

```
USE XS
GO
EXEC stu_inf
GO
或者
stu_inf  --省略了 EXEC*
```

【例 9-6】执行【例 9-2】中创建的存储过程 stu_per，查询王红同学的个人信息。

```
USE XS
EXEC stu_per '王红'
GO
```

【例 9-7】执行【例 9-3】中创建的存储过程 xscj_inf。

```
--使用输入参数的默认值，查询的是姓王的学生
XSCJ_inf
GO
--查询李姓学生
XSCJ_inf '李%'
GO
--查询"王红"
XSCJ_inf '王红'
```

```
GO
--查询所有学生
XSCJ_inf '%'
```

【例 9-8】执行【例 9-4】中创建的存储过程 kc_avg，查询"数据结构"课程的平均分。

```
USE XS
GO
DECLARE @AVG DECIMAL(3,1)
EXEC kc_avg '数据结构',@AVG OUTPUT
SELECT @AVG AS '数据结构'
```

9.1.4 修改存储过程

存储过程的修改是由 ALTER 语句来完成的。

语法格式：

```
ALTER PROC[EDURE] procedure_name
[@parameter data_type [=default][OUTPUT]][,…]
AS sql_statement
```

其中，各参数的含义与 CREATE PROCEDURE 相同。

【例 9-9】修改存储过程 stu_inf，将它修改为查询指定系的学生信息。

```
USE XS
GO
ALTER PROCEDURE  stu_inf
@xb_name char(10)='管理'
AS
SELECT * FROM  XSDA WHERE 系名=@xb_name  AND 总学分>55
GO
--执行存储过程
stu_inf '信息'     --查询信息系
GO
stu_inf             --查询管理系，默认为管理系
GO
```

9.1.5 删除存储过程

当不再使用一个存储过程时，就需要把它从数据库中删除。

1. 使用 SQL Server Management Studio 删除存储过程

使用 SQL Server Management Studio 删除存储过程十分简单。下面以删除 XS 数据库中的一个存储过程为例介绍删除存储过程的操作步骤。

（1）在"对象资源管理器"中展开 XS 数据库后，依次展开"可编程性"→"存储过程"结点，右击需要删除的存储过程，在弹出的快捷菜单上选择"删除"命令，如图 9-1 所示。

（2）打开"删除对象"窗口后，单击"确定"按钮即可删除。

图 9-1　选择要删除的存储过程

2. 使用 T-SQL 语句删除存储过程

删除存储过程也可以使用 T-SQL 中的 DROP 命令，DROP 命令可以将一个或多个存储过程从当前数据库中删除。

语法格式：

```
DROP PROC[EDURE] procedure_name [,…]
```

【例 9-10】删除数据库 XS 中的 stu_inf 存储过程。

```
USE XS
DROP PROC stu_inf
GO
```

9.2 触　发　器

触发器是一类特殊的存储过程，它是在执行某些特定的 T-SQL 语句时可以自动执行的一种存储过程。

9.2.1 触发器概述

1. 触发器的概念

触发器是一类特殊的存储过程，它作为一个对象存储在数据库中。触发器为数据库管理人员和程序开发人员提供了一种保证数据完整性的方法。触发器是定义在特定的表或视图上的。当有操作影响到触发器保护的数据时，例如，数据表发生了 INSERT、UPDATE 或 DELETE 操作时，如果该表有对应的触发器，这个触发器就会自动激活执行。

2. 触发器的功能

SQL Server 2005 提供了两种方法来保证数据的有效性和完整性：约束和触发器。触发器是针对数据库和数据表的特殊存储过程，它在指定的表中的数据发生改变时自动生效，并可以包含复杂的 T-SQL 语句，用于处理各种复杂的操作。SQL Server 将触发器和触发它的语句作为可在触发器内回滚的单个事务对待，如果检测到严重错误，则整个事务即自动回滚，恢复到原来的状态。

3. 触发器的类型

在 SQL Server 2005 中，根据激活触发器执行的 T-SQL 语句类型，可以把触发器分为两类：一类是 DML 触发器，另一类是 DDL 触发器。

（1）DML 触发器。DML 触发器是当数据库服务器中发生数据操作语言 DML 事件时执行的特殊存储过程，如 INSERT、UPDATE 或 DELETE 等。

DML 触发器根据其引发的时机不同又可以分为 AFTER 触发器和 INSTEAD OF 触发器两种类型。

① AFTER 触发器。在执行了 INSERT、UPDATE 或 DELETE 语句操作之后执行 AFTER 触发器。它主要用于记录变更后的处理或检查，一旦发现错误，也可以使用 ROLLBACK TRANSACTION 语句来回滚本次的操作。

② INSTEAD OF 触发器。这类触发器一般是用来取代原本要进行的操作，是在记录变更之前发生的，它并不去执行原来的 SQL 语句里的操作，而是去执行触发器本身所定义的操作。

（2）DDL 触发器。DDL 触发器是当数据库服务器中发生数据定义语言 DDL 事件时执行的特殊存储过程，如 CREATE、ALTER 等。DDL 触发器一般用于执行数据库中的管理任务，如审核和规范数据库操作，防止数据库表结构被修改等。

4. inserted 表和 deleted 表

每个触发器有两个特殊的表：inserted 表和 deleted 表。这两个表建在数据库服务器的内存中，是由系统管理的逻辑表，而不是真正存储在数据库中的物理表。对于这两个表，用户只有读取的权限，没有修改的权限。

这两个表的结构与触发器所在数据表的结构是完全一致的，当触发器的工作完成之后，这两个表也将从内存中删除。

（1）inserted 表里存放的是更新前的记录：对于插入记录操作来说，inserted 表里存储的是要插入的数据；对于更新记录操作来说，inserted 表里存放的是要更新的记录。

（2）deleted 表里存放的是更新后的记录：对于更新记录操作来说，deleted 表里存放的是更新前的记录；对于删除记录操作来说，deleted 表里存放的是被删除的旧记录。

由此可见，在进行 INSERT 操作时，只影响 inserted 表；进行删除操作时，只影响 deleted 表；进行 UPDATE 操作时，既影响 inserted 表也影响 deleted 表。

9.2.2 创建触发器

1. 使用 T-SQL 语句创建触发器

触发器与表（视图）是紧密相关的。在创建触发器时，需要指定触发器的名称、包含触发器的表、引发触发器的条件及当触发器启动后要执行的语句等内容。

语法格式：

```
CREATE TRIGGER trigger_name
ON {table|view}
{[FOR|AFTER]|INSTEAD OF}
{[INSERT][,][UPDATE][,][DELETE]}
[WITH ENCRYPTION]
AS
[IF UPDATE(cotumn_name)[{AND|OR} UPDATE(cotumn_name)][…n]]
SQL_statement
```

说明：

（1）trigger_name：触发器的名称。每个 trigger_name 必须遵循标识符规则，但 trigger_name 不能以 # 或 ## 开头，不与其他数据库对象同名。

（2）table|view：触发器表（或触发器视图）的名称，指出触发器何处触发。

（3）FOR|AFTER| INSTEAD OF：FOR 与 AFTER 均指定为 AFTER 触发器，INSTEAD OF 指定为 INSTEAD OF 触发器。该项指出了何时触发。

（4）INSERT 指定为 INSERT 触发器，UPDATE 指定为 UPDATE 触发器，DELETE 指定为 DELETE 触发器。该项指出了何种操作触发。可以为多种操作（如 INSERT 和 UPDATE）定义相同的触发器操作。

（5）WITH ENCRYPTION：对 CREATE TRIGGER 语句的文本进行加密。使用 WITH ENCRYPTION 可以防止将触发器作为 SQL Server 复制的一部分进行发布。

（6）AS 引导触发器的主体，SQL_statement 为一条或多条 SQL 语句，指出触发器完成的功能。当触发器为 INSERT 或 UPDATE 时，还可以通过[IF UPDATE（cotumn_name）][{AND|OR} UPDATE（cotumn_name）][...n]进一步定义哪些列数据更新时触发器运行。

创建触发器有下列限制：

（1）CREATE TRIGGER 必须是批处理中的第一条语句，并且只能应用于一个表（视图）。

（2）触发器只能在当前的数据库中创建，但触发器可以引用当前数据库的外部对象。

（3）不能在视图上定义 AFTER 触发器。在表或视图上，每个 INSERT、UPDATE 或 DELETE 语句最多可以定义一个 INSTEAD OF 触发器。

（4）创建 DML 触发器的权限默认分配给表的所有者，且不能将该权限转给其他用户。

（5）在触发器内可以指定任意的 SET 语句。选择的 SET 选项在触发器执行期间保持有效，然后恢复为原来的设置。

【例 9-11】创建 INSERT 触发器：在数据库 XS 中创建一触发器，当向 XSCJ 表插入一记录时，检查该记录的学号在 XSDA 表是否存在，检查课程编号在 KCXX 表中是否存在，若有一项为否，则不允许插入。

```
USE XS
GO
CREATE TRIGGER check_trig
ON XSCJ
  FOR INSERT
  AS
  IF EXISTS(SELECT * FROM  inserted
      WHERE 学号 NOT IN (SELECT 学号 FROM XSDA) OR 课程编号 NOT IN (SELECT 课
程编号 FROM KCXX))
      BEGIN
          RAISERROR('违背数据的一致性.',16,1)
          ROLLBACK TRANSACTION
      END
GO
```

触发器建立完成后，在查询分析器中执行如下语句：

```
INSERT XSCJ
  VALUES('110110','110',99)
GO
```

由于在 XSDA 表中不存在学号为 110110 的学生或者在 KCXX 表中不存在课程编号为 110 的课程，故出现如图 9-2 所示的信息提示。

【例 9-12】创建 UPDATE 触发器：在数据库 XS 中创建一触发器，当在 XSDA 中修改学号字段时，XSCJ 中对应学号随之修改。

```
USE XS
GO
CREATE TRIGGER xsdaxh_trig
ON XSDA
FOR UPDATE
AS
IF UPDATE(学号)
UPDATE XSCJ
```

图 9-2　触发器激活提示

```
SET XSCJ.学号=(SELECT 学号 FROM INSERTED)
WHERE XSCJ.学号=(SELECT 学号 FROM DELETED)
GO
```

读者可以尝试修改 XSDA 表中的一个学生的学号字段，然后查询 XSDA 和 XSCJ 两个表中对应的学号字段是否同步更新。

【例 9-13】 创建 DELETE 触发器：当从 XS 数据库的 XSDA 表中删除一个学生的记录时，相应的从 XSCJ 表中删除该学生对应的所有记录。

```
USE XS
GO
CREATE TRIGGER delete_trig
ON XSDA
AFTER DELETE
AS
DELETE FROM XSCJ
WHERE 学号=(SELECT 学号 FROM DELETED)
GO
```

INSTEAD OF 触发器可以使不能更新的视图支持更新。如果视图的数据来自多个基表，则必须使用 INSTEAD OF 触发器支持引用表中的数据的插入、更新和删除操作。

如果视图的列为以下几种情况之一：基表中的计算列、基表中的标识列、具有 timestamp 数据类型的基表列，则该视图的 INSERT 语句必须为这些列指定值，INSTEAD OF 触发器在构成将值插入基表的 INSERT 语句时，会忽略指定的值。

【例 9-14】 创建 INSTEAD OF 触发器：在 XS 数据库中创建表、视图和触发器，以说明 INSTEAD OF INSERT 触发器的使用。

```
USE XS
GO
--创建表 goods
CREATE  TABLE goods
(
goodsKey int IDENTITY(1,1),
goodsName nvarchar(10) NOT NULL,
goodsColor nvarchar(10) NOT NULL,
goodsDescription AS (goodsName+goodsColor),
goodsPrice float)
GO
--创建以 goods 表为基表的视图 goods_view，该视图包含基表的所有列
CREATE  VIEW goods_view
AS
SELECT  goodsKey,goodsName,goodsColor,goodsDescription,goodsPrice
FROM  goods
GO
--在视图 goods_view 上创建 INSTEAD  OF  INSERT
CREATE  TRIGGER instead_insert
ON goods_view
INSTEAD  OF  INSERT
AS
BEGIN
    INSERT  INTO  goods(goodsName,goodsColor,goodsPrice)
    SELECT  goodsName,goodsColor,goodsPrice FROM  inserted
```

```
END
GO
```

向 goods 表中插入数据的正确语句如下：

```
INSERT  INTO  goods(goodsName,goodsColor,goodsPrice)
Values('Apple','红色',1.25)
GO
```

但如果在向 goods 表中采用下面的语句插入数据时，会提示"不能修改列 goods Description，因为它是计算列，或者是 UNION 运算符的结果。"

```
INSERT  INTO  goods(goodsKey,goodsName,goodsColor,goodsDescription,goodsPrice)
Values(1,'Apple', '红色',' 苹果红',1.25)
GO
```

这是因为在 goods 表中 goodsKey 为标识列，goodsDescription 为计算列，在实际插入操作时 INSERT 语句不能包含这两列的值。

在视图上使用 INSERT 语句时，为基表中的每一列都指定值：

```
INSERT  INTO  goods_view(goodsKey,goodsName,goodsColor,goodsDescription,
goodsPrice)
 Values(1,'Banana','黄色','绿色',2.25)
GO
```

此时没有任何错误提示，这是因为虽然在执行视图的插入语句时能够将 goodsKey 和 goodsDescription 两列的值传递到了 goods_view 的触发器，但触发器中的 INSERT 语句没有选择 INSERTED 表的 goodsKey 和 goodsDescription 的值。

2. 使用 SQL Server Management Studio 创建触发器

用户也可以使用图形界面的方式建立触发器，如图 9-3 所示，但还需要采用 SQL 脚本编辑的方式，请读者自学完成。

图 9-3　菜单方式建立触发器

9.2.3　修改触发器

可以使用 T-SQL 语句修改触发器的定义，但同其他数据库对象的修改类似，这里只讨论修改触发器的定义。

修改触发器语法格式与创建时类似，只需将关键字 CREATE 改为 ALTER。

语法格式：

```
ALTER  TRIGGER trigger_name
ON{table|view}
{[FOR|AFTER]|INSTEAD OF}
{[INSERT ][,][UPDATE][,][DELETE]}
[WITH ENCRYPTION]
AS
[IF UPDATE ( cotumn_name ) [{AND|OR} UPDATE ( cotumn_name ) ][…n]]
SQL_statement
```

说明：trigger_name 为要修改的已存在于数据库中的一个触发器的名称。其他参数含义请参考创建触发器命令部分。

【例 9-15】修改 XS 数据库的触发器 xsdaupd_trig，将它的功能改为当修改或删除 XSDA 中的一条记录时，如果在 XSCJ 表存在有相同学号的记录，则禁止修改或删除。

```
USE XS
```

```
GO
ALTER TRIGGER xsdaupd_trig
ON xsda
FOR UPDATE,DELETE
AS
IF EXISTS(SELECT * FROM XSCJ WHERE 学号=(SELECT 学号 FROM DELETED))
   BEGIN
      PRINT 'Cannot do!'
      PRINT 'Transaction has been cancelled'
      ROLLBACK
   END
GO
--验证
DELETE XSDA WHERE 学号='200501'
显示：
Cannot do!
Transaction has been cancelled
```

9.2.4　删除触发器

同其他数据库对象一样，删除触发器也可以使用多种方式。

1. 使用 T-SQL 语句删除触发器

语法格式：

```
DROP TRIGGER trigger_name[,…]
```

说明：trigger_name 为需要删除的触发器名称，当一次删除多个触发器时，各个触发器名称之间用逗号隔开。

【例 9-16】为了保证触发器能成功创建，可以在 CREATE TRIGGER 语句前先加一条判断语句，判断数据库中是否有这样一个触发器，如果有，就删除掉。

```
IF EXISTS(SELECT * FROM SYSOBJECTS WHERE NAME='xsdaupd_trig'AND TYPE= 'TR')
DROP TRIGGER XSDAUPD_TRIG
go
```

以上创建触发器的例子都可按同样方法处理。

2. 使用 SQL Server Management Studio 删除触发器

进入图 9-3 所示界面后，在"名称"对应的下拉列表中选择要删除的触发器名，然后单击"删除"按钮即可。

小　结

本章主要介绍了存储过程和触发器的使用。存储过程是存储在服务器上的一组预编译的 SQL 语句的集合，而触发器可以看成是特殊的存储过程。触发器在数据库开发过程中，在对数据库的维护和管理等任务中，特别是在维护数据完整性等方面具有不可替代的作用。

1. 存储过程的创建、执行、修改与删除

创建：

```
CREATE PROC[EDURE] procedure_name
[@parameter data_type [=default][OUTPUT]][,…]
```

```
AS sql_statement
```
执行：
```
[EXEC[UTE]] procedure_name [value|@variable OUTPUT][,…]
```
修改：
```
ALTER PROC[EDURE] procedure_name
[@parameter  data_type [=default][OUTPUT]][,…]
AS sql_statement
```
删除：
```
DROP PROC[EDURE] procedure_name [,…]
```

2. 触发器的创建、修改与删除

创建：
```
CREATE TRIGGER trigger_name
ON{table|view}
{[FOR|AFTER]|INSTEAD OF}
{[INSERT ][,][UPDATE][,][DELETE]}
[WITH ENCRYPTION]
AS
[IF UPDATE (cotumn_name) [{AND|OR} UPDATE (cotumn_name)][…n]]
SQL_statement
```
修改：
```
ALTER  TRIGGER trigger_name
ON{table|view}
{[FOR|AFTER]|INSTEAD OF}
{[INSERT ][,][UPDATE][,][DELETE]}
[WITH ENCRYPTION]
AS
[IF UPDATE (cotumn_name) [{AND|OR} UPDATE (cotumn_name)][…n]]
SQL_statement
```
删除：
```
DROP TRIGGER trigger_name[,…]
```

习　题

一、选择题

1. 下面关于存储过程的描述不正确的是（　　）。

　A. 存储过程实际上是一组 T-SQL 语句

　B. 存储过程预先被编译存放在服务器的系统表中

　C. 存储过程独立于数据库而存在

　D. 存储过程可以完成某一特定的业务逻辑

2. 在 SQL 语言中，建立触发器的命令是（　　）。

　A. CREATE TRIGGER　　　　　　B. CREATE RULE

　C. CREATE DURE　　　　　　　　D. CREATE FILE

3. 如果要从数据库中删除触发器，应该使用 SQL 语言的命令（　　）。

　A. DELETE TRIGGER　　　　　　B. DROP TRIGGER

　C. REMOVE TRIGGER　　　　　　D. DISABLE TRIGGER

4. 带有前缀名 xp 的存储过程属于（　　　）。
   A. 用户自定义存储过程　　　　　　B. 系统存储过程
   C. 扩展存储过程　　　　　　　　　D. 以上都不是

5. 执行带参数的存储过程，正确的方法为（　　　）。
   A. 存储过程名　参数　　　　　　　B. 存储过程名(参数)
   C. 存储过程名 = 参数　　　　　　　D. A、B、C 三种都可以

6. 触发器创建在（　　　）。
   A. 表　　　　　　B. 视图　　　　　　C. 数据库　　　　　　D. 查询

7. 触发器在执行时，会产生两个特殊的表，它们是（　　　）。
   A. deleted、inserted　　　　　　　B. delete、insert
   C. view、table　　　　　　　　　　D. view1、table1

8. 关于触发器的描述不正确的是（　　　）。
   A. 触发器是一种特殊的存储过程
   B. 可以实现复杂的商业逻辑

   C. 数据库管理员可以通过语句执行触发器
   D. 触发器可以用来实现数据完整性

二、判断题

1. INSERT 操作能同时影响到 deleted 表和 inserted 表。
2. 视图具有与表相同的功能，在视图上也可以创建触发器。
3. 触发器是一类特殊的存储过程，它既可以通过表操作触发自动执行，也可以在程序中被调用执行。
4. 触发器可以用来实现表间的数据完整性。
5. 创建触发器的时候可以不是表的所有者或数据库的所有者。

三、设计题

1. 创建带参数的存储过程，内容为选修某课程的学生：学号、姓名、性别、系名、课程名称、成绩、学分。执行此过程，查询选修"计算机文化基础"学生情况。

2. 创建带参数的存储过程"某门课程高低均分"、执行该过程的代码。
   存储过程功能：查询某门课程的最高分、最低分、平均分。
   执行该过程，查询所有修"专业英语"这门学生的最高分、最低分、平均分。

3. 创建存储过程 getDetailByName，通过输入参数学生姓名（如"张三"），筛选出该学生的基本信息，对不存在此学生姓名的输入值，必须作一检测，打印信息"不存在此学生"。

4. 创建存储过程，通过输入参数@学号、@课程编号、@成绩向 XSCJ 中插入一条记录，如果已存在相同学号与课程编号的记录，则修改该记录的成绩。

5. 创建触发器 test，要求每当在 XSDA 表中修改数据时，将向客户端显示一条"记录已修改"的消息。

6. 创建一个 DELETE 触发器 kcxxdel_trig，当在 KCXX 表中删除一条记录时，XSCJ 表中对应课程编号的记录随之删除，并将成绩及格的学号对应的 XSDA 表中的总学分减去该课程的学分。

数据库安全性管理

案例引入

学生数据库建立起来后，可供学生、教师、教务人员等不同用户来访问。要保证只有合法的用户才能访问学生数据库，就需要进行数据库安全性管理，以保证数据库中数据的安全。对于数据库来说，安全性是指保护数据库不被破坏和非法使用的性能。一个良好的安全模式能使用户的合法操作很容易，同时使非法操作和意外破坏很难或不可能发生。安全管理对于SQL Server 2005 数据库管理系统而言是至关重要的。

本章主要介绍了 SQL Server 的安全性、安全认证模式、SQL Server 2005 用户账号、用户角色和权限的管理等内容。通过本章的学习，读者应对 SQL Server 2005 的安全机制、服务器和数据库角色的概念与管理等有清晰的了解，能够掌握用户账户的建立与管理、数据库用户的管理及权限的概念和种类等内容。

本章定位

学习目标

- 掌握创建和管理 SQL Server 2005 登录账号的方法。
- 掌握管理数据库用户账号和权限的方法。
- 掌握管理服务器角色的方法。

本章要点

- SQL Server 2005 系统安全机制。
- SQL Server 2005 登录认证。
- SQL Server 2005 数据库用户账号及权限管理。
- SQL Server 2005 服务器角色和应用程序角色。

10.1　SQL Server 2005 系统安全机制

SQL Server 2005 作为一个网络数据库管理系统，具有完备的安全机制，能够确保数据库中的信息不被非法盗用或破坏。

SQL Server 2005 的安全机制可分为以下三个等级：

（1）SQL Server 的登录安全性。

（2）数据库的访问安全性。

（3）数据库对象的使用安全性。

每个安全等级就像一道门，如果门没有上锁，或者用户拥有开门的钥匙，则用户可以通过这道门达到下一个安全等级。如果通过了所有的门，则用户就可以实现对数据的访问了。这种关系为：用户通过客户机操作系统的安全性进入客户机，通过 SQL Server 的登录安全性登录 SQL Server 服务器，通过数据库的使用安全性使用数据库，通过数据库对象的使用安全性访问数据对象。

首先，任何用户要访问 SQL Server，必须取得服务器的"连接许可"，用户在客户机上向服务器申请并被 SQL Server 审查，只有服务器确认合法的用户才允许进入。如果用户的登录账户没有通过 SQL Server 审查，则不允许该用户访问服务器，更无从接触到服务器中的数据库数据。SQL Server 的服务器级安全性建立在控制服务器登录账号和密码的基础上。SQL Server 采用了标准 SQL Server 登录和集成 Windows NT 登录两种方式。无论是使用哪种登录方式，用户在登录时提供的登录账号和密码，决定了用户能否获得 SQL Server 的访问权，以及在获得访问权之后，用户在访问 SQL Server 进程时可以拥有的权利。管理和设计合理的登录方式是 SQL Server DBA 的重要任务。在 SQL Server 安全体系中，DBA 可以发挥主动性的第一道防线。SQL Server 在服务器和数据库级的安全级别上都设置了角色。角色是用户分配权限的单位。SQL Server 允许用户在数据库级上建立新的角色，然后为角色赋予多个权限，如果再通过角色将权限赋予 SQL Server 的用户。

当用户登录账户通过 SQL Server 审查进入服务器后，还必须取得数据库的"访问许可"，才能使用相应的数据库。SQL Server 在每一个数据库中保存有一个用户账号表，记载了允许访问该数据库的用户信息。如果用户登录服务器后，在所需访问的数据库中没有相应的用户账户，仍然无法访问该数据库。打个比喻，就像走进了大门，但房门钥匙不对，仍然无法进入房间。在建立用户的登录账号信息时，SQL Server 会提示用户选择默认的数据库。以后用户每次连接上服务器后，都会自动转到默认的数据库上。对任何用户来说，master 数据库的门总是打开的，如果在设置登录账号时没有指定默认的数据库，则用户的权限将局限在 master 数据库以内。

在数据库的用户账号表中，不仅记载了允许哪些用户访问该数据库，还记载了这些用户的"访问权限"。除了数据库所有者（db_owner）对本数据库具有全部操作权限外，其他用户只能在数据库中执行规定权限的操作。如有的用户能进行数据查询，有的用户可进行插入、修改或删除表中数据的操作，有的用户只能查询视图或执行存储过程，而有的用户可以在数据库中创建其他对象，等等。默认情况下，只有数据库的拥有者可以在该数据库下进行操作。当一个非数据库拥有者想访问数据库里的对象时，必须事先由数据库的拥有者赋予该用户对指定对象的执行特定操作的权限。

10.2 SQL Server 2005 登录认证

10.2.1 Windows 身份认证和 SQL Server 身份认证

登录标识是 SQL Server 服务器接收用户登录连接时识别用户的标识，用户必须使用一个 Login 账户才能连接到 SQL Server 中。SQL Server 可以识别两种类型的 Login 认证机制：SQL Server 认证机制和 Windows 认证机制。

当使用 SQL Server 认证机制时，SQL Server 系统管理员定义 SQL Server 的 Login 账户和口令。当用户连接 SQL Server 时，必须提供 Login 账号和口令。

当使用 Window 认证机制时，由 Windows 账户或者组控制用户对 SQL Server 系统的访问。这时，用户不必提供 SQL Server 的 Login 账户和口令就能连接到系统上。但是，在用户连接之前，SQL Server 系统管理员必须定义 windows 账户或组是有效的 SQL Server 的 Login 账户。

1. Windows 认证模式

在 Windows 验证模式下只允许使用 Windows 认证机制。此时，SQL Server 检测当前使用的 Windows 用户账户，以确定该账户是否有权限登录。在这种方式下，用户不必提供登录名或密码让 SQL Server 验证。

在 Windows 模式下，用户只要通过 Windows 的认证就可连接到 SQL Server。在这种认证模式下，当用户试图登录到 SQL Server 时，它从 Windows 的网络安全属性中获取登录用户的账号与密码，并将它们与 SQL Server 中记录的 Windows 账户相匹配。如果在 SQL Server 中找到匹配的项，则接受这个连接，允许该用户进入 SQL Server。

Windows 认证模式与 SQL Server 认证模式相比，其优点是：用户启动 Windows 进入 SQL Server 不需要两套登录名和密码，简化了系统操作。更重要的是，Windows 认证模式充分利用了 Windows 强大的安全性能及用户账户管理能力。Windows 安全管理具有众多特点，如安全合法性、口令加密、对密码最小长度进行限制、设置密码期限以及多次输入无效密码后锁定账户等。

在 Windows 中可使用用户组，所以当使用 Windows 认证模式时，我们总是把用户归入一定的 Windows 用户组，以便当在 SQL Server 中对 Windows 用户组进行数据库访问权限设置时，能够把这种权限传递给每一个用户。当新增加一个登录用户时，也总把它归入某一用户组，这种方法可以使用户更为方便地进入到系统中，并消除了逐一为每个用户进行数据库访问权限设置而带来的不必要的工作量。

2. SQL Server 认证模式

但有一些情况需要使用 SQL Server 账号登录，比如登录安装在非 Windows 环境的 SQL Server，另外，INTERNET 用户登录 SQL Server 时只能用 SQL Server 账号。

当使用 SQL Server 验证时，系统管理员需创建一个登录账号和密码，并将其存储在 SQL Server 中，当用户连接 SQL Server 时，必须提供登录账号和密码。

在该认证模式下，用户在连接 SQL Server 时必须提供登录名和登录密码，SQL Server 自己执行认证处理。如果输入的登录信息与 SQL Server 系统表中的记录相匹配，则允许该用户登录到 SQL Server；否则将拒绝该用户的连接请求。

第 10 章 数据库安全性管理

使用 SQL Server 认证模式的优点是：允许非 Windows 用户及 Internet 客户端连接 SQL Server。例如，当用户在运行 Windows 98 的客户机上申请连接 SQL Server 时，由于 Windows 98 不支持 Windows 身份认证，因此只能使用 SQL Server 认证模式。

10.2.2 选择身份认证模式

身份认证模式可以在安装过程中指定或使用 SQL Server Management Studio 指定。在安装 SQL Server 2005 或者第一次使用 SQL Server 连接其他服务器的时候，需要指定认证模式。对于已经指定认证模式的 SQL Server 服务器，也可以进行修改。设置或修改认证模式的用户必须使用系统管理员或安全管理员账户。

在 SQL Server Management Studio 中选择身份认证模式的方法如下：

（1）打开 SQL Server Management Studio，在对象资源管理器里的对应服务器上右击，从弹出的快捷菜单中选择"属性"命令，如图 10-1 所示。打开"服务器属性"对话框。

（2）在图 10-2 所示的"服务器属性"对话框中选择认证模式。输入完成后，单击"确定"按钮。修改认证模式后，必须停止 SQL Server 服务，重新启动后才能使设置生效。

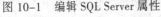

图 10-1 编辑 SQL Server 属性

图 10-2 "服务器属性"对话框

10.2.3 Windows 认证模式登录账号的建立和取消

1. 使用 SQL Server Management Studio 建立 Windows 认证模式的登录账号

对于 Windows 操作系统，安装本地 SQL Server 的过程中，允许选择认证模式。例如，对于安装时选择 Windows 身份认证方式，在此情况下，如果要增加一个 Windows 的新用户，如何授权该用户，使其能通过信任连接访问 SQL Server 呢？步骤如下：

（1）创建 Windows 用户：以管理员身份，登录 Windows。在"控制面板"→"管理工具"→"计算机管理"中，新建用户。

（2）将 Windows 网络账号加入到 SQL Server 中，以管理员身份登录到 SQL Server，进入 SQL Server Management Studio，在图 10-3 所示的窗口中的"登录名"图标上右击，在弹出的快捷菜单中选择"新建登录名"命令，打开图 10-4 所示的对话框。

图 10-3 选择"新建登录名"

图 10-4 新建登录

（3）在"登录名–新建"对话框中，选择"常规"选项。单击"登录名"后的"搜索"按钮，打开图 10-5 所示的对话框，在此对话框中可以选择用户名或用户组添加到 SQL Server 登录用户列表中。

（4）单击"确定"按钮，完成 Windows 认证模式下登录账户的建立。

图 10-5 选择用户或组

2. 使用 T–SQL 语句建立 Windows 认证模式的登录账户

创建 Windows 的用户或组后，使用系统存储过程 sp_grantlogin 可将一个 Windows 的用户或组的登录账号添加到 SQL Server 2005 中，以便通过 Windows 身份验证连接到 SQL Server。

语法格式：

```
sp_grantlogin[@loginame=]'login'
```

说明：@loginame =为原样输入的常数字符串，为可选参数。'login'是要添加的 Windows 的用户或组的名称。Windows NT 组和用户必须用 Windows NT 域名限定，格式为"域名（或计算机名）\用户（或组）名"。对于 WINDOWS 内建本地组，如 Administrators、Users 和 Guests，它们的账号名中可以用 BUILTIN 代替域名（或计算机名），比如内建的 Administrators 组，账号名为 BUILTIN\Administrators。返回值：0（成功）或 1（失败）。

例如，建立 Windows 用户组 Administrators 登录 SQL Server 的账号如下：

```
EXEC sp_grantlogin 'BUILTIN\Administrators'
```

说明：通常，当选用 NT 验证模式时，Windows NT 的管理员组是唯一能访问服务器的组。所有的管理员组中的账户将被映射成 BUILTIN\Administrators 登录名，具有 sa 的权限。其他的 NT 账户必须经过授权才能成为 SQL Server 的安全账户。

执行 sp_grantlogin 后，用户可登录到 SQL Server，如果要访问一个数据库，还必须在该数据库中创建用户的账户，否则多用户数据库的访问仍回被拒绝。可以使用 sp_grantdbaccess 在数据库中创建用户账户。

3. Windows 认证模式登录账号的取消

通过系统存储过程 sp_revokelogin 可取消 Windows 的用户或组登录 SQL Server 的账号。

语法格式：

```
sp_revokelogin [@loginame=]'login'
```

说明：@loginame=为常量字符串。'login'为 Windows 的用户或组的名称，为"域\用户"形式。返回值：0（成功）或 1（失败）。

例如：取消 Windows 用户 LMS-THINK\Administrator 登录 SQL Server 的账号。

```
EXEC sp_revokelogin 'LMS-THINK\Administrator'
```

使用 SQL Server Management Studio 也可以取消登录账号。步骤如下：

（1）在 SQL Server Management Studio 的树形目录中展开服务器。

（2）展开"安全性"目录，展开"登录名"图标，右击要取消的登录账号，在弹出的快捷菜单中选择"删除"命令，单击"是"按钮，取消此登录账号。

10.2.4　SQL Server 认证模式登录账号的建立和删除

1. 使用系统存储过程创建 SQL Server 登录账号

使用系统存储过程 sp_addlogin 可以创建 SQL Server 登录账号。

语法格式：

```
Sp_addlogin [@loginame=] 'login'
[,[@passwd=] 'password']
[,[@defdb=] 'database']
[,[@deflanguage=] 'language']
[,[@sid=]sid]
[,[@encryptopt=] 'encryption_option']
```

说明：

（1）Login：指定登录账号。

（2）Password：登录密码，其默认值为 NULL，sp_addlogin 执行后，密码被加密并存储在系统表中。

（3）Database：指出登录后连接到的数据库，默认设置为 master。

（4）Language：指出用户登录到 SQL Server 时系统指派的语言，默认设置为 NULL。如果没有指定 Language，那么 Language 被设置为服务器当前的默认语言。

（5）Sid：安全标识号（SID），默认设置为 NULL。若 Sid 为 NULL，则系统为新登录的账号生成 SID。

（6）encryption_option：指定当密码存储在系统表中时，密码是否要加密，可以有以下三个值之一：

① NULL：指进行加密，为默认设置。

② Skip_encryption：指密码已加密，不用对其再加密。

③ Skip_encryption_old：已提供的密码由 SQL Server 较早版本加密，此选项只供升级使用。

例如，创建一个混合认证模式的登录账户。

```
EXEC sp_addlogin 'lms_login',
@defdb='pubs',
@deflanguage='English'
```

2. SQL Server 登录账号的删除

利用 sp_droplogin 系统存储过程可删除 SQL Server 登录账号。

语法格式：

```
Sp_droplogin [@loginame=] 'login'
```

例如，删除登录账号 lms_login。

```
EXEC sp_droplogin 'lms_login'
```

10.2.5　管理 SQL Server 登录账户

如果要查看登录账号，只需在 SQL Server Management Studio 中展开对应服务器下的登录名，右击登录名称，选择"属性"命令，在"登录属性"窗口即显示当前登录账户的信息。

图 10-6 中显示了两个 SQL Server 2005 系统自动创建的登录账号：

（1）BUILTIN\Administrators：默认的 Windows 身份验证登录账号。凡属于 Windows 中本地系统管理员组（Administrators）的账号都允许通过它登录 SQL Server（BUILTIN 代表 Windows 内建本地组）。它具有 SQL Server 服务器及所有数据库的全部权限。

（2）sa：SQL Server 系统管理员账号（sa 即为 system administrator 的缩写）。是默认的 SQL Server

图 10-6　显示服务器登录名

身份验证登录账号。这是为了系统向后兼容而保留的特殊登录账号，它也具有 SQL Server 服务器及所有数据库的全部权限。该账号无法删除，为了系统安全，必须为其设置合适的密码口令，在安装 SQL Server 2005 时就要求为 sa 设置密码。

如果要修改登录账户，右击该登录账号，从弹出的快捷菜单中选择"属性"命令，打开"SQL Server 登录属性"对话框，可在该对话框中直接进行修改。其操作与创建登录账户相同。

如果要删除登录账户，右击该登录账号，从弹出的快捷菜单中选择"删除"选项。然后在"确认删除"对话框中单击"确定"按钮。

有时可能要暂时禁止一个登录账号连接 SQL Server，过一段时间又恢复它。这时，可以在弹出的"SQL Server 登录属性"对话框中选择"状态"选项，设置"登录禁用"或"登录启用"。

10.3　数据库用户账号及权限管理

10.3.1　数据库用户账号

1. 登录账号与用户账号的区别

当用户通过身份验证，以某个登录账号连接到 SQL Server 以后，还必须取得相应数据库的"访问许可"，才能使用该数据库。这种用户访问数据库权限的设置是通过用户账号来实现的。

在 SQL Server 中有两种账号，一种是登录服务器的登录账号（Login Name），一种是访问数据库的数据库用户账号（User Name）。登录账号与用户账号是两个不同的概念。一个合法的登录账号只表明该账号通过了 Windows 认证或 SQL Server 认证，允许该账号用户进入 SQL Server，但不表明可以对数据库数据和数据对象进行某种操作。所以一个登录账号总是与一个或多个数据库用户账号相关联后，才可以访问数据库，获得存在价值。数据库用户账号用来指出哪些用户可以访问数据库。在每个数据库中都有一个数据库用户列表，用户对数据的访问权限及对数据库对象的所有关系都是通过用户账号来控制的。用户账号总是基于数据库的，即在两个不同的数据库中可以有相同的用户账号。

由此可知，登录账号是属于服务器的层面。而登录者要使用服务器中的数据库数据时，必须要有用户账号。

2. 默认用户账号

数据库中有两个默认用户：一个是 dbo 用户账号，另一个是 guest 用户账号。dbo 代表数据库的拥有者（database owner）。每个数据库都有 dbo 用户，创建数据库的用户是该数据库的 dbo，系统管理员也被自动映射成 dbo。

10.3.2 用户权限及数据库角色

1. 用户权限

当数据库对象刚刚创建完后，只有拥有者可以访问该数据库对象。任何其他用户想访问该对象必须首先获得拥有者赋予他们的权限。拥有者可以授予权限给指定的数据库用户。例如，如果用户想浏览表中的数据，则他必须首先获得拥有者授予的 SELECT 权限。存储过程的拥有者可以授予 EXECUTE 权限给别的数据库用户。如果基本表的拥有者不希望其他用户直接访问基本表的数据，就可以通过在基本表建立视图或创建访问基本表的存储过程，然后授予使用视图或存储过程的权限给用户。这样就可以让用户在不直接访问基本表的基础上，实现对基本表数据的有限访问。这是 SQL Server 数据库不允许用户访问未授权数据的基本机制之一。

2. 数据库角色

角色是 SQL Server 2005 用来管理数据库或服务器权限的概念。角色的意义好像是一个职位。SQL Server 中可以包括多个数据库，每个登录账号都可以在各数据库中拥有一个使用数据库的用户账号。而数据库中的用户也可以组成组，并被分配相同的权限，这种组称为数据库角色。数据库角色中可以包括用户及其他的数据库角色。数据库管理员将操作数据库的权限赋予角色，就像把职权赋予了一个职位。然后，数据库管理员可以将角色再赋给数据库用户或登录账户，就像将一个职位交给某一个人。

在 SQL Server 中，通过角色可将用户分为不同的类，相同类用户（相同角色的成员）进行统一管理，赋予相同的操作权限。

SQL Server 给用户提供了预定义的数据库角色（固定数据库角色），固定数据库角色都是 SQL Server 内置的，不能进行添加、修改或删除操作。用户可根据需要，创建自己的数据库角色，以便对具有同样操作的用户进行统一管理。

（1）固定数据库角色。固定数据库角色是在 SQL Server 每个数据库中都存在的系统预定义用户组。它们提供了对数据库常用操作的权限。系统管理员可以将用户加入到这些角色中，固定数据库角色的成员也可将其他用户添加到本角色中。但固定数据库角色本身不能被添加、修改或删除。

SQL Server 2005 中的固定数据库角色如表 10-1 所示。

表 10-1　固定数据库角色

角色名称	权　　限
db_owner	进行所有数据角色的活动，以及数据库中的其他维护和配置活动
db_accessadmin	允许在数据库中添加或删除用户、组和角色
db_datareader	可以查看来自数据库中所有用户表的全部数据
db_datawriter	有权添加、更改或删除数据库中所有用户表的数据

续表

角 色 名 称	权 限
db_ddladmin	有权添加、修改或删除数据库对象。但无权授予、拒绝或废除权限
db_securityadmin	管理数据库角色和角色成员，并管理数据库中的对象和语句权限
db_backupoperator	具有备份数据库的权限
db_denydatareader	无权查看数据库内任何用户表或视图中的数据
db_denydatawriter	无权更改数据库内的数据
public	每个数据库用户都属于该角色

可以使用系统存储过程 sp_helpdbfixedrole 来查看表 10-1 所示的固定数据库角色，如图 10-7 所示。

（2）自定义数据库角色。如果系统提供的固定数据库角色不能满足要求，用户也可创建自定义数据库角色，赋予该角色相应的权限，然后将相应的用户加入该角色中。

图 10-7　查看固定数据库角色

10.3.3　使用 SQL Server Management Studio 管理用户账户和权限

1. 创建登录账户时指定数据库账户

在 SQL Server Management Studio 中新建登录账号后，通常可直接设置该账号允许访问的数据库及相应权限，即数据库用户账号。在 "登录名－新建"窗口中选择"用户映射"标签，即可指定该登录账号可以访问的数据库及其充当的数据库角色，如图 10-8 所示。

图 10-8　"数据库访问"窗口

图 10-8 所示"登录名－新建"窗口的上半部分列出了当前服务器中的所有数据库，可以在需要建立用户账号的数据库前面的"映射"列中打钩选择，表示要在该数据库中建立用户账号。默认时数据库用户账号名与登录账号相同，如果不想同名，可以在该数据库后面的

"用户"列中重新输入新的用户名。

在"数据库访问"窗口的下半部分，可以将该用户加入数据库角色中，默认它已是 public 角色的成员。

2. 添加数据库用户

如果想要为一个数据库添加新用户，在 SQL Server Management Studio 中可按如下步骤操作：

（1）启动 SQL Server Management Studio 后，展开已登录的服务器，打开"数据库"文件夹，选中要添加用户的数据库。

（2）右击该数据库下的"安全性"→"用户"图标，在快捷菜单中选择"新建用户"命令，弹出"数据库用户 – 新建"对话框，如图 10-9 所示。

图 10-9　"数据库用户–新建"对话框

（3）在"用户名"文本框内输入数据库用户名，登录名内选择一个已经创建的登录账号。

（4）在"数据库角色成员身份"中选择数据库角色。

3. 增加或删除数据库角色成员

上面介绍了在创建数据库用户账号时指定其数据库角色。对于已存在的固定数据库角色和自定义数据库角色，可以随时根据需要增加或删除其成员。

使用 SQL Server Management Studio 为数据库角色增、删成员的操作步骤如下：

（1）展开要修改角色成员的数据库，依次展开其下的"安全性"→"角色"→"数据库角色"结点，即显示出该数据库的所有角色，如图 10-10 所示。

（2）双击要修改成员的角色，打开"数据库角色属性"窗口，如图 10-11 所示。

（3）在"数据库角色属性"窗口的用户列表中选择一个成员，单击"删除"按钮可以从角色中删除该成员。

（4）依次单击"添加"→"浏览"按钮，可以从当前数据库用户选择要加入的成员，如图 10-12 所示。

图 10-10　选择数据库角色

4. 查看和修改数据库用户账号

在 SQL Server Management Studio 中，选中数据库下的"安全性"→"用户"图标，即显示当前数据库的所有用户，如图 10-13 所示。

右击用户名，从快捷菜单中选择"属性"命令，打开"数据库用户"窗口，如图 10-14 所示，从中可查看或设置该用户所属的数据库角色。按"安全对象"，还可进一步查看或设置相应的操作权限。

图 10-11   "数据库角色属性"窗口

图 10-12   添加角色成员   图 10-13   查看数据库用户账号

图 10-14   "数据库用户"窗口

5. 删除数据库用户

在图 10-13 中右击用户名，从快捷菜单中选择"删除"命令，就可将该用户从数据库中删除。

6. 管理对象权限

设置和管理用户或数据库角色的对象权限可以从两个方面进行：

（1）从用户/角色的角度管理对象权限。即一个用户或角色对哪些对象有哪些操作权限。

① 在 SQL Server Management Studio 中，展开数据库，展开"用户"图标，在用户列表中双击某用户，打开其属性窗口，如图 10-14 所示。

② 依次单击"安全对象"→"添加"→"确定"→"对象类型"，选择"表"，单击"确定"按钮。然后选择"浏览"，在"查找对象"窗口中选择需要设置权限的表，单击"确定"按钮。在该窗口中可设置用户对有关数据库对象的操作权限，如图 10-15 所示。

图 10-15　数据库用户属性—权限窗口

该窗口的网格中纵向列出了数据库中的对象可设置权限的对象操作语句。可以通过鼠标单击改变它们的权限的状态。

③ 如果打开列权限窗口，可以设置对表或视图中列的操作权限，如图 10-16 所示。

图 10-16　列权限设置

④ 设置完成后，单击"确定"按钮即可完成该用户对数据库对象操作权限的设置工作。对数据库角色的对象权限设置与用户的对象权限设置的操作类似，不再赘述。

（2）从数据库对象的角度管理用户/角色权限。即一个对象允许哪些用户或角色执行什么操作。

① 启动 SQL Server Management Studio，登录到指定服务器上，展开指定的数据库，从中选择用户对象（表、视图、存储过程等。）

② 选择要进行权限设置的具体对象，右击该对象，在弹出的快捷菜单中选择"属性"命令。

③ 在弹出的对象属性窗口中，在"选择"界面里单击"权限"，设置相关用户或数据库角色对本对象的操作权限。与上面所述的权限操作基本相同，读者很容易仿照上面的讲解自己进行操作。

④ 对象权限设置后，单击"确定"按钮，即可完成该数据库对象所允许的用户和角色操作权限的设置工作。

10.3.4　使用 T-SQL 语句管理用户账号和权限

1.　创建数据库用户账号

除了在 SQL Server Management Studio 中创建和管理用户账户外，在 SQL Server 中还可以使用系统存储过程 sp_grantdbaccess 来添加数据库用户。

例如，以下程序在 xs 数据库中创建一个用户账户 lms。

```
USE xs
EXEC sp_grantdbaccess lms
```

在查询窗口中运行该程序，结果如图 10-17 所示。由图可知，已经将 lms 加入到 xs 数据库作为该数据库的一个用户账号。

也可以在向数据库添加用户账号时使用不同于登录名的另外名字。例如，图 10-18 所示时使用如下语句将登录账号 lms 用 lms_login 名添加到 xs 数据库中：

```
EXEC sp_grantdbaccess lms,lms_login
```

图 10-17　执行 sp_grantdbaccess

图 10-18　使用不同于登录名的用户账号

值得指出的是，必须在当前添加用户的数据库中执行 sp_grantdbaccess 存储过程。如果忘了切换当前数据库，在默认的 master 数据库中添加了用户账号，则无法使添加的用户使用该数据库。

2.　管理权限

在 SQL Server 中使用 GRANT、DENY、REVOKE 三条 Transact-SQL 语句来管理权限。

（1）GRANT 命令用于把权限授予某一用户，以允许该用户执行针对某数据库对象操作或允许其运行某些语句。

（2）DENY 命令可以用来禁止用户对某一对象或语句的权限，它不允许该用户执行针对数据库对象的某些操作或不允许其运行某些语句。

（3）REVOKE 命令可以用来撤销用户对某一对象或语句的权限，使其不能执行操作，除非该用户是角色成员，且角色被授予。

例如，以下语句将创建表的语句权限授予用户 lms_login 和 zhy。

```
GRANT CREATE TABLE TO lms_login,zhy
```

在查询窗口中运行该语句，结果如图 10-19 所示。

又如，以下程序拒绝了用户 lms_login 在数据库中创建表的权限，并且废除了用户 zhy 在 xs 数据库中的所有权限。

```
USE xs
DENY CREATE TABLE TO lms_login
REVOKE ALL FROM zhy
```

在查询窗口中运行该程序，结果如图 10-20 所示。

3. 查看用户权限

使用系统存储过程 sp_helprotect 可以查看数据库内用户的权限。

图 10-19　使用 GRANT 语句向用户授权

图 10-20　使用 DENY 语句和 REVOKE 语句

使用该存储过程的基本格式是：

```
Sp_helprotect <对象名>,<用户名>,<授予者>,类型
```

如果不带参数执行 sp_helpprotect，将显示当前数据库中所有已经授予或拒绝的权限。

上面语句格式中的"类型"是一个字符串，表示是显示对象权限（o）、语句权限（s）还是两者都显示（os——在 o 和 s 之间可以有也可以没有逗号或空格）。默认值为 os。例如，执行以下命令查看当前数据库所有已授予或拒绝的语句权限：

```
EXEC sp_helprotect NULL,NULL,NULL, 's'
```

图 10-21　使用 sp_helprotect 查询语句权限

在查询窗口中运行该语句，结果如图 10-21 所示。

10.4　服务器角色和应用程序角色

10.4.1　服务器角色

除了数据库角色外，在 SQL Server 中还有服务器角色。与数据库角色不同，服务器角色是指根据 SQL Server 的管理任务及这些任务相对的重要等级，把具有 SQL Server 管理职能的用户划分为不同的用户组，每一组所具有的管理 SQL Server 的权限均已被预定义。服务器角色适用在服务器范围内，并且其权限不能被修改。

SQL Server 2005 共有八种预定义的服务器角色：

（1）Sysadmin：系统管理员角色，可以在 SQL Server 中做任何事情。

（2）Serveradmin：管理 SQL Server 服务器范围内的配置。

（3）setupadmin：增加、删除连接服务器，建立数据库复制，管理扩展存储过程。

（4）securityadmin：管理服务器登录。

（5）processadmin：管理 SQL Server 进程。

（6）dbcreator：创建数据库，并对数据库进行修改。

（7）diskadmin：管理磁盘文件。

（8）bulkadmin：管理大容量数据插入。

在 SQL Server Management Studio 中新建登录账号后，可接着设置是否将该账号加入以上服务器角色中。在"登录名-新建"窗口中选择"服务器角色"选项卡，打开"服务器角色"界面，可以设置该登录账号所属的服务器角色，如图 10-22 所示。

图 10-22 "服务器角色"窗口

10.4.2 管理服务器角色

1. 查看服务器角色

（1）启动 SQL Server Management Studio，登录到指定的服务器。

（2）依次展开"安全性"→"服务器角色"文件夹。在展开的服务器角色中右击某个角色，然后在弹出的快捷菜单中选择"属性"命令，将出现"服务器角色属性"窗口，从中可以看到该角色的成员，如图 10-23 所示。

图 10-23 "服务器角色属性"窗口

2. 增加服务器角色成员

在图 10-23 所示的"服务器角色属性"窗口中单击"添加"按钮，弹出"选择登录名"

对话框，单击"浏览"按钮，从弹出的"查找对象"对话框中选择要加入角色中的登录者，如图 10-24 所示。

图 10-24 "查找对象"对话框

3. 删除服务器角色成员

在图 10-23 所示的"服务器角色属性"对话框中选择要从该角色中删除的登录者，单击"删除"按钮，即可将它从该服务器角色中删除。此后，该登录用户就不具备原服务器角色所具有的权限。但应注意，不能从服务器角色中删除 sa 登录账号。

10.4.3 应用程序角色

在某些情况下，可能希望限制用户只能通过特定应用程序来访问数据，防止用户使用 SQL Server 查询窗口或其他系统工具直接访问数据库中的数据。这样，不仅可实现类似视图或存储过程那样的只对用户显示指定数据、防止数据泄密或被破坏的功能，还可防止用户使用 SQL 查询窗口等系统工具连接到 SQL Server 并对数据库编写质量差的查询，而造成对整个服务器性能的负面影响。

SQL Server 通过使用应用程序角色适应这些要求。应用程序角色与标准数据角色有以下区别：

（1）应用程序角色不包含成员。不能将 Windows 组、用户和角色添加到应用程序角色中。当通过特定的应用程序为用户连接激活应用程序角色时，将获得该应用程序角色的权限。用户之所以与应用程序角色关联，是由于用户能够运行激活该角色的应用程序，而不是因为其是角色成员。

（2）应用程序角色不使用标准权限。当一个应用程序角色被该应用程序激活以用于连接时，会在连接期间永久地失去数据库所有用来登录的权限、用户账户、其他组或数据库角色。连接只获得与数据库的应用程序角色相关联的权限，应用程序角色存在于该数据库中。

创建一个应用程序角色非常简单，依次展开"（需要设置的）数据库"→"安全性"→"角色"→"应用程序角色"结点，右击并在弹出的快捷菜单中选择"新建应用程序角色"命令，弹出"应用程序角色-新建"窗口。按照图 10-25 所示，进行设置，注意密码不能为空。

图 10-25 "应用程序角色–新建"对话框

因为应用程序角色只能应用于它们所存在的数据库中,所以连接只能通过授予其他数据库中 guest 用户账户的权限,来获得对另一个数据库的访问。因此,如果数据库中没有 guest 用户账户,则连接无法获得对该数据库的访问。如果 guest 用户账户虽然存在于数据库中,但是访问对象的权限没有显式地授予 guest,那么无论是谁创建了对象,连接都不能访问该对象。

用户从应用程序角色中获得的权限一直有效,直到连接从 SQL Server 退出为止。

小　结

安全性管理对于一个数据库管理系统而言是至关重要的,是数据库管理中的关键的环节,是数据库中数据信息被合理访问和修改的基本保证。它涉及 SQL Server 的认证模式、账号、角色和存取权限。本章主要介绍了 SQL Server 2005 提供的安全管理措施,包括 SQL Server 2005 登录认证、数据库用户账号、权限管理和角色管理等。

SQL Server 2005 安全机制可分为:SQL Server 的登录安全性、数据库的访问安全性、数据库对象的使用安全性三个等级。用户在使用 SQL Server 时,需要经过身份验证和权限认证两个安全性阶段。

SQL Server 2005 提供了权限作为访问许可设置的最后一道屏障。权限是指用户对数据库中对象的使用和操作权限,用户若要进行任何涉及更改数据库或访问数据库及库中对象的活动,则必须首先要获得拥有者赋予的权限,也就是说用户可以执行的操作均由其赋予的相关权限决定。

有些时候,要求对数据库的某些操作只能通过应用程序来执行,而不能允许用户用任何工具来进行操作,原因是一些复杂的数据库,表间的数据关系可能很难直接用外键、规则等功能来维护,为了保证数据完整性和一致性,应该使用设计良好的应用程序来对数据库进行操作。为此,SQL Server 2005 中设计了应用程序角色的概念,这种安全机制可以指定一个数据库或其中的某些对象只能用某些特殊的应用程序访问。

习　题

一、选择题

1. 在 SQL Server 2005 中,不能创建(　　　)。

　A. 数据库角色　　　　　　　　　B. 服务器角色

　C. 自定义数据类型　　　　　　　D. 自定义函数

2. 以下关于用户账户的叙述正确的是(　　　)。

A. 每个数据库都有 dbo 用户

    B. 每个数据库都有 guest 用户

    C. guest 用户只能由系统自动建立，不能手工建立

    D. 可以在每个数据库中删除 guest 用户

3. 以下叙述正确的是（　　　）。

    A. 如果没有明确授予用户某权限，该用户肯定不具有该权限

    B. 如果废除了一个用户某权限，以后该用户肯定不具有该权限

    C. 如果拒绝一个用户的某权限，它可通过其他角色重新获得该权限

    D. 废除了一个用户被拒绝的权限不表明该用户就具有了该权限

二、填空题

1. SQL Server 能识别的两种登录认证机制是：_____ 和 _____。

2. SQL Server 中的权限有 _____ 权限、_____ 权限和 _____ 权限三种类型。

3. 在 SQL Server 2005 中的两个数据库默认用户账号是 _____ 和 _____。

三、简答题

1. 简述 SQL Server 2005 安全性等级。

2. 通过 SQL Server Management Studio 建立一个 Windows NT 认证模式的登录账号。

3. 简述 SQL Server 登录账号和数据库用户账户的区别。

第11章

→ SQL Server 开发与编程

案例引入

第 1 章演示了一个数据库应用系统实例"学生信息管理系统",随后各章围绕这一实例按照数据库系统开发的工作过程介绍了数据库应用开发技术。在这一章我们综合运用前面所学的数据库知识,利用 ASP.NET/SQL Server 2005 完整地给出这一数据库应用系统实例的开发过程。同时,介绍了 ASP.NET/Java/JSP 连接 SQL Server 2005 的环境配置与操作步骤。

本章定位

数据库系统开发

学习目标

- ASP.NET 与 SQL Server 数据源的连接与配置。
- SqlDataSource 控件的使用。
- GridView 控件的使用。
- 数据记录的选择、修改、删除方法。
- 数据记录的分页及排序。
- Java/JSP 与 SQL Server 的连接与配置。

本章要点

- ASP.NET 与 SQL Server 2005 的连接。
- ASP.NET 从 SQL Server 2005 数据库中读取数据、修改数据、写入数据的方法。
- Java/JSP 连接数据库的步骤。

11.1 ASP.NET/SQL Server 2005 开发

随着计算机技术的迅猛发展，出现了越来越多的信息管理系统，大大提高了人们的学习和工作效率。在这些应用系统中，数据库是必不可少的组成部分。通过前一阶段的学习，我们已经掌握了数据库的基本知识和操作。在本节，主要介绍利用 ASP.NET 技术结合 SQL Server 2005，开发基于 B/S 模式的学生信息管理系统，让读者体会 SQL Server 2005 在实际应用中的强大功能。

11.1.1 数据源控件与数据绑定控件概述

ASP.NET 页面中显示数据时需要两种控件：数据源控件，提供页面和数据源之间的数据连接通道；数据绑定控件，在页面上显示数据。有了这两种控件，就可以快速简单地实现 ASP.NET 页面对 SQL Server 2005 数据库进行访问。

常用的数据源控件主要包括：SqlDataSource 控件，主要用于访问 SQL Server 数据库；AccessDataSource 控件，主要用于访问 Access 数据库。

在此，先利用 GridView 控件将数据呈现在 Web 页面上。该数据绑定控件以多记录和多字段的表格形式表现，可以提供分页、排序、修改和删除数据的功能。

除了用数据绑定控件操作数据库里的数据之外，还可以用更加灵活的语句来实现相应的功能，在本章也将看到相应的实例。

11.1.2 ASP.NET 与 SQL Server 2005 的连接

在本例中，主要讲解如何利用 ASP.NET 对 SQL Server 2005 数据库进行连接和简单操作，在本章的最后，将给出一个学生信息管理系统的详细实现方案。为便于理解，本案例制作一个简单的学生信息管理系统，实现对记录的选择、编辑、删除、排序、分页效果，如图 11-1 和图 11-2 所示。

图 11-1 学生档案管理显示界面图   图 11-2 学生档案管理编辑界面图

1. 建立与 SQL Server 2005 数据库 xs 的连接

下面将利用服务器资源管理器连接数据库服务器上的 XS 数据库。

（1）启动 Visual Studio 2010，创建解决方案，编程语言采用 C#，以文件系统方式保存在本机的 D:\XS 目录下，单击"确定"按钮开始建立网站。

（2）选择"视图"→"服务器资源管理器"命令，打开图 11-3 所示界面。

（3）右击"数据连接"结点，选择"添加连接"命令，在"添加连接"对话框中单击"更改"按钮，选择数据源为 Microsoft SQL Server，并单击"确定"按钮返回"添加连接"对话框，如图 11-4 所示。

图 11-3　显示服务器资源管理器

（4）在"服务器名"下拉列表框处输入 SQL Server 2005 服务器的名称（也可以输入所在服务器的 IP 地址，如果是在本机可输入"."代表，该服务器要求已安装并正在运行），单击"测试连接"按钮，如果成功则弹出"测试连接成功"对话框，如图 11-5 所示。

图11-4　"添加连接"对话框　　　　　　　图11-5　测试数据库连接

（5）在"选择或输入一个数据库名"单选按钮的下拉列表框处输入 XS，单击"确定"按钮，在服务器资源管理器中将出现数据库 lms-think.xs.dbo。

2. 建立数据绑定控件并绑定到数据源控件

（1）返回首页 Default.aspx 的设计视图，拖入一个 Lable 控件，设置 Text 属性为"学生档案管理"，并设置 Font 属性和 ForeColor 属性以调整文字的大小和颜色。

（2）从工具箱中拖入 GridView 控件，单击快捷菜单按钮，展开快捷菜单，选择"新建数据源"命令，如图 11-6 所示。

图 11-6　为 GridView 控件选择数据源

（3）在"选择数据源类型"界面中，选择程序从"数据库"类型源取得数据，并指定 ID 为 SqlDataSource1，单击"确定"按钮，如图 11-7 所示。

图 11-7　选择数据来源类型并指定 ID

（4）在"配置数据源"对话框的"应用程序连接数据库使用哪个数据连接"选项组下拉列表中，选择数据连接 lms-think.xs.dbo，并单击"下一步"按钮。

（5）在"将连接保存到应用程序配置文件中"界面中，选中"是，将此连接另存为"，在文本框中设置连接字符串名称为 xsConnectionString。

（6）在"配置 Select 语句"界面的"希望如何从数据库中检索数据"选项组中，选中"指定来自表或视图的列"单选按钮并在下拉列表框中选择 xsda 选项，并选择"列"中的相应选项，然后单击"高级"按钮，如图 11-8 所示。

图 11-8　"配置数据源"对话框

（7）在"高级 SQL 生成选项"对话框中，选中"生成 INSERT、UPDATE 和 DELETE 语句"（若需要在 GridView 控件中实现"编辑"、"删除"功能必须选择此项）与"使用开放式并发"（为保证数据一致性和防止并发冲突）复选框，并单击"确定"按钮，如图 11-9 所示。（必须选定所有主键字段才能启用该选项）

图 11-9 "高级 SQL 生成选项"对话框

（8）在"测试查询"对话框，单击"完成"按钮。可单击"测试查询"按钮，预览返回的数据。

（9）单击"完成"按钮结束数据源的配置。Default.aspx 网页自动新增了一个 SqlDataSource 数据源控件（已配置好），GridView 控件也自动更新了显示效果，如图 11-10 所示。

图 11-10 数据源绑定和配置后效果

3. 启用排序、分页、编辑、删除、选择功能

（1）在 GridView 的快捷菜单中选择"启用排序"、"启用分页"、"启用编辑"、"启用删除"和"启用选定内容"选项。编辑、删除数据只需要在快捷菜单中选择相应选项即可，但只有在数据源控件的"高级 SQL 生成选项"设置选中"INSERT、UPDATA、DELETE"选项才可以使用该项功能。

（2）在 GridView 控件"属性"面板中设置 PageSizs 属性为 5，即可设置每页显示 5 条记录。

4. 浏览结果

单击工具栏中的"运行"按钮，即可显示图 11-1 和图 11-2 所示的显示效果。

11.2 Java/SQL Server 2005 开发

为了支持 Java 程序的数据库操作功能，Java 语言采用了专门的 Java 数据库编程接口 JDBC（Java Database Connectivity）。JDBC 类库中的类依赖于驱动程序管理器，不同数据库需要不同的驱动程序。驱动程序管理器的作用是通过 JDBC 驱动程序建立与数据库的连接。

在此介绍 Java 中如何使用 JDBC 连接 SQL Server 2005，并举例说明连接步骤。在 11.3 节中 JSP/SQL Server 2005 开发中进行相同的操作，不再说明。

11.2.1 环境搭配

1. 下载驱动程序

到微软网站下载 Microsoft SQL Server 2005 JDBC Driver 1.2 驱动并解压，查看解压后的文件夹中有 sqljdbc.jar 文件，记住它的路径。

2. 配置 SQL Server 2005

（1）依次选择"开始"→"程序"→Microsoft SQL Server 2005→"配置工具"→SQL Server Configuration Manager→"SQL Server 2005 网络配置"→"MSSQLSERVER 的协议"命令。

（2）如果 TCP/IP 没有启用，右击并选择"启动"命令。

（3）双击 TCP/IP 进入属性设置，在"IP 地址"选项卡里，可以配置 IPAll 中的"TCP 端口"，默认为 1433。

（4）重新启动 SQL Server 或者重启计算机。

3. 在开发工具 Eclipse 中配置

在此使用常用 Java 开发工具 Eclipse 来进行说明，其它开发工具的配置类似。

因为 JDBC 驱动程序并未包含在 Java SDK 中，在开发工具中无法直接使用。因此，在编译前，需要将其包含到 CLASSPATH 环境变量中，或者在开发工具进行相关配置。

（1）打开 Eclipse，依次选择"文件"→"新建"→"项目"→"Java 项目"命令，项目名为 JavaTestSqlserver。

（2）在 Eclipse 中，依次选择"窗口"→"首选项"→Java→"已安装的 JRE"命令，选择已安装的 JRE，依次选择"编辑"→"添加外部"命令，从解压后 JDBC 文件夹中选择 sqljdbc.jar。

（3）在 JavaTestSqlserver 项目的"JRE 系统库"中可以看见 sqljdbc.jar，如果没有也可以右击项目 JavaTestSqlserver，依次选择"构建路径"→"配置构建路径"→"Java 构建路径"→"库"→"添加外部 JAR"命令，从解压后的 JDBC 文件夹中选择 sqljdbc.jar。

11.2.2 连接测试

搭建完 Java 的数据库开发环境后，就可以进行数据库的相关操作。下面举例说明。

在 JavaTestSqlserver 项目中新建类 Test，其源代码如下：

```
import java.sql.*;
public class Test
{
  public static void main(String[] srg)
  {
        String driverName = "com.microsoft.sqlserver.jdbc.SQLServerDriver";
--要加载的 JDBC 驱动
        String dbURL="jdbc:sqlserver://localhost:1433; DatabaseName=xs";
--连接服务器和数据库 xs
    String userName="sa";
--默认用户名
        String userPwd="123456";
--安装 SQL Server 2005 时的密码
```

230

```
    Connection con;
--声明一个 Connection 对象
    Statement stmt;
--声明一个 Statement 对象
    ResultSet rs;
--声明一个 ResultSet 对象
    String sqlStr="select * from xsda";
    Try
    {
        Class.forName(driverName);--加载驱动
        System.out.println("类实例化成功!");
        con=DriverManager.getConnection(dbURL, userName, userPwd);
        System.out.println("创建连接对象成功!");
--如果连接成功,控制台输出信息,以下类似。
        stmt=con.createStatement();
        System.out.println("创建 Statement 成功!");
        rs=stmt.executeQuery(sqlStr);
        System.out.println("操作数据表成功!");
        System.out.println("------------------------!");
        System.out.println("学号            姓名          系列 ");
        while (rs.next())
        {
            System.out.print(rs.getString("学号")+"");
            System.out.print(rs.getString("姓名")+"");
            System.out.println(rs.getString("系名"));
        }
        rs.close();
        stmt.close();
        con.close();
    } catch (Exception e)
      {
        e.printStackTrace();
      }
    }
}
```

图 11-11　执行结果

完成 Test 类的编写后执行结果如图 11-11 所示。

11.3　JSP/SQL Server 2005 开发

JSP 连接 SQL Server 2005 的方法与 Java 连接的方式、步骤基本相同,只是开发和运行环境发生了变化。

11.3.1　环境搭配

1. 下载驱动程序
同 11.2 小节。

2. 配置 SQL Server 2005
同 11.2 小节。

3. 在开发工具 MyEclipse 中配置

MyEclipse 为 JSP 开发的常用开发工具，在此以 MyEclipse 6.0 开发工具为例介绍，其他版本的 MyEclipse 操作类似。

（1）打开 MyEclipse，依次选择"文件"→"新建"→"项目"→"Web 项目"命令，项目名为 JSPTestSqlserver。

（2）在 MyEclipse 中，依次选择"窗口"→"首选项"→Java→"已安装的 JRE"命令，选择已安装的 JRE，依次选择"编辑"→"添加外部"命令，从解压后的 JDBC 文件夹中选择 sqljdbc.jar。

（3）在 JSPTestSqlserver 项目的"JRE 系统库"中可以看见 sqljdbc.jar，如果没有也可以右击项目 JavaTestSqlserver，选择"构建路径"→"配置构建路径"→"Java 构建路径"→"库"→"添加外部 JAR"命令，从解压后的 JDBC 文件夹中选择 sqljdbc.jar。

（4）将 sqljdbc.jar 复制一份放置在 JSPTestSqlserver 部署文件的 lib 文件夹中，此处为 Tomcat 服务器，将其放置在 C:\tomcat-6.0.20\webapps\jsptestsqlserver\WEB-INF\lib 中。如果不进行此步操作，将无法在浏览器中看到查询结果。

11.3.2 连接测试

搭建完开发环境以后，接下来就可以进行连接数据库的具体操作了。

在 JSPTestSqlserver 项目中新建 Test.jsp，其源码如下：

```
<%@ page contentType="text/html; charset=gb2312" language="java"
import="java.sql.*" errorPage="" %>
<html>
<head>
<meta http-equiv="Content-Type" content="text/html; charset=gb2312">
<title>使用 JDBC 直接连接 SQL Server</title>
</head>
<body>
<table border=0 align="center">
   <tr>
     <td>学号</td>
     <td>姓名</td>
     <td>性别</td>
     <td>系列</td>
     <td>出生日期</td>
     <td>民族</td>
     <td>总学分</td>
     <td>备注</td>
   </tr>
<%
Class.forName( "com.microsoft.sqlserver.jdbc.SQLServerDriver");
out.println("驱动加载成功！ ");
out.print("<br />");
String url="jdbc:sqlserver://localhost:1433;DatabaseName=xs";
```

```
--xs 为你的数据库的
String  user="sa";
String  password="123456";
Connection  conn=  DriverManager.getConnection(url,user,password);
out.println("conn 对象初始化成功！ ");
out.print("<br />");
Statement
stmt=conn.createStatement(ResultSet.TYPE_SCROLL_SENSITIVE,ResultSet.CO
NCUR_UPDATABLE);
out.println("stmt 对象初始化成功！ ");
out.print("<br />");
String  sql="select  top  10  *  from  xsda";
ResultSet  rs=stmt.executeQuery(sql);
out.println("rs 对象初始化成功！ ");
out.print("<br />");
while(rs.next())
{%>
  <tr>
  <td><%=rs.getString(1)%> </td>
  <td><%=rs.getString(2)%> </td>
  <td><%=rs.getString(3)%> </td>
  <td><%=rs.getString(4)%> </td>
  <td><%=rs.getString(5)%> </td>
  <td><%=rs.getString(6)%> </td>
  <td><%=rs.getString(7)%> </td>
  <td><%=rs.getString(8)%> </td>
  </tr>
<%}%>
<%out.print("数据库操作成功，恭
喜你");
out.print("<br
/>");out.print("<br />");%>
<%rs.close();
stmt.close();
conn.close();
%>
</table>
</body>
</html>
```

保存 Test.jsp 页面后在浏览器中浏
览效果如图 11-12 所示。

图 11-12 在浏览器中浏览

11.4 学生信息管理系统

在本节利用 SQL Server 2005 和 Visual Studio 2010 设计了一个学生信息管理系统，通过该
系统读者将体会到 SQL Server 2005 与 ASP.NET 结合进行程序开发的强大功能。

11.4.1 系统需求分析

系统需求分析是在系统开发的总体任务调研的基础上完成的。本例中的学生信息管理系统需要完成的功能需求主要有：

（1）有关学生成绩信息的查询，包括学号、课程编号、成绩。

（2）有关学生成绩信息的修改。

（3）有关学生成绩信息的添加。

（4）有关课程信息的查询，包括课程编号、课程名称、开课学期、学分、学时等信息。

（5）有关课程信息的修改。

（6）有关课程信息的添加。

（7）有关学生档案信息的查询，包括姓名、学号、性别、系名、民族、总学分等一系列信息。

（8）有关学生档案信息的修改。

（9）有关学生档案信息的添加。

（10）有关系统管理的功能，包括用户登录验证、用户修改密码等功能。

11.4.2 系统设计

1. 系统设计

对上述各项功能需求进行汇总、分析，按照结构化程序设计的要求，得到图 11-13 所示的系统功能模块图。

图 11-13 系统功能模块图

2. 数据库设计

数据库在一个信息管理系统中占有非常重要的地位，数据库结构设计的好坏将直接对应用系统的效率及实现的效果产生影响。合理的数据库结构设计可以提高数据存储的效率，保证数据的完整性和一致性。同时，合理的数据库结构也将有利于程序的实现。

设计数据库系统时应该首先了解用户各个方面的需求，包括现有的及将来可能增加的需求。

用户的需求具体体现在各种信息的提供、保存、更新和查询，这就要求数据库结构能充分满足各种信息的输出和输入。收集基本数据、数据结构以及数据处理的流程，组成一份详尽的数据字典，为后面的具体设计打下基础。针对一般学生信息管理系统的需求，通过对学生常见管理内容和数据流程分析，设计如下面所示数据结构：

（1）学生档案表（XSDA）。包括的数据项有：学号　char(6) not null　主键、姓名　char(8) not null、性别　char(2) not null、系名　char(10) not null、出生日期 smalldatetime not null、民族　char(4) not null、总学分 tinyint not null、备注　text(16)等。

（2）课程信息表（KCXX）。包括的数据项有：课程编号　char(3) not null　主键、课程名称 char(20) not null、开课学期　tinyint not null、学时　tinyint not null、学分　tinyint not null 等。

（3）学生成绩表（XSCJ）。包括的数据项有：学号　char(6) not null　主键、课程编号　char(3) not null　主键、成绩　tinyint not null 等。

（4）用户信息表（USERS）。包括的数据项有：username varchar(10) not null　主键,password varchar(10) not null 等。

其中，前三个表详细的表结构和数据样本可参见本书附录 A 提供的 XS 数据库样本。

11.4.3　系统实现

1. 数据库实现

（1）建立数据库。打开 SQL Server Management Studio 2005，登录名和密码都为 sa（后面连接数据库的时候要用到）。在左边树形目录上右击"数据库"，选择"新建数据库"命令，在弹出的对话框中"数据库名称"文本框中输入 XS，其他采用默认值，单击"确定"按钮。这样，数据库就建好了。

（2）建立表。在 SQL Server Management Studio 2005 树形目录中展开 XS 数据库，右击"表"，在弹出的快捷菜单中选择"新建表"命令，按照 11.4.2 −2 中数据表的结构建立四个数据表 XSDA（学生档案表）、KCXX（课程信息表）、XSCJ（学生成绩表）、USERS（用户信息表）。参照本书附录 A 建立的数据表中输入一些样本数据。

2. 系统功能实现

下面我们将用 ASP.NET 实现对学生信息管理系统的成绩信息管理模块、课程信息管理模块、档案信息管理模块、系统管理模块的开发。为节省篇幅和突出主要知识点，我们略去其中的美观修饰部分，只给出主要和必要部分的代码。

主要页面设计包括：

● Default.aspx 首页。如果未登录，显示登录的界面；如果已经登录，显示以下网页的链接，作为各功能模块的入口。

- ScoreQuery.aspx 成绩信息查询页面。输入学生的学号可以从 XSCJ 表中得到学生选修的课程编号及相应的成绩。
- ScoreModify.aspx 成绩信息修改页面。根据学生的学号和相应的课程编号修改 XSCJ 表中对应的成绩。
- ScoreAdd.aspx 成绩信息添加页面。输入学生的学号、课程编号和成绩，添加到 XSCJ 数据表中。
- CourseQuery.aspx 课程信息查询页面。根据课程编号查询 KCXX 表，返回该课程的所有信息。
- CourseModify.aspx 课程信息修改页面。根据课程编号，通过 KCXX 表修改课程名称、开课学期、学时、学分等信息。
- CourseAdd.aspx 课程信息添加页面。根据课程编号，添加 KCXX 表中的课程名称、开课学期等信息。
- ArchiveQuery.aspx 档案信息查询页面。根据学号，查询 XSDA 表，返回学生的档案信息。
- ArchiveModify.aspx 档案信息修改页面。通过学号，对 XSDA 表进行修改。

- ArchiveAdd.aspx 档案信息添加页面。向 XSDA 表中添加新学生的档案信息。
- PassModify.aspx 用户密码修改页面。修改 USERS 表，更改学生的密码信息。

（1）主窗体的创建。该模块作为用户权限的审核界面，包括以下页面。

Default.aspx 页面。该页面首先创建一个 Connection 对象，用来建立与数据库 xs 的连接，数据库服务器的名字是 LMS-THINK，数据库的用户名和密码都是 sa。在创建了一个 Command 对象之后，通过调用 Command.ExecuteReader 方法再创建 DataReader 对象，就能够使用 Read 方法从数据源检索记录了。将取得的密码与用户输入的密码进行比较，若一致则说明登录成功，如果不一致将给出出错的具体原因。最后，需要着重指出的是在使用完 DataReader 后应该显式地关闭 DataReader 对象和 Connection 对象。在程序的一开始，不要忘记导入命名空间，这样才能引用 Framework 提供的丰富的数据库操作类库。Session 对象的作用是保证用户只有登录成功才能访问其他页面。该页面如图 11-14 和图 11-15 所示。

图 11-14 登录不成功给出提示

图 11-15 系统登录成功

该页面主要代码如下：

```
<%@ Page Language="C#" %>
<%@ Import Namespace="System.Data.SqlClient"%>
```

```
<!DOCTYPE html PUBLIC "-//W3C//DTD XHTML 1.0 Transitional//EN"
"http://www.w3.org/TR/xhtml1/DTD/xhtml1-transitional.dtd">
<script runat="server">
    protected void button1_Click(object sender, EventArgs e)
    {
        string connectionString="Data Source=LMS-THINK;Initial Catalog=xs;
ser ID=sa;password=sa";
        SqlConnection conn=new SqlConnection(connectionString);
        conn.Open();
        string sqlString="select * from users where username='"+username.
  Text+"'";
        SqlCommand cmd=new SqlCommand(sqlString,conn);
        SqlDataReader rdr;
        rdr=cmd.ExecuteReader();
        if(rdr.Read())
        {
            if(rdr.GetString(1)==password.Text)
            {
        Session.Contents["login"]=username.Text;
        Response.Write("<div>> <a href=ScoreQuery.aspx> 成绩查询 </a> <a
href=ScoreAdd.aspx>成绩增加</a><br><br>> <a href=CourseQuery.aspx>课程查询</a>
<a href=CourseAdd.aspx>课程增加</a><br><br>> <a href=ArchiveQuery.aspx>档案查
询</a> <a href=ArchiveAdd.aspx>档案增加</a><br><br>><a href=PassModify.aspx>
修改密码</a></div>");
            msg.Text="登录成功";
            }
            else
            {
            msg.Text="密码不正确"; }
        }
        else
        {
        msg.Text="用户不存在";
        }
    }
</script>
<html xmlns="http://www.w3.org/1999/xhtml">
<head runat="server">
<title></title>
</head>
<body>
<form id="form1" runat="server">
```

用户：<asp:TextBox ID="username" runat="server"></asp:TextBox>

密码:<asp:TextBox ID="password" runat="server" TextMode=Password></asp:TextBox>

<asp:Button   ID="button1"   runat="server"   Text="登　　录"
onclick="button1_Click" />

<asp:Label ID="msg" runat="server"></asp:Label>

</form>

</body>

</html>

（2）学生成绩管理模块的创建。该模块实现对学生成绩的查询、修改、增加操作，主要包括以下三个页面。

① ScoreQuery.aspx 页面。该网页的前半部分代码与 default.aspx 基本相同。rdr.FieldCount 代表 DataReader 对象的列数，在此处也就是数据库中 XSCJ 表的字段数；rdr.GetName 代表 DataReader 对象的列名；rdr.GetValue 代表 DataReader 对象的每一行的值，也就是具体的字段的值，其返回值是字符串类型。在本例中利用一个表格循环输出表中的所有记录。页面效果如图 11-16 所示。

图 11-16 成绩查询页面

该页面主要代码如下：

```
<%@ Page Language="C#" %>
<%@ Import Namespace="System.Data.SqlClient" %>
<%
    if(Session.Contents["login"]==null)
    {
        Response.Write("请先登录");
        Response.End();
    }
%>
<!DOCTYPE  html  PUBLIC  "-//W3C//DTD  XHTML  1.0  Transitional//EN"
"http://www.w3.org/TR/xhtml1/DTD/xhtml1-transitional.dtd">
<script runat="server">
    protected void Button1_Click(object sender, EventArgs e)
    {
        string connectionString="Data Source=LMS-THINK;Initial Catalog=xs;
ser ID=sa;password=sa";
        SqlConnection conn=new SqlConnection(connectionString);
        conn.Open();
        string sqlString="select * from xscj where 学号='"+number.Text + "'";
        SqlCommand cmd=new SqlCommand(sqlString,conn);
        SqlDataReader rdr;
        rdr=cmd.ExecuteReader();
        Response.Write("<table>");
```

```
        Response.Write("<tr>");
        for(inti=0;i<rdr.FieldCount;i++)
        {
            Response.Write("<td>"+rdr.GetName(i)+"</td>");
        }
        Response.Write("<td>操作</td></tr>");
        while(rdr.Read())
        {
            Response.Write("<tr>");
            for(int i=0;i<rdr.FieldCount;i++)
            {
                Response.Write("<td>"+rdr.GetValue(i)+"</td>");
            }
            Response.Write("<td><a href=ScoreModify.aspx?sid="+ rdr.GetValue(0)
+"&cid="+rdr.GetValue(1)+">修改</td></tr>");

        }
        Response.Write("</table>");
    }
</script>
<html xmlns="http://www.w3.org/1999/xhtml">
<head runat="server">
    <title></title>
</head>
<body>
    <form id="form1" runat="server">
    <div>
    请输入要查询的学号: <asp:TextBox ID="number" runat="server"></asp:TextBox>
    <asp:Button    ID="Button1"    runat="server"    onclick="Button1_Click"
Text="查询" />
    </div>
    </form>
</body>
</html>
```

② ScoreModify.aspx 页面。该页面利用 cmd.ExecuteQuery 方法执行不返回记录的操作。
注意由于 xscj 表中的成绩字段是整数类型，而 score.Text 的返回值是字符串类型，所以利用
int.Parse 方法进行类型的转换。注意 update 语句的写法。页面效果如图 11-17 所示。

图 11-17 成绩修改页面

该页面主要代码如下：

```
<%@ Page Language="C#"%>
<%@ Import Namespace="System.Data.SqlClient"%>
<%
    if(Session.Contents["login"]==null)
```

```
        {
            Response.Write("请先登录");
            Response.End();
        }
%>
<!DOCTYPE  html  PUBLIC  "-//W3C//DTD  XHTML  1.0  Transitional//EN"
"http://www.w3.org/TR/xhtml1/DTD/xhtml1-transitional.dtd">
<script runat="server">
    protected void Page_Load(object sender,EventArgs e)
    {
        sid.Text=Request.QueryString["sid"];
        cid.Text=Request.QueryString["cid"];
    }

    protected void Button1_Click(object sender,EventArgs e)
    {
        string connectionString="Data Source=LMS-THINK;Initial Catalog=xs;
User ID=sa;password=sa";
        SqlConnection conn=new SqlConnection(connectionString);
        conn.Open();
        string sqlString="update xscj set 成绩="+int.Parse(score.Text)+
"where 学号='"+sid.Text+"'and 课程编号='"+cid.Text+"'";
        SqlCommand cmd=new SqlCommand(sqlString,conn);
        cmd.ExecuteNonQuery();
        Response.Write("修改成功! ");
    }
</script>
<html xmlns="http://www.w3.org/1999/xhtml">
<head runat="server">
    <title></title>
</head>
<body>
    <form id="form1" runat="server">
    <div>
 学号:<asp:Label ID="sid" runat="server" Text="" Width="60px"></asp:Label>
 课程:<asp:Label ID="cid" runat="server" Text="" Width="50px"></asp:Label>
修改的成绩:<asp:TextBox ID="score" runat="server" Width="30px"></asp:TextBox>
        <asp:Button ID="Button1" runat="server"Text="修改"onclick= "Button1_
Click" />
    </div>
    </form>
</body>
</html>
```

③ ScoreAdd.aspx 页面。该页面的功能是增加学生的成绩，页面效果如图 11-18 所示。

该页面主要代码如下：

```
<%@ Page Language="C#"%>
<%@ Import Namespace="System.Data.SqlClient"%>
<%
    if(Session.Contents["login"]==null)
    {
        Response.Write("请先登录");
        Response.End();
    }
%>
<!DOCTYPE html PUBLIC "-//W3C//DTD XHTML 1.0 Transitional//EN"
"http://www.w3.org/TR/xhtml1/DTD/xhtml1-transitional.dtd">
<script runat="server">
    protected void Button1_Click(object sender, EventArgs e)
    {
string connectionString="Data Source=LMS-THINK;Initial Catalog=xs;User
ID=sa;password=sa";
        SqlConnection conn=new SqlConnection(connectionString);
        conn.Open();
        string sqlString="insert into xscj (学号,课程编号,成绩)values('"+
sid.Text+"','"+cid.Text+"',"+ int.Parse(score.Text)+")";

        SqlCommand cmd=new SqlCommand(sqlString, conn);
        cmd.ExecuteNonQuery();
        Response.Write("学生成绩插入成功！");
    }
</script>
<html xmlns="http://www.w3.org/1999/xhtml">
<head runat="server">
<title></title>
</head>
<body>
    <form id="form1" runat="server">
    <div>
        学号: <asp:TextBox ID="sid" runat="server"></asp:TextBox>
        课程: <asp:TextBox ID="cid" runat="server"></asp:TextBox><br><br>
        成绩: <asp:TextBox ID="score" runat="server"></asp:TextBox>
            <asp:Button ID="Button1" runat="server" Text="增加成绩"
onclick="Button1_Click" style="height: 21px" />
```

图 11-18　成绩增加页面

```
    </div>
    </form>
    </body>
    </html>
```

（3）系统用户管理模块的创建。该模块主要实现对管理用户密码的修改，包括以下页面。

PassModify.aspx 页面。该页面利用 cmd.ExecuteQuery 方法执行不返回记录的操作。注意 update 语句的写法。该页面利用了 Session 对象在各个页面间传递用户名。页面效果如图11-19 所示。

图 11-19　密码修改页面

该页面主要代码如下：

```
<%@ Page Language="C#"%>
<%@ Import Namespace="System.Data.SqlClient"%>
<%
    if(Session.Contents["login"]==null)
    {
        Response.Write("请先登录");
        Response.End();
    }
%>
<!DOCTYPE html PUBLIC "-//W3C//DTD XHTML 1.0 Transitional//EN"
"http://www.w3.org/TR/xhtml1/DTD/xhtml1-transitional.dtd">
<script runat="server">
    protected void Button1_Click(object sender, EventArgs e)
    {
        string connectionString="Data Source=LMS-THINK;Initial Catalog=
xs;User ID=sa;password=sa";
        SqlConnection conn=new SqlConnection(connectionString);
        conn.Open();
        string sqlString="update users set password="+pass.Text+"where username
='"+Session.Contents["login"]+"'";
        SqlCommand cmd=new SqlCommand(sqlString, conn);
        cmd.ExecuteNonQuery();
        Response.Write("修改成功！");
    }
</script>
<html xmlns="http://www.w3.org/1999/xhtml">
<head runat="server">
    <title></title>
</head>
<body>
    <form id="form1" runat="server">
```

```
    <div>
输入新密码: <asp:TextBox ID="pass" TextMode=Password  runat="server"
></asp:TextBox>
<asp:Button    ID="Button1"    runat="server"    Text="  修  改  "
onclick="Button1_Click" />
    </div>
    </form>
</body>
</html>
```

（4）学生档案管理模块的创建。该模块实现对学生档案的查询、修改、增加操作，主要包括以下三个页面。该模块使用到的知识点和需要注意的问题与（2）大部分相同，只是操作的表名和生成的 T–SQL 语句不同而已，这里不再赘述，只给出相应的代码。

① ArchiveQuery.aspx 页面。页面效果如图 11–20 所示。

图 11–20 档案查询页面

该页面主要代码如下：

```
<%@ Page Language="C#" %>
<%@                              Import
Namespace="System.Data.SqlClient" %>
<%
    if (Session.Contents["login"]==null)
    {
        Response.Write("请先登录");
        Response.End();
    }
%>
<!DOCTYPE  html  PUBLIC  "-//W3C//DTD  XHTML  1.0  Transitional//EN"
"http://www.w3.org/TR/xhtml1/DTD/xhtml1-transitional.dtd">
<script runat="server">
    protected void Button1_Click(object sender,EventArgs e)
    {
        string connectionString="Data Source=LMS-THINK;Initial Catalog=xs;
User ID=sa;password=sa";
        SqlConnection conn=new SqlConnection(connectionString);
        conn.Open();
        string sqlString="select * from xsda where 学号='"+number.Text + "'";
        SqlCommand cmd=new SqlCommand(sqlString, conn);
        SqlDataReader rdr;
        rdr=cmd.ExecuteReader();
        Response.Write("<table border=1>");
        Response.Write("<tr>");
        for(int i=0; i<rdr.FieldCount;i++)
```

```
                    {
                    Response.Write("<td>"+rdr.GetName(i)+"</td>");
                    }
                Response.Write("<td>操作</td></tr>");
                while (rdr.Read())
                    {
                    Response.Write("<tr>");
                    for(int i=0;i<rdr.FieldCount;i++)
                        {
                            Response.Write("<td>"+rdr.GetValue(i)+"</td>");
                        }
                    Response.Write("<td><a href=ArchiveModify.aspx?sid="+rdr.GetValue(0)
+">修改</td></tr>");
                    }
                Response.Write("</table>");
            }
</script>

<html xmlns="http://www.w3.org/1999/xhtml">
<head runat="server">
    <title></title>
</head>
<body>
    <form id="form1" runat="server">
    <div>
请输入要查询的学号: <asp:TextBox ID="number" runat="server"></asp:TextBox>
        <asp:Button ID="Button1" runat="server" onclick="Button1_Click"
Text="查询" />
    </div>
    </form>
</body>
</html>
```

② ArchiveModify.aspx 页面。页面效果如图 11-21 所示。

该页面主要代码如下：

```
<%@ Page Language="C#"%>
<%@ Import Namespace="System.Data.SqlClient"%>
<%
    if (Session.Contents["login"]==null)
    {
        Response.Write("请先登录");
        Response.End();
    }
```

图 11-21　档案修改页面

```
    %>
    <!DOCTYPE  html  PUBLIC  "-//W3C//DTD  XHTML  1.0  Transitional//EN"
"http://www.w3.org/TR/xhtml1/DTD/xhtml1-transitional.dtd">
    <script runat="server">
        protected void Page_Load(object sender, EventArgs e)
        {
            sid.Text=Request.QueryString["sid"];
        }
        protected void Button1_Click(object sender, EventArgs e)
        {
            string connectionString="Data Source=LMS-THINK;Initial Catalog=
xs;User ID=sa;password=sa";
            SqlConnection conn=new SqlConnection(connectionString);
            conn.Open();
            string sqlString="update xsda set 姓名="+name.Text + ",性别="+ sex.Text+",
系名="+depart.Text+",出生日期="+DateTime.Parse(birth.Text)+",民族="+nation.Text +",
总学分="+int.Parse(score.Text) +",备注="+note.Text+"where 学号='"+sid.Text+"'";
        SqlCommand cmd=new SqlCommand(sqlString, conn);
            cmd.ExecuteNonQuery();
            Response.Write("修改成功! ");
        }
    </script>
    <html xmlns="http://www.w3.org/1999/xhtml">
    <head runat="server">
        <title></title>
    </head>
    <body>
        <form id="form1" runat="server">
        <div>
         学号: <asp:Label ID="sid" runat="server" Text="" Width="60px"></asp:Label>
         <br>
         姓名: <asp:TextBox ID="name" runat="server"></asp:TextBox><br>
         性别: <asp:TextBox ID="sex" runat="server"></asp:TextBox><br>
         系名: <asp:TextBox ID="depart" runat="server"></asp:TextBox><br>
         出生: <asp:TextBox ID="birth" runat="server"></asp:TextBox><br>
         民族: <asp:TextBox ID="nation" runat="server"></asp:TextBox><br>
         学分: <asp:TextBox ID="score" runat="server"></asp:TextBox><br>
         备注: <asp:TextBox ID="note" runat="server"></asp:TextBox><br><br>
        <asp:Button  ID="Button1"  runat="server"  Text=" 修 改 档 案 "
onclick="Button1_Click"
```

```
                       style="height: 21px" />
        </div>
        </form>
    </body>
    </html>
```

③ **ArchiveAdd.aspx** 页面。页面效果如图 11-22 所示。

该页面主要代码如下：

```
<%@ Page Language="C#"%>
<%@ Import Namespace="System.Data.SqlClient"%>
<%
    if(Session.Contents["login"]==null)
    {
        Response.Write("请先登录");
        Response.End();
    }
%>
```

图 11-22　档案增加页面

```
<!DOCTYPE html PUBLIC "-//W3C//DTD XHTML 1.0 Transitional//EN"
"http://www.w3.org/TR/xhtml1/DTD/xhtml1-transitional.dtd">
<script runat="server">
    protected void Button1_Click(object sender, EventArgs e)
    {
        string connectionString="Data Source=LMS-THINK;Initial Catalog=xs;
User ID=sa;password=sa";
        SqlConnection conn=new SqlConnection(connectionString);
        conn.Open();
        string sqlString="insert into xsda values('"+sid.Text+"','"+
name.Text+"','"+sex.Text+"','"+depart.Text+"','"+ DateTime.Parse(birth.Text)
+"','"+nation.Text+"','"+int.Parse(score.Text)+"','"+note.Text+"')";
        SqlCommand cmd=new SqlCommand(sqlString,conn);
        cmd.ExecuteNonQuery();
        Response.Write("学生档案插入成功!");
    }
</script>
<html xmlns="http://www.w3.org/1999/xhtml">
<head runat="server">
<title></title>
</head>
<body>
```

246

```
<form id="form1" runat="server">
<div>
        学号: <asp:TextBox ID="sid" runat="server"></asp:TextBox><br>
        姓名: <asp:TextBox ID="name" runat="server"></asp:TextBox><br>
        性别: <asp:TextBox ID="sex" runat="server"></asp:TextBox><br>
        系名: <asp:TextBox ID="depart" runat="server"></asp:TextBox><br>
        出生: <asp:TextBox ID="birth" runat="server"></asp:TextBox><br>
        民族: <asp:TextBox ID="nation" runat="server"></asp:TextBox><br>
        学分: <asp:TextBox ID="score" runat="server"></asp:TextBox><br>
        备注: <asp:TextBox ID="note" runat="server"></asp:TextBox><br><br>
    <asp:Button  ID="Button1"  runat="server"  Text="增加档案"
onclick="Button1_Click"
            style="height: 21px" />
</div>
</form>
</body>
</html>
```

（5）课程管理模块的创建。该模块实现对课程信息的查询、修改、增加操作，主要包括以下三个页面。该模块使用到的知识点和需要注意的问题与（2）大部分相同，只是操作的表名和生成的 T-SQL 语句不同而已，这里不再赘述，只给出相应的代码。

① CourseQuery.aspx 页面。页面效果如图 11-23 所示。

该页面主要代码如下：

```
<%@ Page Language="C#"%>
<%@ Import Namespace="System.Data.SqlClient" %>
<%
    if(Session.Contents["login"]==null)
    {
        Response.Write("请先登录");
        Response.End();
    }
%>
```

图 11-23　课程查询页面

```
<!DOCTYPE  html  PUBLIC  "-//W3C//DTD  XHTML  1.0  Transitional//EN"
"http://www.w3.org/TR/xhtml1/DTD/xhtml1-transitional.dtd">
<script runat="server">
    protected void Button1_Click(object sender, EventArgs e)
    {
        string connectionString="Data Source=LMS-THINK;Initial Catalog=xs;
User ID=sa;password=sa";
        SqlConnection conn=new SqlConnection(connectionString);
```

```
            conn.Open();
            string sqlString="select * from kcxx where 课程编号='" + number.Text
            +"'";
            SqlCommand cmd=new SqlCommand(sqlString, conn);
            SqlDataReader rdr;
            rdr=cmd.ExecuteReader();
            Response.Write("<table border=1>");
            Response.Write("<tr>");
            for(int i=0;i<rdr.FieldCount;i++)
            {
                Response.Write("<td>"+rdr.GetName(i)+"</td>");
            }
            Response.Write("<td>操作</td></tr>");
            while(rdr.Read())
            {
            Response.Write("<tr>");
                    for(int i=0;i<rdr.FieldCount;i++)
                    {
                        Response.Write("<td>"+rdr.GetValue(i)+"</td>");
                    }
        Response.Write("<td><a href=CourseModify.aspx?kcid=" + rdr.GetValue(0)
+">修改</td></tr>");
            }
            Response.Write("</table>");
        }
    </script>
    <html xmlns="http://www.w3.org/1999/xhtml">
    <head runat="server">
        <title></title>
    </head>
    <body>
    <form id="form1" runat="server">
    <div>
    请输入要查询的课程编号: <asp:TextBox ID="number" runat="server"></asp:TextBox>
        <asp:Button ID="Button1" runat="server" onclick="Button1_Click" Text="
查询" />
        </div>
        </form>
```

```
    </body>
</html>
```

② CourseModify.aspx 页面。页面效果如图 11-24 所示。

该页面主要代码如下：

```
<%@ Page Language="C#"%>
<%@ Import Namespace="System.Data.SqlClient"%>
<%
    if(Session.Contents["login"]==null)
    {
        Response.Write("请先登录");
        Response.End();
    }
%>
```

图 11-24　课程修改页面

```
<!DOCTYPE    html    PUBLIC    "-//W3C//DTD    XHTML    1.0    Transitional//EN"
"http://www.w3.org/TR/xhtml1/DTD/xhtml1-transitional.dtd">
<script runat="server">
    protected void Page_Load(object sender,EventArgs e)
    {
        kcid.Text=Request.QueryString["kcid"];
    }

    protected void Button1_Click(object sender, EventArgs e)
    {
        string connectionString = "Data Source=LMS-THINK;Initial Catalog=xs;User
ID=sa;password=sa";
        SqlConnection conn=new SqlConnection(connectionString);
        conn.Open();
        string sqlString="update kcxx set 课程名称="+kcname.Text+",开课学期="+
int.Parse(kcdate.Text)+",学时="+int.Parse(kctime.Text)+",学分="+ int.Parse(kcscore.
Text)+"where 课程编号='"+kcid.Text+"'";
        SqlCommand cmd=new SqlCommand(sqlString, conn);
        cmd.ExecuteNonQuery();
        Response.Write("修改成功！");
    }
</script>
<html xmlns="http://www.w3.org/1999/xhtml">
<head runat="server">
    <title></title>
</head>
```

```
<body>
    <form id="form1" runat="server">
        <div>
课程编号: <asp:Label ID="kcid" runat="server" Text="" Width="60px"></asp:Label>
<br>
    课程名称: <asp:TextBox ID="kcname" runat="server"></asp:TextBox><br>
    开课学期: <asp:TextBox ID="kcdate" runat="server"></asp:TextBox><br>
    学    时: <asp:TextBox ID="kctime" runat="server"></asp:TextBox><br>
    学    分: <asp:TextBox ID="kcscore" runat="server"></asp:TextBox><br><br>
    <asp:Button  ID="Button1"  runat="server"  Text=" 修 改 课 程 "  onclick="
Button1_Click" />
    </div>
    </form>
</body>
</html>
```

③ CourseAdd.aspx 页面。页面效果如图 11-25 所示。

该页面主要代码如下：

图 11-25　课程增加页面

```
<%@ Page Language="C#"%>
<%@ Import Namespace="System.Data.SqlClient"%>
<%
    if(Session.Contents["login"]==null)
    {
        Response.Write("请先登录");
        Response.End();
    }
%>
<!DOCTYPE html PUBLIC "-//W3C//DTD XHTML 1.0 Transitional//EN" "http://
www.w3.org/TR/xhtml1/DTD/xhtml1-transitional.dtd">
<script runat="server">
    protected void Button1_Click(object sender, EventArgs e)
    {
        string connectionString = "Data Source=LMS-THINK;Initial Catalog=xs;User
ID=sa;password=sa";
        SqlConnection conn = new SqlConnection(connectionString);
        conn.Open();
        string sqlString="insert into kcxx（课程编号,课程名称,开课学期,学时,学
分）values('"+kcid.Text+"','"+kcname.Text+"','"+int.Parse(kcdate.Text)+int.Parse
(kctime.Text)+int.Parse(kcscore.Text)+")";
```

```
            SqlCommand cmd=new SqlCommand(sqlString, conn);
            cmd.ExecuteNonQuery();
            Response.Write("课程信息插入成功! ");
        }
    </script>
    <html xmlns="http://www.w3.org/1999/xhtml">
    <head runat="server">
        <title></title>
    </head>
    <body>
        <form id="form1" runat="server">
        <div>
            课程编号: <asp:TextBox ID="kcid" runat="server"></asp:TextBox><br>
            课程名称: <asp:TextBox ID="kcname" runat="server"></asp:TextBox><br>
            开课学期: <asp:TextBox ID="kcdate" runat="server"></asp:TextBox><br>
            学   时: <asp:TextBox ID="kctime" runat="server"></asp:TextBox><br>
            学   分: <asp:TextBox ID="kcscore" runat="server"></asp:TextBox><br><br>
          <asp:Button ID="Button1" runat="server" Text="增加课程" onclick="Button1_Click"
                style="height: 21px" />
        </div>
        </form>
    </body>
    </html>
```

（6）浏览结果。把 default.aspx 设为起始页，单击工具栏的运行按钮，即可显示所要效果。如果没有输入正确的用户名和密码，则浏览任何其他页面都会提示"请先登录"。

<h1 style="text-align:center">小　结</h1>

本章通过"学生信息管理系统"概括性地介绍了数据源控件的建立和数据绑定控件的使用，以使学生掌握 ASP.NET 与 SQL Server 数据库进行连接与配置，能够通过 GridView 控件实现数据排序、插入、删除、更新等常见操作。本章还介绍了怎样通过书写具体代码的形式进行数据库的常见操作。在 ASP.NET 中对数据库进行操作的前提是要建立起和数据库的连接，在数据库的连接建立完后，剩下的工作最主要的就是 SQL 语句的编写了，所以，掌握 SQL 语句的编写是至关重要的。

另外，本章的后两小节分别介绍了 Java 和 JSP 与 SQL Server2005 连接的环境搭配及连接步骤，并举例进行了连接测试。

习　题

一、判断题

1. GridView 控件可以在 ASP.NET 网页中实现数据记录的删除。

2. GridView 控件中更新记录功能要求数据表必须有主键。

3. ASP.NET 访问 SQL Server 2005 数据库利用 SqlDataSource 控件建立数据源。

4. JSP 可以直接访问 SQL Server 2005 数据库，不需要任何驱动。

二、简答题

1. 请同学们自己建立一个图书信息的数据表，利用 ASP.NET 在页面中显示图书的信息，并实现对图书进行编辑、按照相关字段对图书进行排序和添加图书的功能。

2. Java 与 JSP 连接 SQL Server 2005 的步骤。

第(12)章

实训一　SQL Server 2005 管理工具的使用

一、实训目的

- 能够正确选择 SQL Server 2005 安装版本，并熟悉 SQL Server 2005 的安装过程。
- 学会注册服务器并启动 SQL Server 服务。
- 了解在 SQL Server 2005 中编辑并执行 Transact-SQL 程序的方法。

二、实训环境

- 已经安装了 Windows Server 2003/2008。
- 符合 SQL Server 2005 的系统运行时所需的硬件、操作系统和网络等环境的最低要求。

三、实训内容

1. 安装 SQL Server 2005

假设安装 SQL Server 2005 作为某公司数据库应用系统的后端服务器。需要完成如下任务：

（1）SQL Server 2005 服务器安装于 X64 位平台，并能进行高度复杂的数据分析。

（2）客户端应用程序运行于多种操作系统平台，使用 SQL Server 身份验证访问服务器。

（3）各分公司的数据库安装于同一个 SQL Server 2005 服务器，但各数据库分开管理。某个数据库发生故障时，不影响其他分公司的系统运行。

2. 注册服务器

（1）新建服务器组 servergroup。

（2）在新服务器组中注册服务器。

（3）使用 SQL Server Management Studio、Windows 管理工具、SQL Server 配置管理器、命令等四种方法启动本地服务器的 SQL Server 服务。

注意：在新服务器组中，用户可以注册本地服务器，或网络中的其他服务器。

3. 使用查询编辑器

（1）使用查询编辑器新建查询。

（2）使用模板资源管理器新建一个 Transact-SQL 模板。

（3）创建并查看数据库对象的脚本。

注意：用户可以使用示例数据库的数据库对象及数据，熟悉查询编辑器。

四、实训总结

就本次实训所获做出总结，并思考下列问题：

（1）应该选用哪种 SQL Server 安装版本？

（2）应该使用何种身份验证模式？

（3）应该使用一个默认的实例还是多个命名实例？

实训二　数据库的创建与管理

一、实训目的

掌握利用 SSMS 和 T–SQL 语句实现对数据库的创建与管理。

二、实训环境

已经安装了 SQL Server 2005。

三、实训内容

（1）创建名为 XS 的数据库。其中主数据文件的逻辑名称为 xs_data，物理文件名称为 xs_data.mdf，初始大小为 30 MB，最大为 60 MB，以 15%的速度增长；数据库的日志文件的逻辑名称为 xs_log，物理文件名称为 xs_log.ldf，初始大小为 2 MB，最大为 15 MB，文件以 1 MB 的速度增长。

（2）为 XS 数据库添加一个初始大小为 4 MB 的次要数据文件，该文件的逻辑名称为 xs_data2，物理文件名称为 xs_data2.ndf。

（3）为 XS 数据库添加一个初始大小为 5 MB 最大大小为 10 MB 的日志文件 xsda_log2，其物理文件名称为 xs_log2.ldf。

（4）为 XS 数据库创建一个名称为 MyGroup 的文件组。

（5）备份 XS 数据库。

（6）分离 XS 数据库。

（7）附加 XS 数据库。

（8）删除 XS 数据库。

四、实训要求

分别使用 SSMS 和 T–SQL 语句完成上述操作。

五、实训总结

就本次实训所获做出总结，并思考下列问题：

（1）如何改变已创建的 XS 数据库的存放位置。

（2）如何将数据文件加入到 MyGroup 文件组中？创建该文件组和创建加入该文件组的文件有先后次序要求？

实训三　数据表的创建与管理

一、实训目的

- 了解 SQL Server 2005 中的基本数据类型。
- 掌握使用 SQL Server Management Studio 和用 T-SQL 语句创建、修改和删除表的方法。

二、实训环境

- 已经安装了 SQL Server 2005。
- 已经建立了数据库 XS。

三、实训内容

根据提供的表结构（见表 12-1～表 12-3），在数据库 XS 中建立这些表。

表 12-1　学生档案表（表名 XSDA）结构

字段名	类型	长度	是否允许为空值	说明
学号	char	6	Not null	主键
姓名	char	8	Not null	
性别	char	2	Not null	男，女
系名	char	10	Not null	
出生日期	smalldatetime	4	Not null	
民族	char	4	Not null	
总学分	tinyint	1	Not null	
备注	Text	16		

表 12-2　课程信息表（表名 KCXX）结构

字段名	类型	长度	是否允许为空值	说明
课程编号	char	3	Not null	主键
课程名称	char	20	Not null	
开课学期	tinyint	1	Not null	只能为 1～6
学时	tinyint	1	Not null	
学分	tinyint	1	Not null	

表 12-3　学生成绩表（表名 XSCJ）结构

字段名	类型	长度	是否允许为空值	说明
学号	char	6	Not null	主键
课程编号	char	3	Not null	主键
成绩	tinyint	1		

第 12 章　实训

255

四、实训要求

分别使用 SQL Server Management Studio 和 T-SQL 语句完成上述操作。

五、实训总结

就本次实训所获做出总结，并思考下列问题：
（1）如何重命名上述表？
（2）如何实现多个字段共同组成主键？

实训四 表数据操作

一、实训目的

掌握利用 SQL Server Management Studio 和 T-SQL 语句对表进行插入、修改和删除数据的操作。

二、实训环境

- 已经安装了 SQL Server 2005。
- 已经建立了数据库 XS。
- 已经建立了 XSDA、KCXX、XSCJ 三个表。

三、实训内容

附加数据库 XS，完成以下操作。
（1）在 KCXX 表中插入一条记录："506，JSP 动态网站设计，5，72，4"。
（2）在 XSCJ 表中插入一条记录：学号（200501）、课程编号（506），成绩（90）。
（3）在数据库 XS 中建立新表 XS_xf_qurery（学号，姓名，总学分），为下一步操作做准备。
（4）用 INSERT 语句从 XSDA 表中查询学号、姓名、总学分三列的值，并将其插入到表 XS_xf_qurery 中。
（5）将 KCXX 表中 "JAVA 应用与开发" 课的学分加 2。
（6）将 KCXX 表中 "计算机文化基础" 课的学时更改为 44，学分更改为 2。
（7）将 XSDA 表中姓名为 "刘林" 的系名改为管理，并在备注中说明其为 "改专业学习"。
（8）删除 XS 数据库中的 XSCJ 表中总学分为 60 的记录。
（9）使用 SQL 语句用两种方法删除表 KCXX 中的所有数据。

四、实训要求

分别使用 SQL Server Management Studio 和 T-SQL 语句完成上述操作。

五、实训总结

就本次实训所获做出总结，并思考下列问题：
（1）本小节中所使用的插入数据的方式有几种？

（2）使用 SQL 语句用两种方法删除表 KCXX 所有数据有何不同？在日常数据库维护中，使用哪种方法较为妥当？

实训五　创建和使用索引

一、实训目的

掌握对数据表创建索引的方法。

二、实训环境

- 已经安装了 SQL Server 2005。
- 已经建立了数据库 XS。
- 已经建立了 XSDA、KCXX、XSCJ 三个表。

三、实训内容

附加数据库 XS，完成以下操作。
（1）在表 XSDA 的学号列上创建一个非聚集索引，索引名为 xsda_xh_idx。
（2）在表 XSDA 的学号和姓名列上创建一个复合索引，索引名为 xsda_xh_xm_idx。
（3）在表 KCXX 表的课程编号列上创建唯一聚集索引，索引名为 kc_kcbh_idx。
（4）使用存储过程 sp_helpindex 查看 XSDA 表中的索引信息。
（5）删除 KCXX 表中的索引 kc_kcbh_idx。
（6）使用存储过程 sp_rename 将索引 xsda_xh_idx 改名为 xs_xh。

四、实训要求

尝试分别使用 SQL Server Management Studio 和 T-SQL 语句完成上述操作。

五、实训总结

就本次实训所获做出总结，并思考下列问题：
在没有指明索引的类型（没有指明是 CLUSTERED 还是 NONCLUERED）时创建的索引是聚集索引还是非聚集索引？

实训六　数据完整性设计

一、实训目的

掌握域完整性、实体完整性、参照完整性的实现方法。

二、实训环境

- 已经安装了 SQL Server 2005。
- 已经建立了数据库 XS。
- 已经创建了表 XSDA、XSCJ、KCXX。

三、实训内容

1. 域完整性

（1）使用 CREATE 语句创建表 book（书号 char(6)、书名 char(20)、类型 char(20)、价格 int 等字段）。给"价格"字段定义一个名为 max_price 的 check 约束，使得价格不超过 200。

（2）定义一个名为 type_rule 的规则，并绑定到 book 表的"类型"字段，使得"类型"字段只接受该规则中列出的值（计算机类、科普类、文学类、自然科学）。

（3）解除第（2）题中的规则绑定关系。

（4）删除第（2）题中的规则。

（5）修改 book 表，为"类型"字段设置一个默认值约束，约束名为 BookType，默认值为 NEW BOOK。

（6）从 book 表中删除默认值约束 BookType。

（7）定义默认值对象 Day，取值为 getdate()。

（8）修改 XSDA 表，向表中添加字段"入学时间"。

（9）将默认值对象 Day 绑定到 XSDA 表的"入学时间"字段。

（10）定义一个用户定义数据类型 Today。

（11）将默认值对象 Day 绑定到用户定义数据类型 ToDay。

（12）修改 book 表，向 book 表中添加字段"购买日期"，定义类型为 ToDay。

（13）解除默认值对象 Day 与 XSDA 表的"入学时间"字段、用户定义数据类型 Today 的绑定关系。

（14）删除默认值对象 Day。

2. 实体完整性

（1）通过修改 XSDA 表，在学号（如果该字段上已经有约束，那么先把约束删除）字段上创建 PRIMARY KEY 约束。

（2）在 book 表的"书名"字段上创建 UNIQUE 约束。

3. 参照完整性

设 KCXX 表为主表，XSCJ 表为从表，通过修改表定义两个表之间的参照关系。

四、实训要求

（1）练习域完整性的实现，包括：CHECK 约束及默认值约束的创建，规则及默认值对象的定义、绑定、解除绑定、删除。特别要注意：规则和默认值对象，使用它们要首先定义，然后绑定到列或用户定义数据类型；不需要时要先解除绑定，然后删除规则。

（2）练习实体完整性的实现，包括 UNIQUE 约束、PRIMARY KEY 约束的使用。

（3）练习参照完整性的实现。

五、实训总结

就本次实训所获做出总结，并思考下列问题：

（1）CHECK 约束的创建有几种方法。

（2）设置参照完整性的意义。

实训七　简单查询

一、实训目的

掌握利用 SELECT 语句选取字段，条件查询及对查询结果进行排序。

二、实训环境

- 已经安装了 SQL Server 2005。
- 已经建立了数据库 XS。
- 已经创建了表 XSDA、XSCJ、KCXX。

三、实训内容

（1）查询 XSDA 表中汉族学生的学号、姓名和出生时间。

（2）查询 XSDA 表中信息系学生的学号、姓名和总学分，结果中各列的标题分别指定为
number、name 和 mark。

（3）查询 XSCJ 表中 108 号的课程的成绩并去除重复行。

（4）查询 XSCJ 表中学号、课程编号和成绩，只返回结果集的前 10%。

（5）查询 XSDA 表中总学分在 55 以上的女生的基本信息。

（6）查询 XSDA 表中名字中含有 "林" 字的学生的情况。

（7）查询 XSDA 表中 1988 年上半年出生的学生的姓名，性别和出生日期。

（8）查询 KCXX 表中第 5 学期开课的课程的所有信息，结果按学分降序排序。

（9）查询年龄最大的三名学生的学号、姓名和出生日期。

四、实训要求

（1）简单查询包括：查询指定列、所有列、设置字段别名、消除重复行和返回表中若干
条记录。

（2）条件查询要使用比较运算符，而且要进行字符匹配，用于模糊查询。

五、实训总结

就本次实训所获做出总结，并思考下列问题：

（1）有几种修改查询结果中列标题的方法？简单举例说明。

（2）模糊查询中共提供了几种通配符？其含义是什么？

实训八　分类汇总

一、实训目的

- 掌握聚合函数的使用。
- 掌握利用 SELECT 语句进行分组筛选和汇总计算。

二、实训环境

- 已经安装了 SQL Server 2005。
- 已经建立了数据库 XS。
- 已经创建了表 XSDA、XSCJ、KCXX。

三、实训内容

（1）查询 108 号的课程的平均分，最高分，最低分。

（2）查询选修 108 号的课程的学生人数。

（3）查询 XSDA 表中所有男生的总学分的平均值。

（4）查询选修课程超过 3 门且成绩都在 90 分以上的学生的学号。

（5）查询平均成绩在 85 分以上的学生的学号和平均成绩。

（6）统计各系男生、女生人数及男女生总人数。

（7）查询第 5 学期开设课程的课程编号、课程名称、开课学期、学分，并产生一个开设课程总门数行。

（8）求各学期开设的课程的总学分。

四、实训要求

（1）使用聚合函数 SUM、AVG、MAX、MIN、COUNT 进行汇总查询。

（2）练习用 GROUP BY 子句和 HAVING 子句进行分组筛选，用 COMPUTE 子句和聚合函数进行汇总、计算。

五、实训总结

就本次实训所获做出总结，并思考下列问题：

（1）如果使用 GROUP BY 子句，SELECT 子句中的列表中只能包含哪些列？

（2）在 SELECT 语句中，当 WHERE、GROUP BY 与 HAVING 子句同时被使用时，说明它们是按什么顺序执行的？

实训九　连　接　查　询

一、实训目的

掌握利用连接查询实现多表查询方法。

二、实训环境

- 已经安装了 SQL Server 2005。
- 已经建立了数据库 XS。
- 已经创建了表 XSDA、XSCJ、KCXX、KSMD、LQXX。

三、实训内容

（1）查询所有被录取考生的录取情况。

（2）查询所有被录取考生的录取情况，所有未被录取的考生也要显示其考号和姓名，并在 LQXX 表的相应列中显示 NULL。

（3）查询所有被录取考生的录取情况，所有没有录取考生的学校的信息也要显示，并在 KSMD 表的相应列中显示 NULL。

（4）查询所有考生的情况以及所有录取学校的情况，考生与录取学校对应的则对应给出，否则在对应的列上显示 NULL。

（5）查询列出所有考生所有可能的录取情况。

（6）查询回族学生选课的开课学期。

（7）查询选修了"C 语言程序设计"课程且取得学分的学生的姓名、课程名称及学分、成绩。

（8）查询选修了"离散数学"课程且成绩在 80 分以上的学生的学号、姓名及成绩。

四、实训要求

（1）练习连接多个表进行查询，包括内连接、左外连接、右外连接、完全外连接、交叉连接。

（2）特别注意利用前 5 道实训题的练习，对比掌握各种连接查询。

五、实训总结

就本次实训所获做出总结，并思考下列问题：

（1）在 T-SQL 中，连接查询有几类表示形式？

（2）以 JOIN 关键字指定的连接有几种类型？其含义是什么？

实训十 子 查 询

一、实训目的

掌握子查询和查询结果保存方法。

二、实训环境

- 已经安装了 SQL Server 2005。
- 已经建立了数据库 XS。
- 已经创建了表 XSDA、XSCJ、KCXX。

三、实训内容

（1）查询选修了"C 语言程序设计"课程且取得学分的学生的姓名、课程名称及学分、成绩。

（2）查询选修了"离散数学"课程且成绩在 80 分以上的学生的学号、姓名及成绩。

（3）查询选修了"计算机文化基础"课程且未选修"数据结构"课程的学生的情况。

（4）查询选修了 207 号的课程且其分数在该课程平均分以上的学生学号、姓名和成绩。

（5）查找比所有女生年龄都大的学生的姓名。

（6）由 XSDA 表创建"优秀学生"表（总学分>=60），包括学号、姓名和总学分。

（7）在 XS 数据库中建两个表：生物系学生表、轨道系学生表，表结构与 XSDA 表相同，两个表分别存储生物系和轨道系的学生情况，合并查询这三个表中数据。

（8）查询选修了 104 课程的学生的学号、姓名和平均成绩。

（9）查找选修了 202 号课程的成绩高于所有选修 104 号课程的学生的最高成绩的学生的学号。

四、实训要求

（1）练习 IN 子查询和比较子查询的使用，注意嵌套查询的使用。

（2）练习使用 INTO 子句将查询结果保存到一个新表中，使用 UNION 子句将两个或多个查询结果合并成一个结果集。

五、实训总结

就本次实训所获做出总结，并思考下列问题：

（1）什么情况下需要用到子查询？

（2）比较子查询和连接查询的异同，并体会两者在使用的时候哪一个较好？

实训十一　创建和使用视图

一、实训目的

掌握利用 T-SQL 语句创建、修改、删除视图，并对视图进行查询、插入、修改、删除等操作。

二、实训环境

- 已经安装了 SQL Server 2005。
- 已经建立了数据库 XS。
- 已经创建了表 XSDA、XSCJ、KCXX。

三、实训内容

（1）依据 XSDA 表创建 JSJ_XS 视图，内容包括所有"信息系"的学生。

（2）依据 XSDA 表和 XSCJ 表创建 AVG_XS 视图，该视图包含每个学生的学号、姓名、平均成绩。

（3）向 JSJ_XS 视图中插入一条新记录，其各列的值为：200610、李立、男、信息、1986-6-23、满族、60、NULL。

（4）依据 JSJ_XS 视图查询所有信息系的女学生。

（5）依据 JSJ_XS 视图为所有信息系学生的总学分加 2 分。

（6）依据 JSJ_XS 视图，删除（3）中新添加的记录。

（7）修改 AVG_XS 视图，该视图包含每个学生的学号、姓名、课程号、课程名、成绩。

（8）删除以上建立的两个视图。

四、实训要求

（1）创建、修改、删除视图的 T-SQL 语句必须是批处理中的第一条语句。

（2）对视图数据的插入、修改、删除操作其本质是作用于创建视图所依赖的基本表，所以当插入、修改、删除操作涉及一个基本表时操作成功，否则失败。

五、实训总结

就本次实训所获做出总结，并思考下列问题：

（1）若向 AVG_XS 视图中插入新记录能否成功？

（2）当修改视图中的主键时是否会引起表见数据的不一致？

实训十二　Transact-SQL 程序设计

一、实训目的

- 了解局部变量与运算符、表达式的使用。
- 了解 SQL 程序结构与流程控制语句的使用。
- 掌握系统内置函数与用户自定义函数的使用。

二、实训环境

- 已经安装了 SQL Server 2005。
- 已经建立了数据库 XS。
- 已经创建了表 XSDA、XSCJ、KCXX。

三、实训内容

1. 局部变量

（1）将字符串 china 赋给一个局部变量 chr，并输出 chr 的值。

（2）将 XSDA 表中第一个男生的姓名赋给局部变量 name。

2. 流程控制语句

（1）用循环语句编写 s=2+4+6+8+10 程序。

（2）设学位代码与学位名称如表 12-4 所示，用 CASE 函数编写学位代码转换为名称的程序。

表 12-4　学位代码与学位名称

代　　码	名　　称
1	博士
2	硕士
3	学士

3. 系统内置函数

（1）下列语句的返回值是什么？

```
declare @ch int
set @ch=92
select char(@ch+5)
```

（2）写出下列函数的返回值。

① ABS(-5)

② REPLACE（'ABCDEF'，'CD'，'UI'）

③ SUBSTRING（'中国人民'，3，2）

④ ASCII('SQL')

4. 用户定义函数

写出下面一组语句的功能。

```
USE XS
GO
CREATE FUNCTION average(@num char(20)) RETURNS int
AS
BEGIN
    DECLARE @aver int
    SELECT @aver=
(
SELECT avg(成绩)
FROM XSCJ
WHERE 课程号=@num
)
RETURN @aver
END
GO
USE XS
DECLARE @course1 char(20)
DECLARE @aver1 int
SELECT @course1='206'
SELECT @aver1=dbo.average(@course1)
SELECT @aver1
GO
```

四、实训要求

（1）练习局部变量的声明、赋值、输出。

（2）练习判断语句、循环语句的使用。

（3）练习常用的系统内置函数和用户定义函数的使用。

五、实训总结

就本次实训所获做出总结，并思考下列问题：

（1）简述一个程序由哪些要素组成？什么是批处理？简述其作用。

（2）总结局部变量的两种赋值方法。

实训十三　创建和使用存储过程

一、实训目的

掌握存储过程的创建、执行、编辑、修改、删除。

二、实训环境

- 已经安装了 SQL Server 2005。
- 已经建立了数据库 XS。
- 已经建立了 XSDA、KCXX、XSCJ 三个表。

三、实训内容

附加数据库 XS，完成以下操作。

（1）创建存储过程 xsda_xhxm_in，从 XS 数据库的 XSDA 表中查询信息系男生的学号、姓名。

（2）创建存储过程 xsda_query，从 XS 数据库的三个表中查询某人指定课程的成绩和学分。

（3）创建存储过程 xsda_xm，从 XSDA 表中查询学生姓名的含"红"字的学生的姓名、性别和系。

（4）创建存储过程 xsda_avg，计算指定学生的各科的平均成绩。

四、实训要求

执行上述存储过程，查看执行结果。

五、实训总结

就本次实训所获做出总结，并思考下述问题：
存储过程与用户自定义函数有何异同？

实训十四　创建和使用触发器

一、实训目的

掌握触发器的创建、修改、删除。

二、实训环境

- 已经安装了 SQL Server 2005。
- 已经建立了数据库 XS。
- 已经建立了 XSDA、KCXX、XSCJ 三个表。

三、实训内容

附加数据库 XS，完成以下操作。

（1）定义一个触发器 xsda_update，一旦对 XSDA 表进行任何更新操作，这个触发器都将显示一个语句 Stop update xsda, now!，并取消所作修改。

（2）在 XS 数据库上定义一个触发器 xscj_delete，当在 XSCJ 表中的插入一条记录时，检查该记录的学号在 XSDA 表中是否存在，若该记录的学号在 XSDA 表中不存在，则不允许插入操作，并提示"错误代码 1，违背数据的一致性，不允许插入！"。

（3）在数据库 XS 中创建一触发器 kcxx_delete，当从 KCXX 表中删除一条记录时，检查该记录的课程编码在 XSCJ 表中是否存在，若该记录的课程编码在 XSCJ 表中存在，则不允许删除操作，并提示"错误代码 2，违背数据的一致性，不允许删除！"。

（4）修改触发器 xsda_update，使其起到只是不允许更新学号字段的作用。

四、实训要求

根据定义触发器的条件，查看触发器的效用。

五、实训总结

就本次实训所获做出总结，并思考下列问题：

（1）存储过程与触发器有何异同？

（2）何谓触发器？简述其作用与分类。

实训十五　数据库安全性管理

一、实训目的

- 了解 SQL Server 2005 的安全机制。
- 掌握登录账户的管理方法。
- 掌握数据库用户的管理方法。
- 掌握用户权限管理的方法。
- 掌握固定服务器角色和固定数据库角色及其成员的管理方法。

二、实训环境

- 已经安装了 SQL Server 2005。
- 已经建立了数据库 Stubook。
- 已经创建图书表。

三、实训内容

1. 使用 SQL Server Management Studio 和 T-SQL 语句添加登录账户

（1）使用 SQL Server Management Studio 添加登录账户。

（2）使用 T-SQL 语句添加登录账户。

（3）修改以上建立的登录账户信息。

① 修改登录账户的默认数据库。

② 修改登录账户的默认语言。

③ 修改登录账户的密码。

④ 删除登录账户。

（4）将 Windows 用户 LMS-THINK\lms 设定为 SQL Server 登录者。

2. **使用 SQL Server Management Studio 和 T-SQL 语句创建、查看、删除数据库用户**

（1）使用 SQL Server Management Studio 创建、查看、删除数据库用户。

① 创建数据库用户。

② 查看、删除数据库用户。

（2）使用 T-SQL 语句创建、查看、删除数据库用户。

① 创建数据库用户。

② 查看、删除数据库用户。

3. **使用 SQL Server Management Studio 和 T-SQL 语句管理固定服务器角色和固定数据库角色**

（1）使用 SQL Server Management Studio 管理固定服务器角色。

① 查看固定服务器角色及其成员和权限。

② 增加服务器角色成员。

③ 删除服务器角色成员。

（2）使用 T-SQL 语句管理固定服务器角色。

① 查看固定服务器角色及其成员和权限。

② 增加服务器角色成员。

③ 删除服务器角色成员。

（3）使用 SQL Server Management Studio 管理固定数据库角色。

（4）使用 T-SQL 语句管理固定数据库角色。

① 将账户 aa 加入到角色 db_owner 中去。

② 从固定数据库角色 db_owner 中删除用户 aa。

③ 显示 Stubook 数据库中所有角色的成员。

4. **使用 SQL Server Management Studio 和 T-SQL 语句管理权限**

（1）使用 SQL Server Management Studio 管理语句权限。

（2）使用 SQL Server Management Studio 管理对象权限。

（3）使用 T-SQL 语句管理权限。

① 将 Stubook 数据库的"图书"表中查询数据的权限授予 public 角色，将"图书"表中执行 INSERT 操作的权限授予用户 bb。

② 给用户 cc 创建视图和表的语句权限。

③ 拒绝用户 cc 从 Stubook 数据库的"图书"表中查询数据。

四、实训要求

（1）注意登录账号和数据库用户账号的概念和使用方法。

（2）注意用户权限和角色权限的使用。

五、实训总结

就本次实训所获做出总结，并思考下列问题：

（1）对比 SQL Server 2005 的两种认证模式的不同和适用情况。

（2）设置和管理数据库用户或角色的权。

附 录 A

➡ 学生数据库（XS）表结构及数据样本

表 A-1　学生档案表（表名 XSDA）结构

字 段 名	类 型	长 度	是否允许为空值	说 明
学号	char	6	Not null	主键
姓名	char	8	Not null	
性别	char	2	Not null	
系名	char	10	Not null	
出生日期	smalldatetime	4	Not null	
民族	char	4	Not null	
总学分	tinyint	1	Not null	
备注	Text	16		

表 A-2　课程信息表（表名 KCXX）结构

字 段 名	类 型	长 度	是否允许为空值	说 明
课程编号	char	3	Not null	主键
课程名称	char	20	Not null	
开课学期	tinyint	1	Not null	只能为 1～6
学时	tinyint	1	Not null	
学分	tinyint	1	Not null	

表 A-3　学生成绩表（表名 XSCJ）结构

字 段 名	类 型	长 度	是否允许为空值	说 明
学号	char	6	Not null	主键
课程编号	char	3	Not null	主键
成绩	tinyint	1		

1. 学生档案表（表名 XSDA）数据样本

学号	姓名	性别	系名	出生日期	民族	总学分	备注
200501	王红	女	信息	1986-02-14	汉族	60	NULL
200502	刘林	男	信息	1986-05-20	汉族	54	NULL
200503	曹红雷	男	信息	1985-09-24	汉族	50	NULL
200504	方平	女	信息	1987-08-11	回族	52	三好学生
200505	李伟强	男	信息	1985-11-14	汉族	60	一门课不及格需补考
200506	周新民	男	信息	1986-01-20	回族	62	NULL
200507	王丽丽	女	信息	1987-06-03	汉族	60	NULL
200601	孙燕	女	管理	1987-05-20	汉族	54	NULL
200602	罗德敏	男	管理	1988-07-18	汉族	64	获得一等奖学金
200603	孔祥林	男	管理	1986-05-20	汉族	54	NULL
200604	王华	女	管理	1987-04-16	汉族	60	NULL
200605	刘林	男	管理	1986-05-30	回族	54	NULL
200606	陈希	女	管理	1987-03-22	汉族	60	转专业
200607	李刚	男	管理	1988-05-20	汉族	54	NULL

2. 课程信息表（表名 KCXX）数据样本

课程编号	课程名称	开课学期	学时	学分
104	计算机文化基础	1	60	3
108	C 语言程序设计	2	96	5
202	数据结构	3	72	4
207	数据库信息管理系统	4	72	4
212	计算机组成原理	4	72	4
305	数据库原理	5	72	4
308	软件工程	5	72	4
312	JAVA 应用与开发	5	96	5

3. 学生成绩表（表名 XSCJ）数据样本

学号	课程编号	成绩
200501	104	81
200501	108	77
200501	202	89
200501	207	90
200502	104	92
200502	108	95
200502	202	93
200502	207	90
200503	104	65
200503	108	60

200503	202	69
200503	207	73
200504	104	88
200504	108	76
200504	202	80
200504	207	94
200505	104	68
200505	108	70
200505	202	89
200505	207	75
200506	104	94
200506	108	91
200506	202	93
200506	207	86
200507	104	83
200507	108	75
200507	202	80
200507	207	96
200601	104	75
200602	104	70
200603	104	90
200604	104	60
200605	104	60
200606	104	75
200607	104	90

附录 B

➡ 连接查询用例表结构及数据样本

表 B-1 考生名单表（表名 KSMD）结构

字 段 名	类 型	长 度	是否允许为空值	说 明
考号	char	2	Not null	主键
姓名	char	8		

表 B-2 录取学校表（表名 LQXX）结构

字 段 名	类 型	长 度	是否允许为空值	说 明
考号	char	2	Not null	主键
录取学校	char	20		

1. 考生名单表（表名 KSMD）数据样本

考号	姓名
1	王杰
2	赵悦
3	崔茹婷
4	耿晓雯

2. 录取学校表（表名 LQXX）数据样本

考号	录取学校
1	山东大学
2	济南大学
3	同济大学
4	青岛大学

常用语句

1. 数据库管理语句

CREATE DATABASE：创建数据库。
ALTER DATABASE：修改数据库。
DROP DATABASE：删除数据库。
USE：打开指定数据库。
BACKUP DATABASE：备份整个数据库。
BACKUP LOG：备份数据库事务日志。
RESTORE DATABASE：恢复数据库。
RESTORE LOG：恢复数据库事务日志。

2. 表管理语句

CREATE TABLE：创建数据库表。
ALTER TABLE：修改数据库表。
DROP TABLE：删除数据库表。
INSERT：在表中插入一条记录。
UPDATE：修改表中的数据。
DELETE：删除表中的数据。

3. 索引管理语句

CREATE INDEX：创建数据库表索引。
DROP INDEX：删除数据库表索引。

4. 默认值管理语句

CREATE DEFAULT：创建默认值。
Sp_bindefault：绑定默认值。
Sp_unbindefault：解除绑定默认值。
DROP DEFAULT：删除默认值。

5. 规则管理语句

CREATE RULE：创建规则。
Sp_bindrule：绑定规则。
Sp_unbindrule：解除绑定规则。
DROP RULE：删除规则。

6. 数据查询语句

SELECT：数据查询

7. 视图管理语句

CREATE　VIEW：创建数据库表视图。

ALTER　　VIEW：修改数据库表视图。

DROP　　VIEW：删除数据库表视图。

8. 触发器管理语句

CREATE　TRIGGER：创建数据库触发器。

ALTER　　TRIGGER：修改数据库触发器。

DROP　　TRIGGER：删除数据库触发器。

9. 存储过程管理语句

CREATE　PROC：创建存储过程。

ALTER　PROC：修改存储过程。

DROP　PROC：删除存储过程。

EXEC：执行存储过程。

10. 游标管理语句

DECLEAR　CURSOR：声明游标。

OPEN：打开游标。

FETCH：读取游标数据。

CLOSE：关闭游标。

DEALLOCATE：删除游标。

11. 用户自定义函数管理语句

CREATE　FUNCTION：创建用户自定义函数。

ALTER　　FUNCTION：修改用户自定义函数。

DROP　　FUNCTION：删除用户自定义函数。

12. 一般语句

DECLEAR：声明语句。

SET：变量赋值。

BEGIN...END：定义 T-SQL 语句块。

IF...ELSE：条件语句。

CASE：多重选择语句。

WHILE：循环语句。

GOTO：条件转移语句。

BREAK：退出本层循环。

CONTINUE：一般用在循环语句中，结束本次循环，重新转到下一次循环条件的判断。

RETURN：从过程、批处理或者语句块中无条件退出。

WAITFOR：指定触发语句块、存储过程或者事务执行的时刻或需等待的时间间隔。

13. 许可管理语句

GRANT：授予语句或对象许可。

REVOKE：收回语句或对象许可。

DENY：否定语句或对象许可。

1. 数学函数

ABS：返回表达式的绝对值。返回的数据类型与表达式相同，可以为 INT、MONEY、REAL、FLOAT。

ACOS：返回余弦是 FLOAT 值的以弧度表示的角。

ASIN：返回正弦是 FLOAT 值的以弧度表示的角。

ATAN：返回正切是 FLOAT 值的以弧度表示的角。

ATAN2：返回正切是介于两个给定的 FLOAT 值之间以弧度表示的角。

CEILING：返回大于或等于所给定的数字表达式的最小整数。

COS：返回以弧度表示的角的余弦值。

COT：返回以弧度表示的角的余切值。

DEGREES：当给出以弧度为单位的角度时，返回相应的以度数为单位的角度。

EXP：返回所给定的 FLOAT 表达式的指数值。

FLOOR：返回小于或等于所给定数字表达式的最大整数。

LOG：返回给定 FLOAT 表达式的自然对数。

LOG10：返回给定 FLOAT 表达式的以 10 为底的对数值。

PI：返回 PI 的常量值。

POWER：返回给定表达式指定次方的值。

RADIANS：把角度转换为弧度，返回与表达式相同的数据类型。

RAND：返回 0~1 之间的随机 FLOAT 值。

ROUND：返回数字表达式并四舍五入为指定的长度或精度。

SIGN：返回给定表达式的正（+1）、负（-1）或零（0）。

SIN：返回以弧度表示的角的正弦值。

SQUARE：返回给定表达式的平方。

SQRT：返回给定表达式的平方根。

TAN：返回输入表达式的正切值。

VARP：返回给定表达式中所有值的填充的统计方差。

2. 字符串函数

ASCII：返回字符表达式最左端字符的 ASCII 码值。

CHAR：将 ASCII 码转换为字符的字符串函数。

CHARINDEX：返回字符串中指定表达式的起始位置。

DIFFERENCE：以整数返回两个字符表达式的 SOUNDEX 值之差。

LEFT：返回从字符串左边开始指定个数的字符。

LEN：返回给定字符串表达式的字符（而不是字节）个数，其中不包括尾随空格。

LOWER：将大写字符数据转换为小写字符数据后返回字符表达式。

LTRIM：删除起始空格后返回字符表达式。

NCHAR：根据 Unicode 标准所进行的定义，用给定整数代码返回 Unicode 字符。

PATINDEX：返回指定表达式中第一次出现的起始位置；如果不存在，则返回零。

QUOTENAME：返回带有分隔符的 Unicode 字符串，并加入可使输入字符串成为有效的 SQL 分隔标识符。

REPLICATE：以指定的次数重复字符表达式。

RIGHT：返回字符串中从右边开始指定个数的字符。

REVERSE：返回字符表示式的反转。

REPLACE：用第一个字符表达式中用第三字符串表达式替换所有第二个字符串表达式。

RTRIM：截断所有尾随空格后返回一个字符串。

SOUNDEX：返回由四个字符组成的代码（SOUNDEX）以评估两个字符串的相似性。

SPACE：返回指定个数重复的空格组成的字符串。

STR：由数字数据转换为字符数据。

STUFF：删除指定长度的字符并在指定的起始点插入另一组字符。

SUBSTRING：返回字符、binary、text 等表达式的一部分。

UNICODE：按照 Unicode 标准的定义，返回输入表达式的第一个字符的整数值。

UPPER：将小写字符数据转换为大写的字符表达式。

3. 统计函数

AVG：返回表达式的平均值。

SUM：返回中表达式中所有 DISTINCT 值的和。

MAX：返回表达式的最大值。

MIN：返回表达式的最小值。

COUNT：返回组中项目的统计数目。

STDEV：求表达式中所有值的统计标准偏差。

VAR：求表达式中所有值的统计方差。

4. 日期时间函数

DATEADD：在向指定日期加上一段时间的基础上，返回新的 datetime 值。

DATEDIFF：返回跨两个指定日期的日期和时间边界数。

DATENAME：返回代表指定日期的指定日期部分的字符串。

DATEPART：返回代表指定日期的指定日期部分的整数。

DAY：返回代表指定日期的日部分的整数。

GETDATE：按格式标准返回当前系统日期和时间。

GETUTCDATE：返回表示当前 UTC 时间（世界时间坐标或格林尼治标准时间）的 datetime 值。

MONTH：返回代表指定日期月份的整数。

YEAR：返回表示指定日期中的年份的整数。

参 考 文 献

[1] 郑阿奇，刘启芬，顾韵华.SQL Server 实用教程[M]. 2 版. 北京：电子工业出版社，2005.

[2] 郭鲜凤，郭翠英.SQL Server 数据库应用开发技术[M]. 北京：北京大学出版社，2009.

[3] 李岩，张瑞雪.SQL Server 2005 实用教程[M]. 北京：清华大学出版社，2008.

[4] 王玉，粘新育.SQL Server 数据库应用技术[M]. 北京：中国铁道出版社，2007.

[5] 周慧，等. 数据库应用技术（SQL Server 2005）[M]. 北京：人民邮电出版社，2009.